哺乳动物生态能量学

王政昆　朱万龙　编著

科 学 出 版 社

北 京

内 容 简 介

本书内容主要包括绪论，能量代谢的基本特征，哺乳动物体温调节的一般特征，低代谢动物的体温，哺乳动物产热和体温调节机制，生长、繁殖、发育和年龄与体温调节，哺乳动物的休眠，鸟类和哺乳动物恒温性的进化，温度驯化，动物对季节性环境变化的生理反应，野生小型哺乳动物能量学和产热调节特征，哺乳动物对不同食物资源的生态和行为适应，小型哺乳动物妊娠和哺乳：基础代谢率和能量利用，繁殖特征的自然选择和个体变异，光周期控制啮齿动物繁殖和免疫功能的季节性变化：一种多因子途径，以及激素-行为相互作用等。

本书主要面向科研机构、高等学校、企事业单位及行政部门等从事科研等工作的生态学人才。

图书在版编目（CIP）数据

哺乳动物生态能量学/王政昆，朱万龙编著. —北京 ：科学出版社，2016.9

ISBN 978-7-03-049893-9

Ⅰ.①哺… Ⅱ. ①王… ②朱… Ⅲ. ①哺乳动物纲–动物生态学–研究②哺乳动物纲–能量代谢–研究 Ⅳ. ①Q959.8

中国版本图书馆 CIP 数据核字(2016)第 218089 号

责任编辑：夏　梁　朱　瑾 / 责任校对：张怡君
责任印制：赵　博 / 封面设计：刘新新

科学出版社 出版

北京东黄城根北街 16 号
邮政编码：100717
http://www.sciencep.com

北京中石油彩色印刷有限责任公司印刷
科学出版社发行　各地新华书店经销
＊

2016 年 9 月第　一　版　开本：720×1000　1/16
2025 年 1 月第三次印刷　印张：17
字数：327 000

定价：108.00 元

(如有印装质量问题，我社负责调换)

前　　言

　　动物生理生态学从 20 世纪 40 年代开始，至今已走过了 70 多年的历程，并逐渐走向成熟。从发展历程看，进化生物学的思想、理论和进展，一直是生理生态学发展的重要基础。尤其是以动物的生理机能适应性、适应机制、适应对策为主要研究对象，如动物的体型、能量代谢与进化；动物的消化生理与进化；生态免疫与生活史进化及动物的冬眠和进化等。

　　生态能量学是研究生命系统与环境系统之间能量关系及其能量运动规律的学科，是生物能量学与生态学相互渗透而形成的一门交叉学科，是生态学中的一个分支学科。哺乳动物能量生态学则是研究哺乳动物与环境之间能量交换与能量流动的学科。研究哺乳动物的能量消耗是目前生理学和生态学的一个重要领域，并且该领域的研究对深入阐明和理解哺乳动物进化对策具有重要的意义。小型哺乳动物能量代谢是研究表型及其可塑性变化对生存适应影响和自然选择最适合的领域。动物生存必须获取和同化能量，将其同化的能量按需要分配到维持、生长和繁殖，通过个体的生理过程与种群生态模式紧密地联系起来，关键是有机体获取的能量如何在各种不同生理代谢过程间进行能量分配或权衡，最终影响到动物的能量代谢和稳态维持。

　　本书共有十六章，包括第一章绪论，第二章能量代谢的基本特征，第三章哺乳动物体温调节的一般特征，第四章低代谢动物的体温，第五章哺乳动物产热和体温调节机制，第六章生长、繁殖、发育和年龄与体温调节，第七章哺乳动物的休眠，第八章鸟类和哺乳动物恒温性的进化，第九章温度驯化，第十章动物对季节性环境变化的生理反应，第十一章野生小型哺乳动物能量学和产热调节特征，第十二章哺乳动物对不同食物资源的生态和行为适应，第十三章小型哺乳动物妊娠和哺乳：基础代谢率和能量利用，第十四章繁殖特征的自然选择和个体变异，第十五章光周期控制啮齿动物繁殖和免疫功能的季节性变化：一种多因子途径，第十六章激素–行为相互作用。本书将从不同的组织层次、动物的不同生活史来对动物的生态能量学进行阐述。

　　由于动物生态学涉及内容非常广泛，作者所看到的各种文献和写作水平均有限，不当之处，希望读者批评指正。

　　本专著受国家国际科技合作项目（2014DF31040）、科技部"十二五"支撑项目（2014BAI01B00）和云南省高校西南山地生态系统动植物生态适应进化及保护重点实验室资助。

王政昆

2016 年 4 月 12 日

目　　录

第一章 绪 论

　　能量生态学或生态能量学是研究生命系统与环境系统之间能量关系及其能量运动规律的学科，是生物能量学与生态学相互渗透而形成的一门交叉学科，是生态学中的一个分支学科。哺乳动物能量生态学则是研究哺乳动物与环境之间能量交换与能量流动的学科。

　　研究哺乳动物的能量消耗是目前生理学和生态学的一个重要领域。并且该领域的研究对深入阐明和理解哺乳动物进化对策具有重要的意义。最早哺乳动物能量学主要从物理学的角度来研究动物能量代谢特征，即有机体在生活状态下，是否符合物理学所提出的能量学规律。集中阐明"动物热能"的物理学基础，以及动物产热和散热过程是否符合一般的物理学规律及其本身的特征；由于不同研究者的研究重点和所采用的方法不同，因此出现了不同的研究方向和途径。第一条研究途径是生物物理学途径。该研究途径最初仅利用典型的物理学方法研究动物能量代谢和消耗途径、机制。然而近年来已逐渐与内分泌生理学和神经生物学相互联合和渗透，并结合系统学的研究成果，从细胞、蛋白质、核酸等水平上进一步对动物的体温调节和能量消耗机制进行深入的研究。例如，关于产热蛋白或非偶联蛋白（uncoupling protein，UCP）、瘦素蛋白（leptin）、β-肾上腺能受体等及其基因表达对动物能量代谢和调节的影响。

　　第二条途径是比较能量学途径。该途径的主要研究方法是结合生态学、进化论和遗传学的研究成果，来阐明哺乳动物能量利用对策和进化途径。在生态学中，许多近年来新提出的理论都涉及动物对资源（包括能量）利用和分配对策的进化。同时结合测定体温调节、运动状态和繁殖特征等各种手段的不断改进和完善，使这一研究途径日益受到更多学者的重视。现在由于采用了同位素技术——双标记法，人们能在野外条件下准确测定动物的能量消耗。

　　在哺乳动物能量学研究中，产热和体温调节占有重要的地位。体温调节（temperature regulation）或产热调节（thermoregulation）是指动物在某一特定的环境温度条件下对体温调节与控制的过程，即动物利用身体内的自主调节功能和行为机制来调节和控制身体与外界环境之间的热交换。从能量学的角度来看，产热调节属于维持能量消耗的部分。在动物界中，只有鸟类和哺乳类在长期的进化过程中，形成了较完善的自主和行为机制，使它们在环境温度剧烈变化的条件下，在极为狭窄的温度范围内，维持体内核温的稳态。当然在一定的条件下，爬行类、两栖类和鱼类也能采用行为机制来调节它们的体温。无脊椎动物都属于温度顺应者（temperature conformer），它们的体温通常与周围环境温度大体相同。许多研究表明，在一些原始的生物类群中，就已表现出某种程度的向温性（thermotropism）（趋向或背离热源），而且许多温度顺应者也表现出明显的行为体温调节反应。因此可以认为在限制有机体生境选择的诸多生态因子中，环境温度是极为重要的限制因子。毫无疑问，动物体温调节的发育和演化，在其进化过程中起着极为重要的作用。

一、研　究　简　史

哺乳动物能量学来源于关于产热和体温调节的研究。哺乳动物的体温调节系统可能是人类最早发现的自主稳态过程（involunary homeostatic process）之一。史前时期，人类就可以通过感觉皮肤温度来识别某些疾病，而且认识到身体大量散失热量会导致死亡。之后，古希腊的哲学家臆测在热量与有机体活性之间存在着某种必然的联系；他们认为左心室是人体天生的热源，呼吸不仅是生命过程所必需的，也是冷却身体所必需的过程。

直到 18 世纪末期前，许多用于解释动物产热和体温调节现象的观察结果都具有浓厚的宗教色彩。19 世纪末，现代体温调节理论开始形成。Lavoisier 和 Laplace（1780）率先采用极为简陋的冰浴和卡路里计（calorimeter）精确地测定了豚鼠和大白鼠的热散失情况，证明了动物呼吸作用与体外燃烧过程相似。Crawford（1779）首先发现低温可以刺激哺乳动物产热增加，并且在研究方法上做了一定的改进。

Lavoisier 和 Crawford 的研究工作奠定了动物产热理论的基础，即动物的产热来自氧化作用，并且伴随着二氧化碳的产生，其本质与自然界中物质燃烧过程相同。不过，他们认为动物产热部位是动物进行气体交换的肺。后来通过对动脉和静脉血液中氧气和二氧化碳浓度的比较研究结果提出了动物产热是全身性的整体反应的观点。

19 世纪早期，许多英国和法国学者对燃烧和代谢的本质进行了大量的研究，这些工作为后来对动物能量学研究奠定了坚实的基础。1838 年，Strasbourg 和 Rameaux 在巴黎皇家科学院的一次学术会上提出了动物产热能力与体重具有显著相关关系的理论（Sarrus and Rameaux，1839）：①动物的产热量与耗氧量呈比例；②在动物体温保持稳定的条件下，动物的产热与散热相等；③动物的散热量与暴露在空气中的体表面积呈比例；④耗氧量与体重之间呈 2/3 的指数关系。几乎与此同时，德国生物学家 Carl Bergmann（1847）也提出了与此类似的观点，同时他还发现小型哺乳动物具有进入休眠的趋势，并且通过增加活动能力来增加产热是小型哺乳动物维持体温稳定的重要途径；提出了动物的身体大小随纬度变化而变化的 Bergmann 规律。首先采用了"恒温动物"（homoiotherm）和"变温动物"

(poikilotherm) 来描述动物体温状况及其变化趋势，同时他也是第一位采用牛顿冷却定律来定量描述分析动物有机体与环境之间热交换的学者。因此 Bergmann 是第一位将能量学概念引入生态学和进化论中的生物学家，从而成为动物生理生态学和动物生态能量学的创始人之一。

此后，许多学者，包括 Bergmann 和 Leuckart（1852）、Rubner（1883）及 Richet（1885）等，都相继证实了动物代谢的"体表面积规律"（surface law）。Bergmann 和 Leuckart（1852）详细地分析了 Regnault 和 Reister（1847）对家养动物代谢率研究的数据，首先注意到小型内温动物（endotherm）具有较高的体重特殊代谢率（mass-specific rate）的观点。Max Rubner 首次证明体表面积对内温动物产热调节影响的重要性。他发现体重从 3kg 到 31kg 狗的产热能力基本相同，均为 1000kcal/（$m^2 \cdot$天）[1]。单位体表面积的代谢率保持恒定表明动物的产热决定于动物的散热。Richet 进一步证明，如果以单位体表面积的代谢率来表示兔的产热能力，那么不论体重大小，其单位体表面积的代谢率相同，但是如果用体重来表示动物的代谢率，那么体重越大，单位体重的代谢率越小。

1867 年，应用于临床的温度计的发明，极大地促进了人们对发热（fever）、体温调节和能量代谢的研究。认识到发热现象，对深入研究体温调节机制起到了巨大的推动作用。在 19 世纪末，研究学者就认识到发热并非是疾病的原因，而是疾病的一种症状，是机体主动调节核温升高的结果。

到 20 世纪初，从 Rubner 等学者采用卡路里计进行了开创性研究后，人们对许多动物的体温调节机制和对能量代谢的影响进行了大量的研究。30 年代就已出版了一些关于实验动物体温调节方面的专著。20 世纪前 50 年内，在体温调节研究领域内，最引人注目的成就是提出了体温调节中枢位于中枢神经系统（CNS）内，认为下丘脑前部/后部是控制体温调节的关键部位。到四五十年代，世界各国出于军事上的需要，其研究重点集中在人体或其他动物在极端环境温度条件下的体温调节的研究。与此同时，人们对爬行动物和其他一些低等脊椎动物热稳态过程的研究也取得了巨大的成就。

关于哺乳动物热中性区特征和对寒冷的适应特性方面的研究，Irving 和 Scholander 的工作尤为引人注目（Scholander et al.，1950）。此后，Hart 等学者对野生和家养条件下的啮齿类进行了大量的研究（Hart，1950）。到 20 世纪 60 年代，人们掌握了在清醒动物脑干内，移植埋入热电极（thermode）技术，首先在下丘脑记录到对温度敏感的神经元，同时发现给 CNS 注射某些神经递质也能影响动物的体温。从而，人们对动物和人类的体温调节的认识提高到一个新的水平。正如 Bligh 和 Johnson 在 1973 年指出的那样，关于体温和产热调节方面的研究已成为一门独立的分支学科——热生理学（thermal physiology）；有关术语已被国际生理

---

[1] 千卡（kcal）为非法定计量单位，1 千卡=4.184 千焦。

学会（International Union of Physiological Sciences）进一步充实并精确化（IUPS，1987）。

二、体温调节和能量代谢研究现状

目前，关于动物体温和产热研究中，似乎存在一些自相矛盾的地方。一方面，正像前面提到的那样，产热和体温调节研究在现代生理学和生态能量学中占有极为重要的地位。整个生命科学中许多分支学科和其他相关学科都与产热和体温调节有关。但是，目前世界上主要从事该领域研究的学者只有300余人。

导致人们对该学科研究兴趣不高的原因可能是多种多样的，其中一个主要原因是内温动物的体温调节系统效率非常高。因此，对于该领域的研究不是一个需要独立资助的领域。换句话说，在人类和其他哺乳动物中，从出生到死亡，每天都能维持24h的热稳态，并且这一热稳态很少出现异常。在人类，先天性的体温调节缺陷（congenital defect in thermoregulation）极为罕见，即便是在各种不利的环境温度条件下（如裸体暴露于高、低温环境中，大剂量药物作用，严重的外伤等），体温调节系统也很少骤然失效，或是出现危及生命的危险。相反，其他一些调节系统，如心血管系统、肾脏、肝脏、胃肠道和免疫系统等，一旦出现机能障碍就可导致人体出现严重的疾病，甚至死亡。所以，一般对这些系统所产生的疾病进行治疗时，都必须考虑如何防止药物对心脏、肾脏、肝脏及CNS或其他一些系统所造成的功能紊乱。然而，即便是在人接近死亡极限时，体温调节系统也很少出现功能障碍。所以，这也是直到目前为止，关于该领域的研究还未成为生物医学和其他一些相关学科的主要研究对象的原因。

但是，关于产热和体温调节的研究，无论是对生态能量学、生理学还是对生物医学来说都是极为重要的。

（1）产热和体温调节系统具有非常高的效率，是生物体内各种生物调节系统中最有效的调节系统之一。该系统能利用其他器官系统的功能来精确地调节体温和产热状态，这些系统包括呼吸系统和消化系统（如啮齿动物唾液腺）的蒸发散热，心血管系统对皮肤温度的调节，骨骼肌的颤抖性产热（shivering thermogenesis，ST），以及行为对温度变化的反应。褐色脂肪组织（brown adipose tissue，BAT）是啮齿动物体内专一的产热器官。所以，如果人们深入全面理解了体温调节系统这一多器官系统正常功能状态的整合，那么，对深入理解这些器官系统各自的功能状态的自主调节机制具有重要的意义。

当然，与机体其他系统的生理功能一样，产热及体温调节系统的功能也并非是完美无缺的。在生命的早期和最后阶段，该系统的功能状态对机体某些机能障碍非常敏感。在新生儿和老年人中，很可能出现一些与体温调节功能密切相关的疾病，如低体温症（hypothermia）和体温过高（hyperthermia）。治疗某些疾病所使用的药物、有毒化学药品、环境胁迫（stress）因子，以及某些环境和生物因子等，都可能在正常的环境温度范围内，影响到机体的体温调节能力，进而增强机体对某些生理机能障碍的敏感性。

（2）与其他一些自主调节系统的功能输出一样，体温调节系统几乎可以影响到机体所有的生理机能。在长期的生物进化过程中，哺乳动物已形成了一些重要的生化特征，表现在体内各种与代谢过程密切相关的酶，在 37℃时最稳定，其活性也最高。任何偏离这一正常范围的体温变化，都会导致酶活性发生显著变化，进而影响到某一特定的生理功能。这已在比大型哺乳动物具有更有效的体温调节系统的啮齿动物中得到强有力的证据。

（3）体温调节过程是唯一依赖于较高级中枢神经系统内调制点（standpoint）状态的稳态过程，其神经中枢部位可以探测体温的变化，并诱导产生相关的反应。其中皮肤温度感受器起着极为重要的作用，它对环境温度的变化极为敏感，并具有连续感受温度变化的能力。不过，在对环境温度缺乏明显反应时，如在睡眠过程中和/或处于某种形式的麻醉状态下，体温调节仍然可正常进行，即在体温调节过程中，反应的输入和输出与其他自主调节系统（如血压和电解质平衡调节系统）不同，输入和输出对后者是必不可少的。

人类体温调节的敏感性可以通过测定人体在某一特定条件下的能量利用率来确定。虽然体温调节的自主输出信号可以在相当广泛的环境温度范围内调节体温恒定，但是为了使机体保持在舒适的环境温度条件下（22~26℃，或 72~79℉），必须花费巨大的能量来调节环境温度。所以，机体的体温调节同样是一个需要花费大量能量的过程。

在啮齿动物体温调节过程中，行为调节起着重要的作用。在动物的行为反应受到抑制时，体温的行为调节反应也出现严重损伤，在完全麻醉状态下，甚至完全消失。虽然在许多研究体温调节反应的文献报道中，都包括了一些普通行为，但却忽视了动物行为输出方面的内容。

（4）发热（fever）过程涉及体内许多特殊的免疫和产热调节系统的功能状态。关于发热过程和机制的研究一直是体温调节研究中一个极为重要的领域。在发热过程中，体温升高的功能现在仍然还不清楚。阐明发热的机制和功能是热生理学的一个主要研究方向。

（5）关于体温调节系统的功能输出（如核温的升高与降低）已成为外科学和治疗学研究的一个重要的领域。例如，低体温症有利于降低机体的代谢耗氧量，这对各种心脏和脑常规外科手术的顺利进行是必不可少的。目前，在治疗某些疾病的过程中，强制性提高或降低体温已被证明是行之有效的治疗手段，这些疾病包括中枢神经系统紊乱导致的癌症和外伤。此外，某些药物的作用和化学物质的毒性，随体温变化而发生显著变化。由于啮齿动物在各种不同的环境温度条件或有外伤的情况下，体温将出现迅速变化。因此，在研究啮齿动物的体温调节时，应充分注意药物和外伤对体温的影响。

（6）研究哺乳动物的能量消耗是目前生理学和生态学的一个重要领域。并且该领域的研究对深入阐明和理解哺乳动物进化对策具有重要的意义。最早哺乳动物能量学主要从物理学的角度来研究动物能量代谢特征，即有机体在生活状态下，是否符合物理学所提出的能量学规律。

三、研究实验啮齿动物的目的

动物产热和体温调节研究主要可以从两个方面进行：①基本产热和体温调节机制研究，包括神经生理学、比较生理学和生理生态学。研究内容不仅包括体温调节机制，而且包括比较不同物种间的差异，以及这些差异与它们生存适应之间的关系。②多学科的综合研究。由于产热和体温调节系统的功能活性可能影响其他系统的功能状态，而这些系统的功能变化及对有机体的影响已成为学者极为关注的领域。其中存在这样的问题，即哪些物种适合进行体温调节的研究或进行与体温调节相关的分析。这个问题涉及许多因素，如物种产热调节的本质特征、营养状况、心血管、神经、免疫系统的功能和其他一些特征，并且与研究的目的有关。著名比较生理学家 Ladd Prosser 曾经指出："在采用比较途径对各不同门类有机体进行研究时，比较生理学与其他生理学分支学科明显的不同点就在于比较生理学强调动物在不同环境条件下长期进化的历史"。换句话说，在对某种啮齿动物或其他有机体进行研究时，应该注意到它们各自具有自己的进化特征。认识到这一点，对深入理解动物生理系统的功能机制具有重要的意义。本书将尽力以生态能量学和比较生理学的观点来阐述各种实验啮齿动物与野生动物的产热及体温调节特征及其与生态适应之间的关系。

20 世纪 80 年代以来，有关实验动物产热、体温调节和能量利用方面的研究文献报道大量涌现。而有关非啮齿动物研究中，猫、狗、兔和非人灵长类呈下降趋势。其主要原因可能与研究费用急剧增加、许多研究不得不采用价格更便宜的啮齿动物来进行研究有关。另外，反对活体解剖组织（anti-vivisection）不断施加压力，使一些研究不得不放弃使用猫、狗、兔和非人灵长类作为研究对象，而选用啮齿动物作为研究对象。

四、体温调节的一般特征

1. 术语

体温调节大体可分为两大类，分别涉及高代谢动物和低代谢动物。高代谢动物包括鸟类和哺乳动物。它们与低代谢动物相比较具有相对较高的基础代谢率（basal metabolic rate，BMR）。低代谢动物包括爬行动物、两栖动物、鱼类及其他动物。高代谢动物又称为内热源（endothermic）动物，它们调节体温的热量主要来自体内的代谢产热。与此相反，低代谢动物则称为外热源（ectothermic）动物，它们的体温调节主要通过调节身体与环境之间的热交换来完成。

与其他学科一样，有关体温调节研究的一些术语也常有几种含义，其确切含义取决于所研究的动物和所处的环境条件（IUPS，1987）。例如，内温动物能在相当狭窄的温度范围内调节体温（±2℃）。因此，将其称为恒温动物（homeotherm）。但是，许多内温动物并非总能保持体温恒定不变。一些鸟类和小型哺乳动物具有明显的昼夜休眠（torpor）或年周期性冬眠（hibernation），允许体温显著低于正常体温的下限。故又称为异温动物（heterothermic），以表示那些核温具有明显昼夜或年度变化的高代谢动物。

同样，由于外温动物缺少精确调节核温的能力，它们的体温变化取决于外界环境温度的变化。许多爬行动物可以利用行为机制在极为狭窄的温度范围内调节体温，因此，也具有恒温动物体温调节的某些特征。另外，一些昆虫和鱼类，虽然属于低代谢动物，但却具有内温动物的某些特征，能主动调节它们的体温高于外界环境温度。

从整体上看，啮齿动物都具有较高的代谢率，可以通过增加代谢产热能力在狭窄的温度范围内维持体温恒定。本书所讨论的典型实验啮齿动物，如大白鼠（*Rattus norvegicus*）和豚鼠（*Cavia porcellus*）有典型的恒温动物的产热和体温调节特征，同时还介绍了一些常见野生啮齿动物的产热和体温调节特征及其对能量分配的意义，以及相关的适应对策等。通常在多数情况下，绝大多数啮齿动物能保持体温基本恒定，如小白鼠（*Mus musculus*）、大白鼠、仓鼠、黑线毛足鼠、各种田鼠等，但在剥夺食物后，它们可以进入休眠状态，可能表现出异温动物的某些特征。金仓鼠（*Mesocricetus auratus*）为异温动物，并且具有冬眠习性。长爪沙鼠（*Meriones unguiculatus*）虽然不像其他啮齿动物研究得那么深入，在大多数情况下也能维持体温恒定，但可进入休眠。

2. 热平衡

在深入讨论啮齿动物或其他种类的体温调节特征之前，首先回顾一下机体热平衡方程（heat-balance equation）是十分必要的。根据热力学第一定律（the first law of thermodynamics），热平衡方程包括代谢率、机械功和动物体与环境进行热交换的 4 种形式，其数学表达式如下（IUPS，1987）：

$$S = M-W-E-C-K-R \tag{1.1}$$

式中，S=体内储存的热量；M=代谢率；W=机械功，正值表示机体对外界做机械功；负值表示环境对机体做功。这些机械功最终也转变为热量；E=蒸发传热量；C=对流传热量；K=传导传热量；R=辐射传热量。

以上每一传热量为正值时，表示热量从机体传到外环境；负值表示机体从环境中获得热量。式（1.1）中各变量的单位一律使用标准能量单位：瓦特（W），每平方米瓦特（W/m²），或每千克瓦特（W/kg）。

不同的物种或同一物种在不同的环境条件下，各种热交换途径的相对重要性是不同的。由于动物与生活基底直接接触的表面积非常小，动物通过传导途径的传热量非常低。然而动物浸没在水中时，传导失热率可能非常高。在标准室温状态下（20～22℃），动物通过蒸发失热量也相当低，大约占总失热量的20%；但在环境温度高于热中性条件下时，蒸发失热量迅速增加。所以，动物大部分热量主要以对流和辐射的形式散失到周围环境中去。对流散热随风速的增加而增加。不过空气流动速度（风速）在大多数实验条件下相当小。遗憾的是在实验啮齿动物中，几乎没有综合4种传热途径进行研究的报道，这与人类或其他大型哺乳动物的研究状况不同。

热量储存通常以体内热量在单位时间内的变化率来表示，并可按式（1.2）计算：

$$C \times (T_{b1} - T_{b2}) \times 体重（g） \tag{1.2}$$

式中，C=组织热容量（～3.47 J/（g·℃））；T_{b1} 和 T_{b2} 分别为测定开始和结束时的平均体温。所以，在产热量等于动物通过所有散热途径散热量总和时，S=0；动物的体温保持不变。当产热超过散热时，如锻炼或用刺激动物细胞代谢的药物处理动物时，$S>0$，动物处于过热状态；相反，当失热大于产热时，$S<0$，动物处于处于低体温状态。

体温保持恒定（即 S=0），也不对外做功时，内温动物的代谢（M）应该等于所有丧失到环境中热量，即

$$Ht = M = R + K + C + E \tag{1.3}$$

如果将每一种散热都表示出来，那么动物的代谢率可以通过式（1.4）计算出来：

$$M = \varepsilon\sigma Ar (T_b - T_a) + hkAk (T_b - T_a) + hcAc (T_b - T_a) + \lambda EWL \tag{1.4}$$

式中，ε=辐射率（emissivity），在相同的温度下，体表辐射能量与"全黑物体"辐射能量之比（一般人为动物体的 ε=1.0）；σ=斯特潘-玻尔兹曼（Stefan-Boltzmann）常数（5.67×10^{-8}W/（m²·K⁴））；Ar=辐射散热的有效面积；hk=热传导常数（the thermal-conductivity coefficient）；Ak=传导热交换的有效面积；hc=对流热交换常数；Ac=对流热交换有效面积；λ=蒸发潜能（在34℃时，λ=2411.3J/g）；EWL=蒸发失水率；T_b=体温，以体表皮肤温度或毛发温度表示更为适合；T_a=环境温度或空气温度（T_a 和 T_b 均使用开尔文温标）。

在应用式（1.4）进行热生理学研究时必须注意以下几点。只有在基质温度等于空气温度时，T_a 才等于空气温度。在正常情况下，热传导率很低，动物通过直接接触传导和通过空气的丧失热量相比非常小，可以忽略不计。另外，由于精确

测定动物体表各部位的温度是十分困难的，通常以内脏或核温来代替体表温度。当环境温度与动物体温之差为 20℃或更大时，根据 Stefan-Boltzmann 假设动物辐射散热与环境温度之间具有线性关系，辐射散热可忽略不计。尽管如此，要同时测定 Ar、Ak、Ac、hk 和 hc，亦是非常困难的。所以，热生理学家一般都采用式（1.4）的简化形式，即

$$M = C'(T_b - T_a) + \lambda EWL$$

式中，C' ＝整体热传导（whole-body thermal coductance），近似等于 $4\varepsilon\sigma A\tau T_a^3 +$ hkAk＋hcAc

很明显，整体热传导是动物在干燥条件下，各种散热途径散热率的综合简化指标，这一指标在动物的产热和体温调节研究中具有极为重要的意义。关于热传递理论及其在啮齿动物和其他恒温动物热生物学研究中的应用，已有大量的文献报道。

3. 控制理论：调定点（**set-point**）概念

恒温动物体温调节系统是典型的伺服调节系统（servo loop-regulated control system）（图 1.1A）。系统中，比较装置（comparative device）对调定点（或参考

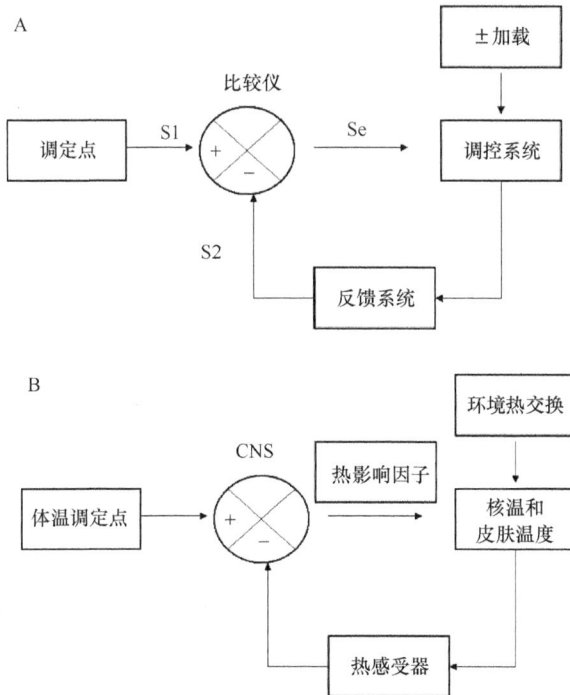

图 1.1 恒温动物体温调节系统（仿 Stolwijk，1974）
A. 具有反馈机制的伺服调节系统的一般模式；B. 用伺服调节系统表示体温调节系统的基本模式

信号，reference signal）（S1）和反馈信号（S2）进行综合比较之后产生一个激活或修正信号（Se）。通过这一机制，任何偏离调定点的变化都可被反馈系统检测出来，并产生一个修正信号，纠正系统出现的偏差，维持正常的热稳态。

图 1.1A 的反馈系统对模拟许多生理机制的调控具有非常重要的意义，其中也包括啮齿动物和其他恒温动物的体温调节系统。以反馈调节系统为基础的体温调节机制包括 4 个主要部分：热感受器（thermal receptor）（反馈信号），中枢神经系统内的分析综合神经元（比较装置），产热、保温和散热装置（控制效应装置），以及被调节的系统（核温和皮肤温度）。虽然啮齿动物在体温和产热调节方面与其他哺乳动物有很大差别，但是图 1.1B 所表示的反馈调节机制，在所有的恒温动物中都是一致的。

反馈体温调节系统中，存在两个主要环节，一个是吸热和热量的储存，另一个是失热及其调节。注意到这两个环节，将图 1.1B 表示的体温调节系统模式应用于啮齿动物，在啮齿动物中，当热储存为负时，维持恒定的体温主要通过增加代谢产热和减少失热来进行；而在热储存为正值时，减少产热增加散失。

在记录到动物总产热量和总失热量处于稳定状态时，热储存的盈亏正负即可清楚地反映出动物吸热与失热之间的动态关系（图 1.2）。

在某一段时间内，将热储存正值与负值全部相加，如果热储存的代数和为零时，表示此时体温调节处于稳定的调节状态。通常认为机体的调定点与机械温度调节装置相似，是固定不变的。然而长期对脑干温度敏感性研究表明，体温调节机制中的调定点本身也是可以改变的，其变化受到环境温度、发热和锻炼以及其他因素的影响。尽管调定点是连续进行体温调节的关键部位，但是调定点的神经机制尚不清楚。目前，一般认为"调定点的调定水平是健康有机体所具有的调节稳定值"，即调定点表明并维持了机体不出现机能障碍的体温调控点。

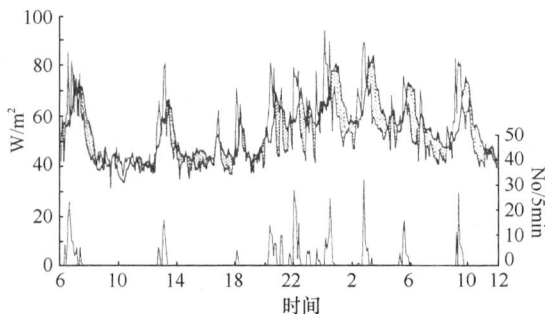

图 1.2　大鼠在 24h 内，产热（细线）、失热（粗线）和摄食活动
（点线）的时间变化序列（仿 McNab，1986）
注意在夜间产热、失热和取食活动均增加。光周期为 05:00～19:00

调定点的存在及在中枢神经系统中的定位，现在仍然没有取得一致的结论。啮齿动物和其他哺乳动物似乎都具有某种形式的调定点，从而使它们的体温维持在（37±1）℃。由于调定点理论在深入阐明动物体温调节中起着极为重要的作用，因此，这方面的研究是非常有意义的。目前许多学者都认为，恒温动物 3 种不同的体温调节状态都与调定点的变化有关。即正常体温状态（$T_b = T_{set}$），调节性高体温（regulated hyperthermia）（$T_{set} < T_b$）和胁迫性低体温（forced hypothermia）（$T_{set} > T_b$）。在体温正常时，动物的体温亦可出现在调定点附近出现轻微的波动（或振荡），这也许对动物的生存也是必需的；调节性高体温可能由 T_{set} 升高而引起的，可能主要与 CNS 有关。此时动物似乎处于低温环境中，为了使体温达到新的调定点温度，机体出现增加得热和储存更多的热量，结果体温升高。发热就是调定点温度升高而导致机体体温升高的典型例子。在胁迫性高体温时，体温高于调定点温度，这种情况出现在热胁迫或用刺激但不影响调定点温度的药物处理动物的情况下，此时，散热效应器被激活，散热增加。调节性低体温似乎仅出现在冬眠的入眠期，此时调定点温度低于核温，动物似乎处于热环境中，散热增强，体温下降。如用解热药物（antipyretic）降低动物调定点温度，使动物似乎处于热环境中并出现相应的增加散热反应，与前一种情形十分相似。将动物浸没于冰水中或用抑制代谢的药物处理动物，动物就会出现强迫性低体温，体温低于调定点温度。

动物行为体温调节反应对于研究调定点温度的变化状况具有重要的意义。这种研究方法已在体温调节的神经药物学研究中广泛采用。例如，使用可降低调定点温度的药物处理大白鼠后，出现尾部血管舒张，代谢率下降，动物处于低体温状态，所以这类药物可能降低了动物调定点的温度。然而这些反应也有可能与神经内的信号传递有关，而并不影响中枢系统内的调定点温度。如果这类研究同时结合行为体温调节反应，即动物选择低体温环境时，也可能出现低体温。所以，上述调定点温度下降的结果还缺少有力的证据。

五、啮齿动物是否适合人类体温调节模式？

实验动物的研究结果在一定程度上可应用于人类，这是生物研究中的基本前提之一。当实验动物模型与人体研究结果之间出现显著差异时，那么这种差异很可能是由于各种尺度因子（scaling factor）和调控机制正常的种间差异所造成的。

一个重要的问题是，在大白鼠或其他实验啮齿动物体温调节研究中所得到的结果是否可完全代表人体的体温调节特征？为了说明这一问题，在表 1.1 中列出了（体重为 0.25kg 的大白鼠和体重为 80kg 的人体）大白鼠和人体一些与体温调节有关的变量。考虑到大白鼠和人体的体重相差 320 倍，对所选择的变量尽可能采用相同的单位来表示，如核温、皮肤温度、下致死温度、上致死温度。但是，两者在代谢特征方面却存在着巨大的差异，包括基础代谢率（总失热量和单位体重的失热量)、峰值代谢率(peak metabolism)和蒸发失热。代谢特征之间的巨大差异主要取决于它们的体重与体表面积之间的差异。一般来说,大白鼠(与其他啮齿动物一样)具有相当大的体表面积/体重,因此为了维持与人体相同的核温和皮肤温度,就必须提高单位体重的代谢水平。虽然大白鼠与人体具有相同的核温和皮肤温度,但它们所采取的产热和体温调节"对策"完全不同,也就是说,大白鼠要维持与人体相同的核温和皮肤温度,其单位体重的产热量必须达到人体的5倍以上。

表 1.1 "典型"实验啮齿动物(大白鼠)和人体某些热生理特征的比较 [a]

变量	大白鼠	人体	人体/大白鼠
体重/kg	0.25	80	320
核温/℃	37	37	1.0
皮肤温度/℃	~30	33	1.1
选择温度(Ta)/℃	28	28	1.0
上致死温度/℃	44	43	0.97
下致死温度/℃	15	26.8	1.8
体表面积:体重/(m²/kg)	0.13	0.025	0.2
总代谢率/W	1.3	101	77.7
单位体重代谢率/(W/kg)	5.3	1.3	0.24
单位面积代谢率/(W/m²)	38.4	50.4	1.3
最大代谢率/(W/kg)	33.5	11.3	0.33
最大蒸发率/(W/kg)	8.8	17.5	1.9

a 体表面积等生理变量根据异速方程计算,已知各生理变量来自 McNab(1988,1989)

比较大白鼠与人体之间的差异,表 1.1 所给出的数据显然过于简单了。但至少说明在将啮齿动物研究结果应用于人体时,可能会出现许多困难。例如,用影响代谢率的药物或化学试剂处理大白鼠时,至少在短时间内,其体温调节系统会出现明显的反应。另外,为了在各种环境因子胁迫,如冷暴露、剥夺食物、锻炼和低氧等条件下,维持恒定的体温,大白鼠体温调节系统所出现的反应,以及最终对其他生理系统机能活性调节的影响比人体强。所以,为了得到各种环境因子对人体可能产生的影响,并对这些影响作出正确的估计时,虽然主要依据对大白鼠和其他实验动物的研究结果,但是必须记住,它们存在着巨大的热生理学差异,这些差异可能会影响到在人类的应用。

参 考 文 献

Bergmann C. 1847. Über die verhältnisse der wärmeökonomie der thiere zu ihrer grösse. Göttinger Studien, 1: 1-395.

Bergmann C, Leuckart R. 1852. Anatomisch-physiologische Uebersicht des Thierreichs. Stuttgart:

Mueller.

Bligh J, Johnson KG. 1973. Glossary of terms for thermal physiology. J. Appl. Physiol., 35: 941.

Crawford A. 1779. Experiments and observations on animal heat, and the inflammation of combustible bodies. London: Barter Books Ltd: 1-136.

Hart JS. 1950. Interrelations of daily metabolic cycle, activity, and environmental temperature of mice. Can. J. Res. Sect., 28: 293-307.

Ladd Prosser C. 1967. Review of scattered literature physiology of mollusca. Bio. Sci., 17: 661-661.

Lavoisier A, Laplace PS. 1780. Memoire sur la Chaleur. Mem. Acad. R. Sci., 1780: 355-408.

McNab BK. 1986. The influence of food habits on the energetics of eutherian mammals. Ecol. Monogr., 56: 1-19.

McNab BK. 1988. Complications inherent in scaling the basal rate of metabolism in mammals. Q. Rev. Biol., 63: 25-54.

McNab BK. 1989. Laboratory and fields studies of the energy expenditure of endotherms: a comparison. Trends Ecol. Evol., 4: 111-112.

Regnault V, Reister J. 1847. Récherches chimiques sur la respiration des animaux des diverses classes. Ann. Chim. Phys., 26: 299-519.

Richet C. 1885. Récherches de calorimeter. Arch. Physiol., 6: 237-291.

Rubner M. 1883. Über den Einfluss der Körpergrösse auf Stoffund Kraftwechsel. Z. Biol., 19: 535-562.

Sarrus PF, Rameaux JF. 1839. Mathématique appliquée à la physiologie. Bull. Acad. R. Med., 3: 1094-1100.

Scholander PFR, Walters V, Hock R, et al. 1950. Heat regulation in some arctic and tropical mammals and birds. Bull., 99: 237-258.

Stolwijk JA. 1974. Mechanisms of thermal acclimation to exercise and heat. J. Appl. Physiol., 37: 515-520.

Thermal Commission, IUPS. 1987. Glossary of terms for thermal physiology. 2nd ed. Revised by The Commission for Thermal Physiology of the International Union of Physiological Sciences（IUPS Thermal Commission）. Pflügers Archiv., 410: 567-587.

第二章　能量代谢的基本特征

从广义上来看，代谢（metabolism）一词是指发生在有机体内的各种化学反应的总称。由于化学反应速率随着环境温度的上升而显著加快，因此动物的代谢活动能力也与体温密切相关。温度决定了各种代谢酶的活性，在动物体温较低的情况下不可能出现高水平的代谢率。相反，在高温环境中，如果代谢率水平较高、代谢产热能力过强，很可能导致动物出现过热现象，而对动物的生存适应不利。在寒冷的环境条件下，丧失热量显著增加，对低代谢动物生存不利。低温可以显著导致体温降低，代谢产热能力显著下降，严重时动物出现冻结。因此，体温是决定动物几乎所有生理机能的重要指标，在环境温度变化范围内，动物必须能够在一定范围内维持相对稳定。其中某些动物能够将体温维持在高于环境温度的水平，而另外一些动物却不能严格调节体温，甚至不能调节体温。

根据热力学定律，动物利用能量的效率不可能达到100%。因此，在各种代谢反应和肌肉收缩过程中，绝大部分代谢能量将以热的形式丧失到环境中。这一特征与内燃机的做功过程类似，不过动物代谢产热并非仅仅是浪费，而是动物维持体温稳定，有利于动物的各种代谢过程的平衡。因此，维持体温保持稳定对动物的生存适应具有重要的意义。

身体大小是影响动物能量消耗的重要因素之一。体重较小的动物，其体重特殊代谢率（mass-specific metabolic rates）显著高于大型动物。因此，体重是影响动物许多生理过程和生理机能的重要因子。与体重相似，肌肉的活动也是影响动物能量消耗的重要因素之一。蜂鸟在含有花蜜的花上进行垂直飞行过程中，肌肉所消耗的能量显著高于夜间处于静止状态的能量消耗。

繁殖活动也显著影响动物的能量消耗、能量代谢、能量分配和能量储存等。某些动物在形成配子过程中消耗的能量较少，相反，某些种类则必须消耗大量的能量。而且动物的繁殖往往具有明显的季节性节律，以便使动物能在最有利的季节完成繁殖。

总体上讲，动物的代谢途径可以分为以下两种主要类型。

（1）合成代谢（anabolism）：主要功能是将结构简单的化合物组装为结构复杂的大分子化合物。合成代谢一般与需要能量消耗的过程相联系，如修复、再生（regeneration）和生长等过程。虽然对合成代谢进行定量研究十分困难，但是合成代谢的强度往往和氮平衡呈正相关关系（如合成代谢过程中氮结合比率），并且可以作为衡量合成代谢强度的重要指标。也就是说，在合成代谢过程中，由于蛋白质合成作用增强，含氮分子增加，合成代谢增强。

（2）分解代谢：一般是将结构复杂的大分子化合物分解为结构简单的小分子化合物代谢过程。在分解代谢过程中，随着大分子化合物的分解作用，总是伴随有大量的能量释放出来。在分解过程中释放出的能量，一部分将以高能磷酸键的形式储存起来，如 ATP，用于细胞的各种代谢活性。在代谢过程中形成的某些中间代谢物，如葡萄糖、乳酸等，也能储存一部分能量，而这一部分物质可以成为其他一些代谢反应的底物，并且在以后的代谢反应中进一步释放能量。

在动物有机体不对外界做功或在机体内不进行化学能储存时，代谢过程中所释放出的能量几乎全部以热能的形式释放到环境中。根据这一特征，可以将有机体的产热作为研究动物能量代谢特征的重要指标，反映动物在不同环境条件下的热稳定状态。衡量动物将化学能转化为热能的能力称为代谢率（metabolic rate）——单位时间内热能的释放量。不过虽然产热是度量动物代谢率的重要指标，但是通常采用测定动物的耗氧量作为衡量动物代谢强弱的标准。目前，可以采用核磁共振（nuclear magnetic resonance，NMR）技术直接测定动物组织器官中的高能磷酸化合物的代谢特征，为直接测定动物的能量代谢特征提供了新的方法和技术。

测定动物的代谢率不仅在生理学中具有重要的意义，而且在动物生态学、动物行为学和进化生物学中也具有重要的意义，因为通过测定动物的代谢率可以进一步确定动物的能量需要特征。动物为生存，就必须获得足够的食物，从而使有机体的能量代谢处于平衡状态，满足由于各种生命活动的能量消耗和储存。在不同环境温度条件下，测定动物的代谢率能够阐明动物的产热和散热及其调节机制。测定在不同运动状态下动物的代谢率有利于深入理解动物在不同运动状态下的能量消耗对策。例如，各种动物在不同运动，如游泳、飞行、奔跑或步行等状态下，动物的能量利用对策，以便了解动物在特定能量代谢条件下，能够运动的最大距离。

动物的代谢率随动物所处的状态和强度的不同而不同。这些过程或状态包括组织生长和组织修复，以及在体内各种做功过程中化学能、渗透、生物电和内部机械做功等；对外界做功，包括运动和通信。

另外，动物的体温和环境温度状况、体重、繁殖状态、活动及其他一些因素，如昼夜节律、季节节律、年龄、性别、动物的外形特征、食物的类型等也显著影响动物的能量代谢特征。因此，在进行不同动物代谢率比较的过程中，必须具有相同的测定条件。

在不同的组织层次，代谢所表示的意义不同。例如，在细胞和亚细胞水平上，代谢过程产生大量热量，通常被认为是无用的副产品；但是从整体水平上来看，热量是动物维持热稳态不可缺少的因素。尤其在低温环境等胁迫环境中，代谢产热是对有机体生存必不可少的条件。在高温条件下，代谢产热可能成为维持热稳态不利的因素。在热胁迫条件下，体温调节系统的主要功能是降低机体代谢产热，防止体温升高。因此，代谢产热是否对机体存活有利，在很大程度上取决于动物所处的环境温度条件。在冷暴露条件下，动物必须增加代谢产热，维持体温保持稳定；而在高温条件下则相反。本章主要讨论影响代谢的各种内因和外因，包括体重、体表面积、环境温度、皮毛隔热性、热传导及活动特征等。在冷暴露条件下，代谢作为体温调节的特征将在之后的各章详细讨论。

一、代谢率的分类

哺乳动物的代谢过程是一个动态的过程，各种不同物理和生物因素都可能影响到动物的代谢特征。包括环境温度、体温状况、风速、海拔、营养状况、呼吸状态、内分泌系统的功能、运动特征及其他因素。根据哺乳动物代谢来源和性质，可将代谢分为 6 种类型：基础产热（basal metabolic rate，BMR）；吸收后产热（post prandial-derived thermogenesis）；颤抖性产热（shivering thermogenesis，ST）；非颤抖性产热（non-shivering thermogenesis，NST）；食物诱导产热（diet-induced thermogenesis，IDT）；实际做功产热（positive-work-derived thermogenesis）。

1. 基础产热

基础产热，也可称为强制产热（obligatory thermogenesis），是体内所有生物合成和分解代谢过程产生的热量的总和，包括维持呼吸、循环、肌肉收缩活性、肠蠕动、体温变化，以及其他生长性功能过程所释放出的能量。一般来说，基础代谢是指动物在热中性区内、清醒、静止、吸收后状态下的静止代谢率。

2. 吸收后产热

吸收后产热，即动物吸收食物后出现超过基础产热以外的那部分产热，也可以称为食物特殊动力作用（specific dynamic action，SDA）。Max Rubner 早在 1885年就发现动物在消化和同化过程中，吸收后产热，伴随着代谢率显著增加，而与其他活动过程完全无关（Lusk，1932）。之后，不同学者分别在五类脊椎动物中均发现食物特殊动力作用存在，并且在某些无脊椎动物，如甲壳类、昆虫和软体动物等，也都发现食物特殊动力作用。一般来说，动物在进食后大约 1h 后，代谢率和产热能力显著增加，并且在进食后 2～6h 达到最大，随后将在数小时内维持高于基础代谢率水平的代谢率（图 2.1）。在鱼类、两栖类和爬行类等低等脊椎动物中，SDA 可以达到相同条件下标准代谢率的 2～3 倍，在此过程中，动物的心率和心输出量显著增加，同时流经消化道的血流量等重新分布。高等脊椎动物包括人，SDA 也十分明显。

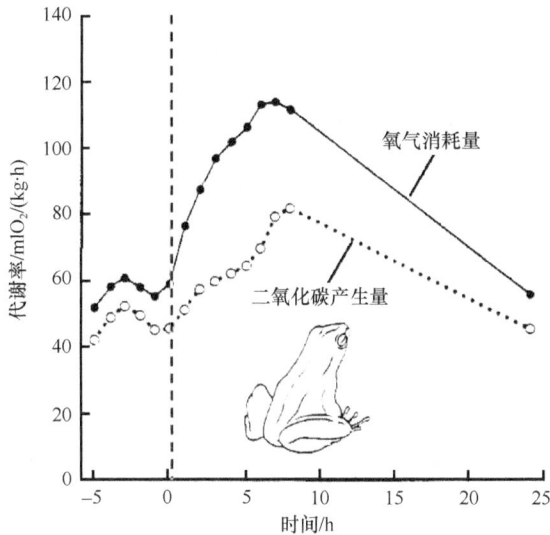

图 2.1　蟾蜍（*Bufo marinus*）食物特殊动力作用（Wang et al., 1995）

产生 SDA 的详细机制现在仍然并不十分清楚，其很可能与消化道做功有关（因为在 SDA 出现时，总是伴随有消化道组织的代谢率显著增加），至少消化道代谢率增加对 SDA 具有一定作用。一种可能的解释认为，SDA 的出现可能仅与动物的某些器官如肝脏等的代谢活动增强有关，包括这些器官在进食后对营养物质的吸收作用显著增强等。另外，在进食后热丧失增加可能也是导致 SDA 的一个原因。进食后产热能力增强受到食物类型的不同而不同。进食碳水化合物后诱导出现的 SDA 仅为总能量消耗的 5%～10%；而取食脂肪后，SDA 可以达到总能量消耗的 25%～30%。

在同一物种中，SDA 可能是引起动物代谢率出现误差的主要原因。在测定动物的代谢率时，根据研究目的是否应避免 SDA 对动物代谢率的影响，即动物是否处于吸收后状态。在测定基础代谢率时，必须使动物处于吸收后状态，避免 SDA 对基础代谢率的影响。

3. 颤抖性产热

骨骼肌颤抖（shivering）和非自主性震颤（tremor）是哺乳动物和鸟类进行产热调节的有效方式之一。一般来说，颤抖性产热可达基础代谢率的 2～5 倍。颤抖性产热能力取决于肌肉震颤的幅度和参与震颤的肌肉细胞数量。当皮肤温度升高和/或降低时，均可引起动物出现明显的颤抖性产热。颤抖受机体运动神经的控制，并不受自主神经的控制。通常认为控制颤抖的神经元位于下丘脑后部；传导神经元位于中脑、后脑及延髓侧区。传导肌肉颤抖的神经通路与调节肌肉正常收缩的神经通路不同。前者只表现为一些较小的运动单位出现同步收缩，包括相互拮抗的小运动单位的同步收缩。因此，当动物出现明显的颤抖时，并不出现肌肉大范围的运动性变化。

颤抖并不能表现出运动性机能变化，仅参与机体产热调节。尽管骨骼肌在强烈收缩过程中，可导致代谢率增加到基础代谢率的 20 倍，但并不是机体进行产热调节的主要方式。由于运动可显著导致体表热传导增加、外周血管扩张、散热增加，结果肌肉活动产生的大量热量都散失到环境中，而并不主要用于产热调节。颤抖一般并不与锻炼时肌肉收缩同时进行，在肌肉进行锻炼时，颤抖就停止。

最近，关于肌肉的颤抖性产热机制研究又有了新的进展，研究结果认为进行产热的肌肉细胞中，缺少正常肌细胞所含有的肌原纤维（myofibrils）和肌原纤维节（sarcomere），并且产热过程涉及肌细胞质中 Ca^{2+} 的释放和转运。随着肌质网中 Ca^{2+} 的释放，线粒体即产生大量的热量。详细机制见图 2.2。

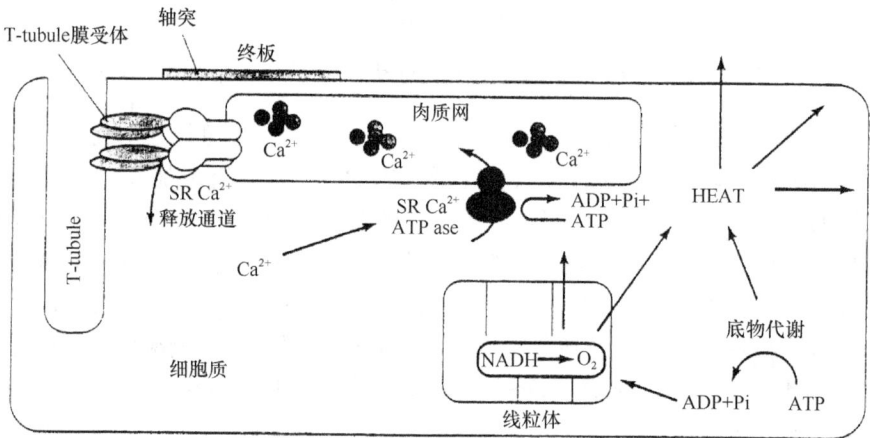

图 2.2 肌肉产热机制（Block，1994）

另外，最近在实验啮齿动物骨骼肌中也发现了一种新的非偶联蛋白（uncoupling protein，UCP），并且认为这种蛋白与 BAT 细胞中的非偶联蛋白同属于一类，均具有非偶联产热的功能。因此，骨骼肌很可能也具有颤抖性产热能力。

4. 非颤抖性产热

非颤抖性产热是一种不涉及肌肉收缩的产热形式。从这个意义上来看，基础产热也属于一种非颤抖性产热。但是基础产热和非颤抖性产热的细胞和分子机制及调节途径不同。基础产热的部位是全身性的，而非颤抖性产热仅出现在机体的某些器官。基础产热主要受甲状腺激素的调节，而非颤抖性产热则主要受去甲肾上腺素（noradrenalin，NE）的调节。在哺乳动物，尤其是小型哺乳动物受到去甲肾上腺素的刺激时，表现出产热增加、体温上升。例如，大白鼠在不同驯化条件下驯化后，对去甲肾上腺素刺激的耗氧量出现显著差别。冷驯化后，去甲肾上腺素刺激耗氧量（1.5kJ）显著高于热驯化组（0.4kJ）。

关于哺乳动物进行非颤抖性产热的部位现在仍然存在不同的观点。但是一般认为褐色脂肪组织（brown adipose tissue，BAT）是哺乳动物进行非颤抖性产热的主要部位，但是肝脏和肌肉可能也参与了 NST。颤抖性产热和非颤抖性产热在哺乳动物的产热和体温调节中起着极为重要的作用，是短期和长期冷暴露动物产热的主要热源（图 2.3）。

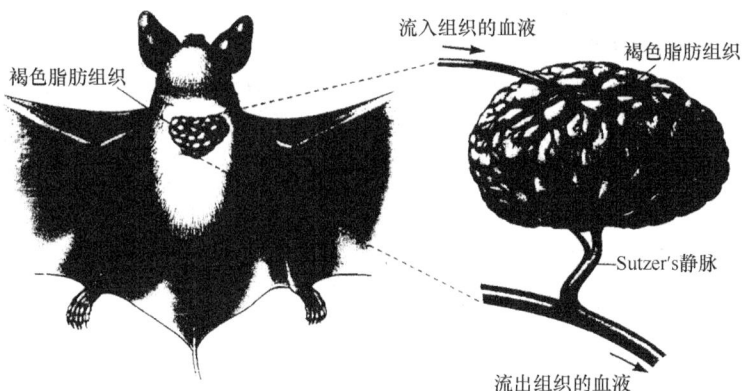

图 2.3　蝙蝠的 BAT 及其血液供应（Thomas and Suthers，1972）

5. 食物诱导产热

最近在啮齿动物中发现了一种产热形式，即动物在过食状态和/或取食高能食物后出现产热增加。它与吸收后产热显著不同，食物诱导产热主要产生于 BAT 中。

6. 实际做功产热

实际做功产热（如锻炼、增加活动等）一般认为不属于真正的产热效应器，但在高温或低温环境中，实际做功产热可能成为体温调节的重要热源。

二、代谢率的测定方法

由于测定方法不同，一般来说生理学中将代谢率分为以下几种类型。

1. 基础代谢率和标准代谢率

哺乳动物和鸟类在环境及生理胁迫最小的条件下（也就是动物在静止状态、

没有温度胁迫的条件下），动物的稳定能量代谢率称为基础代谢率（basal metabolic rate，BMR），即动物处于静止、饥饿、没有消化和吸收的条件下测定的代谢率。除了哺乳动物和鸟类外，几乎所有动物的体温都受到环境温度的影响。由于动物的最低代谢率随动物的体温变化而变化，因此在特定条件下测定动物的基础代谢率时，必须保证动物的体温调节能耗为零，此时动物不需要增加额外的能量消化来进行动物体温调节。但是一般要满足这些条件是相当困难的。因此，通常采用标准代谢率（standard metabolic rate）来衡量动物的能量代谢特征。所谓标准代谢率是指动物在一定体温状态下的静止和饥饿代谢率。有趣的是许多外热源动物的SMR 与动物原来经历的温度状况有关，即出现补偿和驯化，关于补偿和驯化的机制我们将在后面的章节详细说明。

基础和标准代谢率是测定动物代谢率的重要指标，是进行不同动物代谢率比较的基础。但是，测定基础和标准代谢率的条件与动物在自然状况下的条件不同，因此很难完整地反映动物在自然状况下的能量消耗和代谢特征。为了能比较准确地反映在自然状况下，动物的能量代谢和消耗特征，从而提出了野外代谢率（field metabolic rate，FMR）。野外代谢率是动物在自然状态和一定时间内，动物能量消耗的平均值。一般来说，动物的野外代谢率通常在静止代谢率和最大代谢率（maximum sustainable metabolic rate）之间变化。

2. 代谢范围（metabolic scope）

动物能量代谢率变化范围称为有氧代谢范围（aerobic metabolic rate）。动物有氧代谢范围可以定义为最大代谢率与 BMR（或 SMR）之比。其比值表示动物的最大代谢能量消耗（通常以动物的耗氧量来表示）为其在静止状态下的倍数。一般来说，动物在活动时的代谢率为静止代谢率的 10～15 倍。但是，应该注意到由于一般维持动物活动的能量主要来自有氧代谢，因此，代谢范围的测定往往并不包括动物在运动过程中出现的无氧代谢所消耗的能量。无氧代谢导致机体负氧债（oxygen debt），因此动物不可能长期以无氧代谢维持动物的运动。

代谢范围的概念与动物的运动特征有密切关系，但是与其运动模式关系不大。例如，鱼类在游泳过程中可能受到水流的刺激而导致游泳速度加快。实验证明代谢范围随体重的增加而显著增加。例如，鲑鱼的活动代谢率与标准代谢率之比随体重的增加而增加，在鲑鱼体重为 5g 时，代谢范围等于 5；而当鲑鱼的体重增加到 2.5kg 时，其代谢范围也增加到 16 以上。这种关系为比较不同动物的运动模式提供了依据。虽然许多种类的体重小于 5g，如昆虫，它们在飞行过程中往往维持较高的体温，这些种类的代谢范围甚至可以达到 100 以上。其也是动物界中代谢范围最大的种类。

仅仅采用代谢范围来度量动物运动时的能量消耗可能存在某些缺陷。如果物种具有较高水平的无氧代谢能力，就很可能在运动期间出现氧债，尤其是在短时间内更为明显（图 2.4）。脊椎动物的白肌具有较强的无氧代谢能力，这种肌肉对动物运动时出现氧债是重要的适应，尤其对短时间内剧烈运动更为适应。由于无氧代谢的产物阻断了有氧代谢途径，因此，在短时间内测定动物的总代谢率并不包括无氧代谢途径。所以，测定代谢范围的最好方法是在维持动物恒定的运动状态下进行测定。

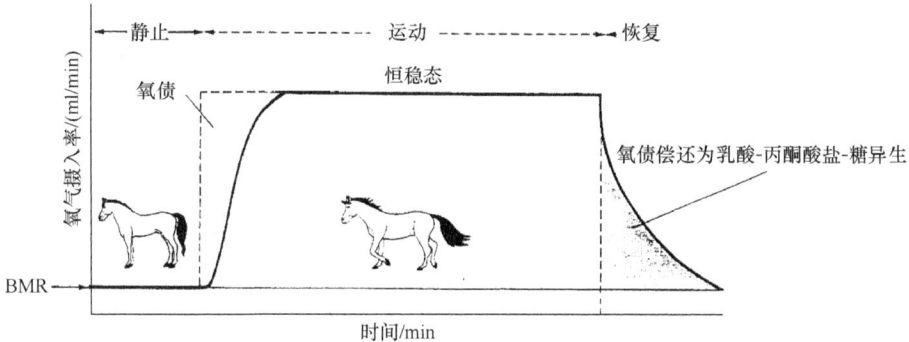

图 2.4　在持续运动过程中动物的能量代谢特征（Thomas and Teresa，1992）

在实际测定动物的代谢范围时，测定动物最大代谢率的实验设备并不一定能使动物出现最大代谢率，很可能在测定时动物并未出现最大运动状态。

最后，代谢范围忽视了 SMR 的作用。较低水平的 SMR，如动物处于睡眠或休眠状态时，由于动物的 SMR 显著降低，代谢范围估计过高。

3. 代谢率的直接测定：直接能量测定法

如果没有做功和化学合成作用，所有的化学能都用于代谢，并最终以热能的形式释放到环境中去。这就是 Hess 定律（1840 年），该定律认为任何一种作为能源的代谢底物，不论其代谢途径和中间步骤是否相同，其最终产物都相同（Chakrabarty，2001）。有机体的代谢率可以通过测定一定时间内的代谢产热来确定。可以采用卡路里计（calorimeter）进行测定，因此也称为直接能量测定法（direct calorimetry）。在测定时，动物一般不受限制或很少受到干扰，并将其置于一个呼吸室内进行测定。动物所丧失的热量可以用已知质量的水温的升高来决定。最早采用这种方法测定动物的能量消耗是 18 世纪的 Antoine Lavoiser 和 Pierre de Laplace，他们将呼吸室浸没在一定质量的冰水内，在测定一段时间后，动物代谢产热将导致冰融化，然后计算冰融化的量或水温上升情况，最后得到动物在一定时间内的产热量。此即动物的代谢率（Thomas and Teresa，1992）。现在一般采用水流经过一组螺旋状的管子通过呼吸室。动物总热丧失等于水获得的热量加上由于皮肤水分蒸发所丧失的热量。为了测定潜热（latent heat），必须测定浓硫酸吸收水分的质量。水在20℃时的汽化热为2.45kJ/g（0.58kcal/g）。

虽然直接测定法的基本原理很简单，但是实际测定过程中影响因素太多，因此测定结果并不十分满意，往往具有较大的误差。尤其是测定代谢率较低的种类，或个体较大的种类。因此，直接测定法在实际研究工作中应用十分有限。通常只用于测定代谢率较高的小型鸟类和小型哺乳动物的代谢率。另外有毒测定条件的限制，因此直接测定法不可避免地要影响动物的行为特征。

4. 代谢率的间接能量测定：食物摄取排泄法

动物的代谢率还可以通过动物的能量"平衡"（balance sheet）来测定，即通过测定动物在一定时间内获取的总能量和释放出的总能量之差。该测定法所依据的基本原理是有机体在一定时间内获得和转化的总能量与非生命系统相同。因此，在稳定状态下，动物的代谢率可以采用式（2.1）来计算：

代谢率（产热）=动物所摄取的化学能–损失的化学能　　　（2.1）

动物在一定时间内摄入的化学能等于该时间内摄入的食物中含有的总能量中被消化吸收的能量。而能量丧失主要为粪便和尿液中所包含的未被有机体消化吸收的能量。食物中的能量和排遗物中的能量可以采用氧弹法测定。两者之差就是动物在一定时间内的代谢率，或产热能力。在这种方法中，首先必须将材料干燥，然后在氧弹中燃烧，就可以测定出样品中的热值（或能值）。在燃烧过程中产生的热量使氧弹周围的水温上升，从而计算出材料中所含的能量。

在采用这种方法测定动物的代谢率时，控制某些变量的变化比较困难。例如，食物中所包含的能量完全用于动物的代谢；动物的食物类型不同，食物在动物消化道内消化吸收的情况也不同。因此在测定时必须严格控制这些变量才能得到比较满意的结果。另外，如果在测定时间内，动物的组织生长状况出现变化，就必须对动物摄入能量进行修正。因为这时动物所储存的能量状况出现变化（如脂肪储存增加或减少等）。如果在测定时间内动物消耗自身所储存的能量，那么动物的体重降低，表明动物并未处于能量代谢的稳定状态。

能量平衡法不能用于测定动物的基础代谢率和/或标准代谢率，以及静止代谢率，如果需要测定这些参数就必须采用间接测定代谢率。

5. 间接测定代谢率

代谢率的间接测定法并非直接测定动物的产热量来测定动物的能量代谢特征，而是通过测定动物的其他特征来间接计算出动物的代谢率。包含在食物中的能量，由动物机体的氧化作用而释放出来。在氧化过程中，产热量与有机体的氧气消耗量密切相关。因此，测定单位时间内动物氧气消耗量（M_{O_2}）和/或二氧化碳产生量（M_{CO_2}）就可以间接反映动物的能量代谢特征，从而计算出动物的代谢率。呼吸仪（respirometry）测定就是通过测定动物在一定时间内 M_{O_2} 和 M_{O_2} 及其变化的方法。在密闭式呼吸测定系统（closed system respirometry）中，动物被置于一个浸没在水中、充满空气的容器——呼吸室内，测定在一定时间内呼吸室中氧气的减少或二氧化碳增加。从而采用特殊的电极可以十分方便地测定出动物在一定时间内的耗氧量。水或空气中的氧分压的变化可以直接影响电极传出信号。在气相中（即当空气充满呼吸室的情况下），O_2 的含量可以通过另外添加氧电极经过光谱仪来检测。在水中或空气中，CO_2 可以采用 CO_2 电极来检测。但是由于 CO_2 在水中具有复杂的化学性质，因此，检测出的数据一般是这些复杂化学变化的总体表现。在气相情况下，CO_2 可以采用 CO_2 浓度变化情况电极精确测定，也可以采用气相色谱仪（gas chromatograph）或质谱仪（mass spectrometer）精确测定。一般来说，测定 O_2 比测定 CO_2 要容易得多。因此在大多数文献中，一般以 M_{O_2} 作为衡量代谢率的指标。

所有上述气体分析方法都可以采用质量-流动分析技术（mass-flow analytical techniques）进行测定。这种技术通过控制流入和流出呼吸室的气体流量，并且同时测定流出和流入呼吸室气体中某种气体的含量或分压，从而测定动物在单位时间内的耗氧量或代谢率。这种系统称为开放式呼吸系统（open respirometry）。这种方法可以对动物的耗氧量进行动态监测，并且可以在动物处于不同运动状态下，测定动物的代谢率。因此这种方法在研究动物的能量代谢过程中具有重要的意义。密闭式和开放式呼吸测定仪可以相互结合使用（图 2.5）。

通过测定动物耗氧量来测定动物的代谢率具有以下重要的假设。

（1）参与代谢的各种化学反应必须是耗氧的。由于动物在剧烈运动状况下，无氧代谢能力显著增强，从而可能影响测定数据的准确性，因此，根据这一假设，在测定动物的耗氧量时，一般要求动物处于静止状态，从而最大限度减少无氧代谢对耗氧量的影响。但是，无氧代谢在动物氧气供应不足时，对维持动物的活动等具有重要的意义。另外，如肠道寄生虫和某些无脊椎动物，无氧代谢是其主要的代谢方式。因此采用耗氧量不能作为衡量这类动物能量代谢的指标。

（2）在消耗一定量的氧气后，动物的产热（如能量释放）是氧化各种代谢底物的结果。所以，采用耗氧量来衡量产热并不准确，因为一般情况下，消耗 1L O_2 氧化碳水化合物所产生的热量要小于氧化脂肪或蛋白质所产生的热量。不过，这种氧化底物不同所造成的误差一般小于 10%。不幸的是，要详细区分动物氧化不同底物对产热所造成的差异是相当困难的。

（3）动物一般可以在体内储存氧气，因此，短时间内出现在有机体器官与外界之间的气体交换，可能就代表了动物的代谢率（注意动物组织储存 CO_2 的能力比储

存 O_2 的能量强，因此短时间内释放出的 CO_2 对动物代谢率的影响也相对较弱）。

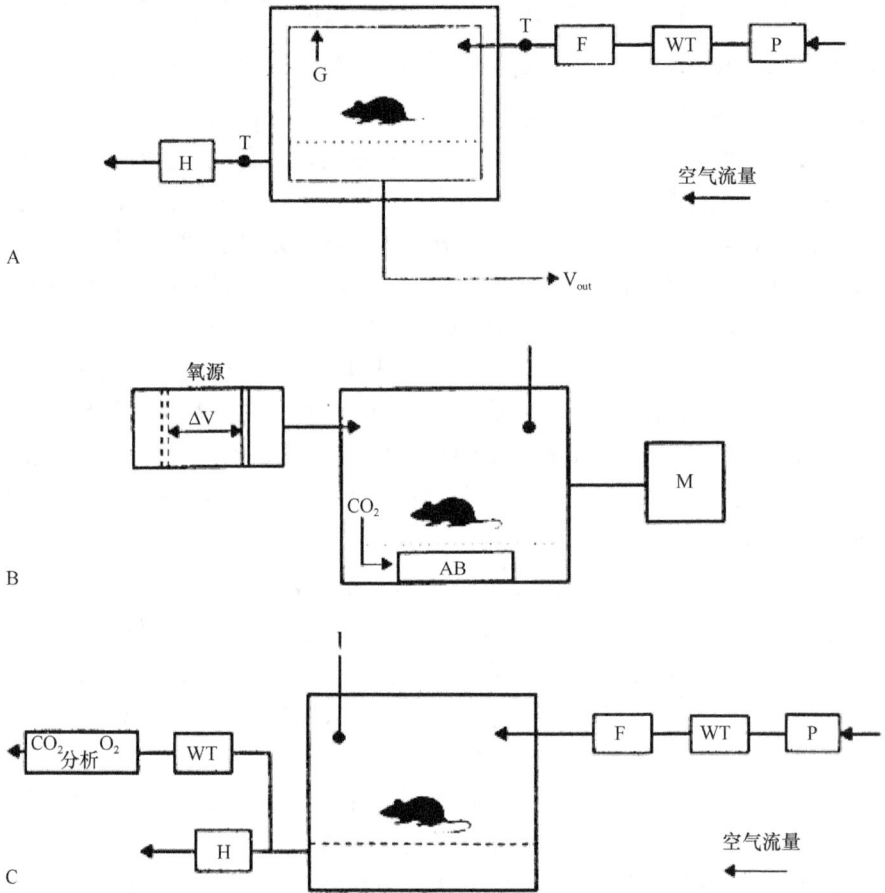

图 2.5　采用量热法测定啮齿动物代谢率的基本操作原理（Thomas and Teresa，1992）
A. 直接量热法；B. 间接密闭法；C. 间接开发法；AB. CO_2 吸收剂；F. 空气流量计；G. 热敏感梯度层；H. 湿度计或露点温度计；M. 压力计；P. 空气增压器；T. 温度计；WT. 空气干燥器

　　测定动物代谢率的另外一个较为重要的方法是同位素法（isotopic techniques）。这种技术首先应用于测定动物体内体液的流动状况，即采用氘（deuterium）或氚（tritium）标记水分子注射到动物体内，测定血液或其他组织中的放射性活性。随着时间的推移，动物体内标记水分子的放射性活性逐渐降低，并且随 H_2O 排出体外。采用同位素标记技术同时可以测定代谢过程中产生的 CO_2。即可以在标记氘或氚的水分子中同时引入一定量的氧同位素（^{18}O），形成 $^2H_2^{18}O$ 或 $^3H_2^{18}O$，在动物代谢过程中，^{18}O 同位素也可以随 CO_2 和 H_2O 排出体外。最后测定动物体内 $^2H_2^{18}O$ 或 $^3H_2^{18}O$ 的消失速率就可以测定动物的耗氧量和 CO_2 产生量。虽然这种方法测定动物的代谢率还涉及其他一些重要的技术问题，但是这种技术的应用具有重要的意义，它可以测定动物在不受限制、维持正常行为状态下的动物的代谢率。现在许多学者将采用这种方法测定的动物代谢率称为野外代谢率（field metabolic rate，FMR）。

6. 呼吸商

为了确定耗氧量与产热能力之间的关系，必须测定在氧化过程中所消耗的氢和碳的量。但是，在氧化过程中，测定氢原子相当困难，因为在代谢过程中产生的代谢水（如食物中所含氢原子的氧化）与动物体内其他来源的水相混合，一起随尿液及身体表面丧失到体外，并且与许多其他因素相关（如渗透状态和环境湿度条件等）。所以在实际测定耗氧量的过程中，一般也测定 CO_2 的产生量，并且将 CO_2 产生量与 O_2 的消耗量进行比较，即得到在一定时间内动物的呼吸商（respiratory quotient，R_Q）：

$$R_Q = \frac{CO_2 的产生量}{O_2 的消耗量} \tag{2.2}$$

动物在静止和稳定状态下的 R_Q 值见表 2.1。由该表可见，R_Q 特征与动物氧化底物分子特征密切相关（碳水化合物、脂肪和蛋白质等）。因此，R_Q 的特征反映了食物中碳素与氢的相对比例状况。

表 2.1　3 种主要的代谢底物对动物呼吸商的影响

代谢底物	产热/kJ			R_Q (CO_2/O_2)
	每克食物的含量	氧气消耗量/L	CO_2 的产生量/L	
碳水化合物	17.1	21.1	21.1	1.00
脂肪	38.9	19.8	27.9	0.71
蛋白质	47.6	18.6	23.3	0.80

1）碳水化合物

碳水化合物的分子式为 $(CH_2O)_n$。当 1 分子碳水化合物完全氧化后，其最终产物均为 CO_2。1mol 碳水化合物完全氧化后，产生 n mol 水和 n mol CO_2。因此，碳水化合物的呼吸商正好等于 1。例如，葡萄糖分子完全氧化的化学反应式为

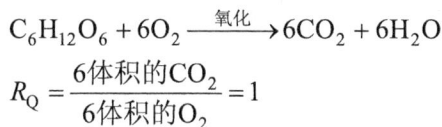

$$C_6H_{12}O_6 + 6O_2 \xrightarrow{\text{氧化}} 6CO_2 + 6H_2O$$

$$R_Q = \frac{6 体积的 CO_2}{6 体积的 O_2} = 1$$

2）脂肪

脂肪氧化时的反应为

$$2C_{51}H_{98}O_6 + 145O_2 \xrightarrow{\text{完全氧化}} 102CO_2 + 98H_2O$$

$$R_Q = \frac{102体积的CO_2}{98体积的O_2} = 0.70$$

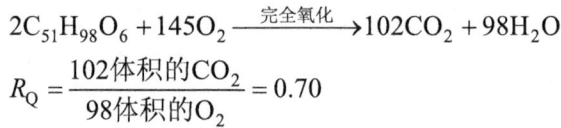

由于不同脂肪所含有的碳、氢和氧的比例不同，因此不同种类的脂肪氧化后，呼吸商也会出现不同的变化。

3）蛋白质

由于蛋白质分子中不仅含有碳、氢和氧元素，而且含有其他元素，如氮、磷和硫等，另外，蛋白质分子并不完全通过氧化反应来分解。其中，氨基酸残基中的氮在分解过程中主要通过尿排出体外。在哺乳动物中，氨基酸代谢的最终产物是尿素 $(NH_2)_2CO$；鸟类为尿酸 $C_5H_4N_4O_2$。因此，测定蛋白质的呼吸商，就必须知道动物硝化吸收的氮素，而且应该知道排泄出体外的氮素的数量和种类。碳和氢氧化后同样也产生 CO_2 和水。呼吸商为

$$R_Q = \frac{96.7体积的O_2}{77.5体积的CO_2} = 0.80$$

在对动物的 R_Q 进行估计测定时，应该注意到：①R_Q 只适用于代谢底物仅为碳水化合物、脂肪和蛋白质时的情况；② 在测定期间动物没有合成反应；③动物排出的 CO_2 的量等于组织氧化所产生的 CO_2 量。但是在实际测定过程中，要完全满足上述要求是相当困难的。通常都采取动物在静止、吸收后状态（饥饿）来测定动物的呼吸商。在这种状态下，蛋白质的合成作用可以忽略不计，碳水化合物利用水平相当低，此时可以近似认为动物的代谢底物主要为脂肪。从表 2.1 中可见，完全氧化 1g 碳水化合物所释放出的能量为 17.1kJ（4.1kcal）。当 1L 氧气完全用于氧化碳水化合物时所释放出的能量为 21.1kJ（5.05kcal），而脂肪组织则为 19.87kJ（4.7kcal），蛋白质为 18.6kJ（4.46kcal）。在饥饿状态下，动物通过有氧氧化代谢途径每消耗 1L 氧气，氧化脂肪可以产生大约 20.1kJ（4.80kcal）的热量。

另外，Mo_2 与 Mco_2 的比例称为呼吸交换率（respiratory exchange ratio，R_E），呼吸交换率表示在呼吸过程中，Mo_2 与 Mco_2 的瞬时关系，可以作为衡量呼吸仪中气体变化之间的相互关系。例如，在呼吸过程中，当动物的 CO_2 可能暂时储存在组织中而不排出体外时（例如，某些哺乳动物在潜水过程中，往往暂时将代谢产生的 CO_2 储存在组织或血液中），呼吸仪所检测到的 Mco_2 往往低于组织实际产生的 CO_2。此时，R_E 的值显著低于 R_Q。

非蛋白呼吸商（nonprotein respiratory quotient，NPRQ），即呼吸过程中 CO_2 的产生与 O_2 消耗之比，可将耗氧量转变为产热量，校正蛋白质代谢对气体交换的影响（Harper and Berkenkamp，1975）：

$$NPRQ = [CO_2产生（1）-ab]/[O_2消耗（1）-ac] \tag{2.3}$$

式中，a=测定期内尿液的排氮量；b=4.75，c=5.592，ab 和 ac 分别表示通过蛋白质代谢过程每产生 1g 尿氮所产生的 CO_2 和消耗 O_2 的量。NPRQ 在啮齿动物代谢研究中很少直接测定，大多数结果都是根据文献报道的估计值。一般假定 NPRQ=0.81 来估计啮齿动物的代谢产热，每消耗 1ml O_2 相当产生 4.81cal 或 20.1J 的热量。一般在代谢研究中使用后一单位更为方便。NPRQ 与每毫升耗氧量之间有一定的比例关系（表 2.2）。

表 2.2　NPRQ、脂肪和碳水化合物代谢的相对量和消耗 1ml 氧的产热量之间的关系（Harper and Berkenkamp，1975）

NPRQ	热量/J	碳水化合物（MG）	脂肪（MG）
0.707	19.6	0	0.502
0.707	19.6	0	0.502
0.80	20.1	0.375	0.35
0.85	20.3	0.58	0.267
0.90	20.6	0.793	0.180
0.95	20.9	1.010	0.091
1.00	21.1	1.232	0

与代谢相同，NPRQ 也具有动态变化的特征，它的大小随各种条件不同而变化，如冷暴露、剥夺食物，以及其他能改变碳水化合物和脂肪代谢的刺激因子都能改变 NPRQ 的大小。在用随意（ad libitum）食物饲养动物的条件下，大白鼠的呼吸商（R_Q）（未修正蛋白质代谢的影响），从 0.87 升高到 0.97，而剥夺食物导致呼吸商下降到 0.83（表 2.3）。最后，从词义来看，应该注意到早期研究中提出的几个相关术语之间的区别。在文献中常可以见到一些学者将 metabolism、metabolic rate、heat production 和 heat loss 作为同义词使用。一般认为前 3 个术语的含义基本相同，变化也不大。在稳定条件下（即净热储存为零），测定失热比测定产热的结果更精确。所以，只有在稳定条件下，失热和产热才能作为同义词来使用。

表 2.3　各种不同实验啮齿动物在剥夺食物下的 R_Q（Refinetti，1990）

物种	最后给食时间/h	R_Q	T_a/℃
小白鼠（NS）	12	0.74	14～35
仓鼠	ab lib.	0.8	26
大白鼠（NS）	18	0.74	14～34
大白鼠（SD）	ab lib.	0.87	20
大白鼠（SD）	24	0.73	20
大白鼠（SD）	ab lib.	0.97	25
大白鼠（SD）	ab lib.	0.93	5
大白鼠（SD）	20	0.83	25
豚鼠	24	0.77	13～35
豚鼠	—	0.9	22
豚鼠	ab lib.	0.84	30

7. 能量储存

虽然动物必须连续不断地消耗代谢能量，但是大多数动物并非连续不断地摄取食物。结果，动物并非在任何时候都处于食物摄取与能量消耗的平衡状态。当动物取食的时候，能量处于过剩状态。不过动物可以将取食过程中多余的能量以脂肪和碳水化合物的形式储存起来，以便在以后供代谢使用。

由于蛋白质中含有氮素，并且动物体内的氮素往往相对较少，是限制动物生长和繁殖的重要限制因素，所有蛋白质并非是重要的能量储存物质。如果动物以蛋白质作为能量储存物质，那么必然要造成氮素的浪费。由于脂肪组织氧化产生的能量较高（38.9kJ/g 或 9.3kcal/g），是蛋白质的两倍，因此是动物储存能量的主要物质（表 2.1）。脂肪具有高效储存能量的能力，这种特征对许多迁徙性鸟类和昆虫的生存极为重要，而且以脂肪的形式储存能量也是最经济的，可以以较小的重量或体积而储存较多的能量，这一特征对迁徙性动物来说具有重要的意义。碳水化合物不仅单位重量所含的能量显著低于脂肪，而且储存体积较大。例如，每储存 1g 碳水化合物，就必须多储存 4～5g 水，而脂肪可以在脱水状态下储存。当然，某些特殊的碳水化合物在能量储存中具有重要的意义。糖原（glycogen）是一种分支的淀粉样（starch-like）聚合物，主要储存在脊椎动物的骨骼肌细胞和肝脏细胞中。在肌细胞中，肌糖原可以迅速转变为葡萄糖，从而满足肌细胞活动的能量需要；而肝糖原也可以迅速转变为葡萄糖，从而维持血糖水平的正常。另外，糖原还可以直接转变为葡萄糖-6-磷酸，直接而快速参与碳水化合物的分解代谢，并且参与代谢的速度显著比脂肪快得多。所以，碳水化合物是短期储存和释放能量的重要物质。由于脂肪不可能直接参与无氧代谢途径，因此只能作为长期能量储存物质，并且只有在动物的碳水化合物不能满足能量消耗时才参与代谢。

三、基 础 代 谢

在实际研究中，基础代谢率（basal metabolic rate，BMR）是一个经常使用的指标。一般是指在禁食 14～18h 后，在热中性区内、静止状态下（未睡眠）的代谢率（IUPS，1987）。从理论上来看，哺乳动物的 BMR 构成其代谢率的主要部分；根据 BMR 的定义，它并不等于一般意义的静止代谢率。在一些研究中，BMR 仅作为度量代谢和能量消耗的一个指标。但在实际研究过程中，要使动物在不进入睡眠的状态下，保持绝对静止是十分困难的。因此，大多数情况下，实际应用 BMR 的概念是不正确的。例如，Bramante（1968）详细分析了大白鼠的代谢特征后发现，在 5h 的测定时间内，大白鼠只有 49%的时间保持静止不动。此时所观察到的最低代谢率（least observed metabolic rate，LOMR）很可能就是大白鼠的 BMR。但是，在测定期内，大白鼠几乎有一半时间都处于"小活动状态"（micro-activities），与之相应的代谢率为最小观察代谢率（minimum observed metabolic rate，MOMR）。MOMR 大约比 LOMR 高 5%。所以，他建议以 MOMR 作为大白鼠的静止代谢率（resting metabolic rate，RMR）。

短时活动（包括各种取食和非取食活动）占大白鼠代谢耗能的 18%～25%（Morrison，1968；Brown，1991）。有趣的是大白鼠在室温（21℃）时的代谢率比其热中性区（28℃）的高大约 28%。这种额外热增加与活动行为及 NST 有关，两者出现交互增减的变化模式。即活动增强时，NST 减弱；而在睡眠时，NST 增强，代替了正常的活动产热作用（Brown，1991）。很明显，21℃的饲养条件对大白鼠具有中等程度的冷胁迫作用。

LOMR 和 MOMR 在啮齿动物的代谢研究中使用较少，大多数情况下都使用静止代谢率（RMR）和标准代谢率（SMR）（表 2.4）。RMR 是指动物既不处于吸收后状态，也不处于饥饿状态下，动物静止状态下的代谢率。SMR 则是指在特定的实验条件下，动物保持清醒、饥饿并在热中性区内的代谢率。在没有特殊说明有关数据来自热中性区外的其他环境温度时，那么可以用代谢率（M 或 NR）来表示代谢。

体重是影响动物生理特征和生理机能的重要因素。专门研究随体重变化而出现的解剖和生理机能变化规律的领域称为尺度（scaling）。由于体重变化而引起其他生理特征的变化并不总是与体重变化呈简单的线性关系，而更可能表现出指数关系。例如，动物的高度增加 1 倍，体表面积增加 4 倍，而体重则增加 8 倍。结果表明，动物的解剖结构特征与生理特征之间的关系为典型的非线性关系。这种结论可以从小白鼠与大象的代谢曲线中明显地表现出来。很明显，增大小白鼠的身体对代谢率的影响与大象显著不同。

体重的变化对动物的代谢率具有相当大的影响。例如，同样在具有潜水特征的微小鼩鼱与鲸的代谢率存在巨大的差异。虽然这两种动物都具有潜水的特征，但是鲸的潜水时间显著比微小鼩鼱的潜水时间长得多。从这个例子中可以得到一个重要的生理学原理，即体型较小的动物，其单位体重代谢率显著高于体型较大的动物。实际上，动物单位体重的耗氧量与动物体重之间的关系为负相关关系。也就是说，体重为 100g 的哺乳动物，其单位体重的代谢率显著高于体重为 1000g 的种类。哺乳动物单位体重的基础代谢率变化见图 2.6A，表现出典型的非线性关系。这就是著名的"老鼠-大象"曲线（mouse to elephant）。类似的变化模式不仅存在于脊椎动物，而且存在于整个动物界，甚至植物中也有类似的变化模式。就目前了解的各种生物学规律而言，具有如此的广泛性还不多见，并且对这种变化关系进行了大量的研究。

代谢率与体重之间的负向关系不仅存在于不同物种之间，而且存在于同一物种体重不同的个体之间。这就是说，体型较小的人体、蟑螂或鱼类，其单位时间单位体重的代谢率显著高于同一物种中体型较大的个体。不过，尽管在同一物种中确实存在这一关系，但是采用实验直接证明还是比较困难的。因为在同一物种中，体重的变化范围往往比种间体重变化范围小得多，并且其他因素，如性别、营养状况和季节性变化等都可能显著影响动物的代谢率变化。

表 2.4 实验啮齿动物在热中性区和标准室温条件下的代谢率（McNab，1988）

物种	体重/kg	BMR [mlO₂/（kg·min）]	M_b/（W/kg）	T_a/℃
小白鼠（NS）	0.027	26.1（SMR）	8.6	33
小白鼠（NS）	0.028	44.9	14.8	22
小白鼠（A）	0.021	26.8（SMR）	9.0	26～29c
小白鼠（OFI）	0.041	29.0	9.7	25
沙鼠	0.065	16.4	5.5	30～35
沙鼠	0.065	22.6	7.6	20
沙鼠	0.05～0.07	23.7（RMR）	7.9	32
沙鼠	0.05～0.07	52.3	17.5	20
仓鼠	0.12～0.14	25.6	8.6	22
仓鼠	0.098	25.4	8.5	30
仓鼠	0.098	29.2	9.8	24
仓鼠	0.116	18.1	6.1	26
仓鼠	0.116	19.6	6.6	30
仓鼠	0.105	39.6	13.3	20
仓鼠	0.146	14.2（RMR）	4.9	27～33
大白鼠（S）	0.3	17.0（BMR）	5.7	28
大白鼠（S）	0.3	17.8（MOMR）	6.0	28
大白鼠（SD）	0.3	18.3（MOMR）	6.1	30
大白鼠（NS）	0.32	13.4（SMR）	4.5	31
大白鼠（NS）	0.32	22.1（SMR）	7.4	21.5
大白鼠（A）	0.37	14.9（SMR）	4.6	30
大白鼠（A）	0.38	17.1	5.6	22
大白鼠（W）	0.29	21.2	7.1	25
豚鼠	0.53	10.0（SMR）	3.3	31
豚鼠	0.63	13.3	4.4	22
豚鼠	0.45～0.82	10.8	3.7	22
豚鼠	0.868	13.5（RMR）	4.7	30

代谢率与体重之间的指数关系可以采用下面简单的数学模型来表示：

$$MR = aM^b \tag{2.4}$$

式中，MR 为动物的基础或标准代谢率；M 为动物的体重；a 为物种之间体重与代谢率的对数回归曲线的截距；b 为体重变化对代谢率产生影响的指数，也就是对数回归曲线的斜率。

体重特殊代谢率，也称为代谢强度（metabolic intensity），即单位组织重量（如

每千克每小时的耗氧量）在单位时间内的代谢率。根据式（2.4）
可得：

$$\frac{MR}{M} = \frac{aM^b}{M} = aM^{(b-1)} \qquad (2.5)$$

图 2.6 表示了这种关系的变化趋势。由于一般采用直线关系来描述代谢率与体重之间的关系比较方便，因此可以将式（2.5）转变为对数形式。即

$$\log MR = \log a + b \log M \qquad (2.6)$$

或

$$\frac{\log MR}{M} = \log a + (b-1) \log M \qquad (2.7)$$

对数关系描述的变化曲线见图 2.6C。

注意整体代谢率和特殊体重代谢率随体重变化而变化的趋势不同。整体代谢率随体重的增加而迅速增加，相反，体重特殊代谢率则随体重的增加而显著降低。这种变化即著名的老鼠-大象曲线（图 2.6A）。

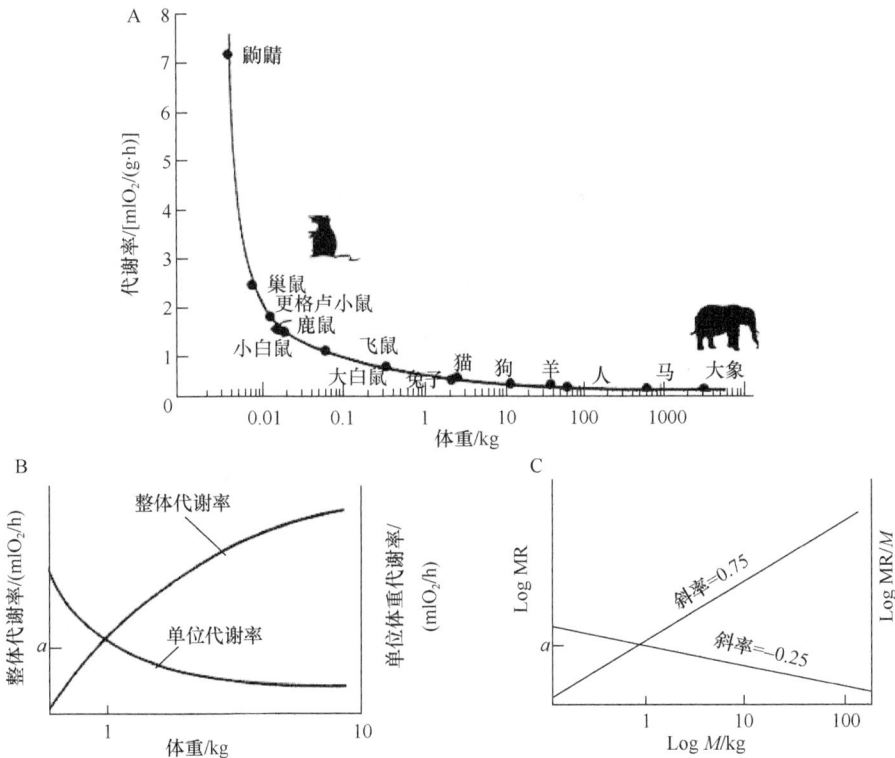

图 2.6 哺乳动物体重特殊代谢率与体重变化之间的关系（Wunder，1975）

A. 随体重增加，单位体重的代谢率显著降低；B. 动物整体代谢率与单位体重代谢率之间的关系；C. 体重与代谢率之间的对数关系

在大多数脊椎动物、无脊椎动物和单细胞生物中，b 值通常在 0.75 附近变化（图 2.7）。由于早在一个世纪以前就发现动物的代谢率与体重之间的这一指数变化规律，因此引起众多生理学家的重视。1883 年，Max Rubner 提出的著名的体表面积定律就解释了代谢率随体重的变化关系。Rubner 认为鸟类和哺乳动物为了维持稳定体温，代谢率与体表面积呈正相关关系主要取决于体表面积与外界的热交换水平，即动物与外界环境之间的热交换。因此可以将动物视为一个等容体（isometric shape），且体表面积随体重的 0.63 次方变化。这是因为体积以立方关系增加，而面积则以平方关系增加。如果动物的体重关系保持不变，那么不同物种的体重与体表面积关系也就保持不变。即便在同一物种的不同个体之间，由于体表面积仅与体重相关，而与身体形态特征关系不密切，因此体重与体表面积的关系至少在成体是成立的。在这种情况下，体表面积随体重的 0.67 次方变化。但是动物身体的等容性（isometry）原理在比较不同物种的体表面积与体重之间的关系时应该注意不同物种间，其身体形状可能不同，因此体表面积与体重关系中的指数也可能出现变化。此时，不同物种间体表面积与体重的关系可能出现异速变化（allometry）关系，也就是说，不同系统演化地位的物种，其体表面积与体重之间的关系也可能出现相应的变化。例如，在比较老鼠和大象的代谢率变化时，其中也反映出体重与代谢率之间的异速变化关系。当比较各种不同哺乳动物的体表面积与体重之间的关系时，体表面积随体重变化的指数的变化范围为 0.63～0.67。

Rubner 提出的体表面积假说得到了之后有关代谢率研究结果的支持。大量研究结果发现，在维持稳定体温的条件下，动物的代谢率与体表面积密切相关，随着体表面积的增大，代谢率也显著增加，两者之间呈正相关关系。例如，豚鼠成体的代谢率与体重的 0.67 次方呈正比，或与等容性假说提出的代谢率与体表面积呈正比关系。由于同一物种内，体表面积随体重的 0.67 次方增加，从而支持了 Rubner 的等容性假说。

尽管体表面积假说在理论上或实验中都具有一定的依据，但是这一假说仍然存在着严重的缺陷。由于小型恒温动物单位体重的体表面积显著大于大型种类，单位体重的体表面积散热量也显著高于大型种类，因此，小型动物的代谢强度显著高于大型动物。这种代谢特征的变化是对单位体重的体表面积变异适应。然而，这一假说也存在着一些相互矛盾的地方。首先，哺乳动物单位体重的代谢率随体重增加而降低，代谢率随体重降低的指数为 0.75（图 2.6C），这一指数关系首先是 Max Rubner 观察到的，并且通常称为 Kleiber 规律（Kleiber's law）。这一指数显著高于根据体表面积规律预测的指数（图 2.6B）。哺乳动物体表面积随体重变化的指数为 0.63（图 2.8）。所以在进行种间比较时，代谢率之间的差异不可能仅仅根据体表面积差异来解释。

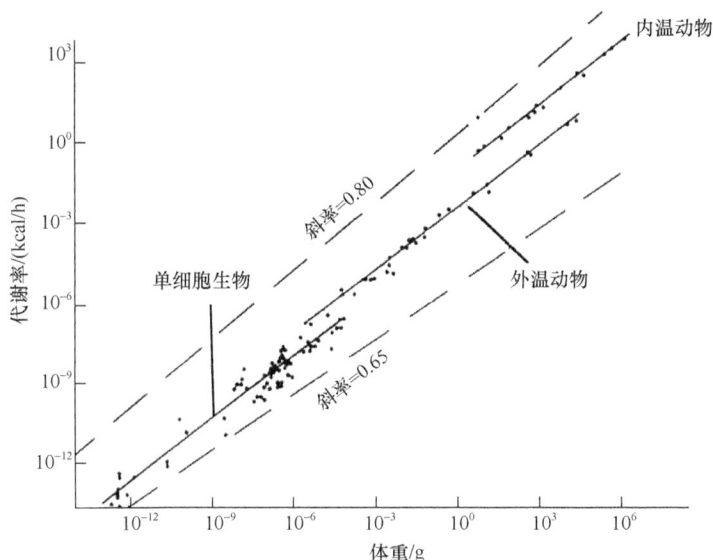

图 2.7　动物代谢率与体重之间的关系（Thomas and Teresa，1992）

　　许多动物的体温随环境温度的变化而变化，如鱼类、两栖类、爬行类和大多数无脊椎动物，而鸟类和哺乳动物可以维持高而稳定的体温，因此，仅仅以体表面积规律来解释它们的代谢率差异显然不适宜。因为在动物体温随环境温度的变化而变化时，动物的代谢率也出现显著变化。这种变化不仅仅与动物体表面积的散热有关，而且与动物的产热能力有关。目前对于体温与环境温度处于稳态条件下，恒温动物的代谢率研究并不多见。

　　细胞水平上也出现与代谢率和体重之间的变化规律相似的尺度（scaling）变化关系。动物的代谢率与体重的异速关系和单位体积内组织中线粒体数量密切相关。小型哺乳动物细胞中线粒体数量和线粒体酶活性显著高于大型种类。由于线粒体是进行氧化呼吸的主要部位，因此大型动物和小型动物在线粒体密度和活性上出现这种差异显然与它们代谢率差异有关。不过这并没有对体重与代谢率之间的关系作出完全解释。

　　许多学者对大型动物单位体重的代谢率低于小型动物，以及两者之间的异速关系进行了大量的研究。McMahon 和 Bonner（1983）认为决定动物代谢率与体重之间的异速关系的主要因素是动物的横切面积（cross-sectional area），而不是动物的体表面积。因为动物身体任何部位的横切面积均随体重的 0.75 次方变化。据此，代谢率异速变化原理就可以对大象和老鼠的异速变化规律作出比较合理的解释。目前，虽然对代谢率与体重之间的异速关系进行了大量的研究，但是比较生理学仍然不能解释异速关系存在和进化的真正原因。不过这种异速关系可能对动物代谢调节具有重要的生理意义。小型动物具有较高的代谢率，就要求它们必然消耗更多的能量资源，并且更容易受到代谢底物或短期缺氧的影响。

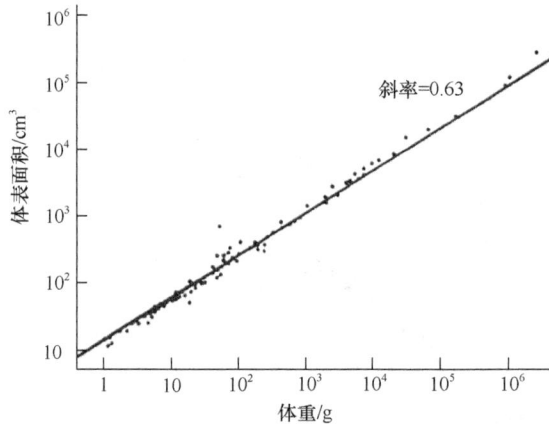

图 2.8　各种不同哺乳动物的体表面积与体重的关系（Thomas and Teresa，1992）

四、冬眠期的代谢率

本书所涉及的啮齿动物中，以金仓鼠为例。在环境温度降低到 3～5℃时，深冬眠的金仓鼠的体温仅稍高于环境温度，此时的代谢率仅为 0.33～0.83mlO$_2$/(kg·min)，只有热中性区的 2%～5%；只有在冷暴露时维持体温正常所需能量的 0.7%（Lyman，1948）。很明显，恒温动物在寒冷条件下，冬眠是一种极为有效的节能机制。关于这方面研究的详细情况可见 Heller（1979）和 Lyman（1984）。

冬眠期间，由于体温和代谢率的大幅度降低（Lyman，1948；Storey et al.，2010），其他生理过程也受到强烈的抑制：心率降低到 4～15 次/分；每分钟不规则呼吸次数为 0.5～0.9 次；呼吸商接近 0.7，表明动物以脂肪代谢为主；血液的 pH 正常、凝固时间增加（Palladin and Poljakova，1971）。金仓鼠冬眠能力不强，并且与冬眠前动物的年龄、食物条件和环境温度密切相关（Palladin and Poljakova，1971）。由于具有冬眠特性，金仓鼠对低温的耐受能力较强（Anderson et al.，1971），因此一直是热生理学研究的理想动物模型。

五、最大（峰值）代谢率

最大代谢率（maximum metabolic rate，MMR）是指在特定时间内动物通过有氧能力所能维持的最大代谢能力。峰值代谢率（peak metabolic rate，PMR）则是指动物在静止和冷暴露时所能达到的最大代谢率（IUPS，1987）。这两种代谢率的测定是在动物锻炼或冷暴露条件下，动物的最大耗氧量（$Vo_{2\max}$）测定值（表 2.5）。虽然动物的最大代谢率只能维持很短的时间，但却具有重要的生理学意义。

在表 2.5 中，几个重要的因素影响动物的$V_{O_2\max}$。第一，从体重最小的小白鼠到豚鼠，$V_{O_2\max}$ 一般等于热中性区代谢率的 5～7 倍，而大型哺乳动物的 $V_{O_2\max}$/BMR 的比值大约为 18（11～23），如狗、马、人等；第二，啮齿动物体重与 $V_{O_2\max}$ 的关系和 BMR 与体重的关系相似，都具有相同的体重幂指数（0.75）；第三，啮齿动物暴露在低温条件下的 $V_{O_2\max}$ 与是否进行锻炼的结果相似（表 2.5），即在极端低温条件下，啮齿动物锻炼产热可被 ST 和 NST 所代替（Jansky，1973）。但豚鼠的情况似与此不同，在 6℃和−10℃时，其在静止时的 $V_{O_2\max}$ 和锻炼时的 $V_{O_2\max}$ 之间具有显著的差异（表 2.5）。

表 2.5　实验啮齿动物在锻炼或冷暴露时的最大（峰值）代谢率（Hayes and Chappell，1986）

物种	体重/kg	T_a/℃	活动状态	$V_{O_2\max}$ /（$mlO_2min^{-1}kg^{-1}$）
小白鼠	0.026	30	A	132.5
小白鼠	0.034	−10	R	114.2
小白鼠	0.034	−10	A	117.4
仓鼠	0.103	29	A	91.5
仓鼠	0.101	10～20	A	117.9
仓鼠	0.098	−25	R	100.0
大白鼠	0.21	22～25	A	110.0
大白鼠	0.21	33～35	A	102.0
大白鼠	0.37	24	A	95.0
大白鼠	0.22	30	A	76.5
大白鼠	0.36	−10	R	50.5
大白鼠	0.37	−10	A	59.6
豚鼠	0.88	30	A	61.9
豚鼠	0.86	−10	R	24.2
豚鼠	0.96	−10	A	59.5

注：A. 活动或奔跑；R. 静止

动物在急性冷暴露时出现的 PMR 很可能与其最快动员和利用底物进行产热反应有关。诱导动物出现 PMR 对于估计分解代谢的极限值具有重要的意义。Wang及其同事发现，腺苷（对脂解具有强烈的抑制作用）可能是限制 PMR 的主要因子（Wang and Lee，1990）。预先用腺苷脱氨基酶（adenosine deaminase）处理大白鼠后，其 PMR 显著增加（腺苷脱氨基酶可抑制腺苷转变为肌苷的反应）。由于腺苷水平降低，大白鼠可以动员更多的脂肪酸进行氧化产热。因此，在急性冷暴露时，大白鼠和其他哺乳动物血液中的脂肪酸的含量显著上升；与此相反，在冷暴露时腺苷酸合成增加，很可能抑制 PMR 的增加。所以，采用药物学方法来控制腺苷酸的合成也许是提高冷暴露耐受能力的一种有效途径。

实验证明，将内温动物置于 79%的氦气和 21%氧气中时，动物的热传导显著增加，耗氧量也随之显著增加（Rosenmann and Morrison，1974），并且这种方法已成为测定动物在冷诱导条件下最大代谢率的标准方法。表 2.6 给出了一些野生

表 2.6　不同地理区域小型啮齿动物的基础代谢率及冷诱导及锻炼诱导的最大代谢率（Chappell and Hammond，2004）

物种	体重/g	代谢率/（mlO$_2$/min）			分布区域
		BMR	冷诱导最大代谢率	锻炼诱导最大代谢率	
豚鼠	500.0	6.50			南美洲
	913.5			56.60	
北侏鼠	7.0	0.33	1.43	1.88	北美洲
胖胚暮鼠	48.0	0.93	5.34		南美洲
红背䶄	28.0	1.28	6.30		北美洲
旅鼠	47.0	1.54			北美洲
	61.0			7.5	
金仓鼠	98.0	2.47	9.90		欧亚大陆
	113.0			11.20	
麝鼠	869.0	11.60			北美洲
	1100.0		64.20		
加利福尼亚鼠	41.3	0.94	3.48		北美洲
荒漠白足鼠	18.8	0.43	2.41		北美洲
白足鼠	21.4	0.57			北美洲
梅氏跳囊鼠	33.4	0.70	4.04		北美洲
奥氏更格卢鼠	46.8	1.07			北美洲
	56.2			7.36	
跳囊鼠	65.6	1.24		7.41	北美洲
林棘鼠	75.8	1.65			中美洲
	83.0			8.60	
萨氏棘小囊鼠	45.1	0.83	3.34		中美洲
	52.8			5.15	
暗色小更格卢鼠	11.0	0.50			北美洲
	13.5			2.97	
狐尾澳洲林鼠	213.2	2.71	14.9		澳大利亚
小白鼠	32.0	0.88	5.46	5.30	欧亚大陆
圣迭哥小囊鼠	19.9	0.43	2.69	3.46	北美洲
卫士弹鼠	38.8	0.83	3.48		澳大利亚
家鼠	165.7	2.05	11.50		澳大利亚
褐家鼠	253.0	4.47			欧亚大陆
	205.0		15.70	19.80	
昆士兰大裸尾鼠	812.0	9.51	44.3		澳大利亚
米氏花鼠	75.0	1.31		8.84	北美洲
花鼠	92.0	3.93	18.10	21.50	北美洲

动物的最大冷诱导代谢率。由此可见,啮齿动物的基础代谢率、冷诱导最大代谢率和锻炼诱导最大代谢率与体重的关系相似,只是斜率不同。冷诱导最大代谢率平均比基础代谢率高 5 倍左右,而锻炼诱导最大代谢率比基础代谢率高 6 倍左右,并且指数与冷诱导最大代谢率之间差异不显著。

从 3 种代谢率与体重的回归关系中可见,指数差异不显著,表明体重对代谢率的影响相同。即体重对啮齿动物的有氧代谢的影响相同,但是最大有氧能力对产热调节的影响比活动时低。啮齿动物锻炼诱导最大代谢率的指数变化范围与一般哺乳动物的相似,但是啮齿动物显然抑制锻炼最大代谢率,也就是说,啮齿动物冷诱导最大代谢率只有锻炼诱导最大代谢率的 73%,而一般哺乳动物可达到80%。所以,啮齿动物具有较低水平的冷诱导最大代谢率。

在冷暴露或强烈运动时,啮齿动物最大代谢有氧能力比其他哺乳动物小,与啮齿动物身体较小、隐蔽条件较好、生活史短有密切关系。一般身体较大、运动能力较强大的种类,产热调节在很大程度上都依赖于生理调节;但是行为调节在啮齿动物产热调节中占有重要的地位。一般哺乳动物和啮齿动物的锻炼诱导最大代谢率都高于冷诱导最大代谢率,因此强烈运动消耗的能量均高于维持体温保持恒定所需要的能量。锻炼时,机体内参与代谢的线粒体数量或组织定位可能与在冷暴露时的不同,氧化能力更强。另外一种假说认为,锻炼时最大有氧能力增强仅仅是一种 Q_{10} 效应,并且表现出随锻炼的增强体温也上升。

最低有氧代谢率、冷诱导最大代谢率和锻炼诱导最大代谢率与体重的回归斜率基本一致(表 2.7)。因此,3 种代谢率均是表示内温动物能量学特征的重要指标,是衡量内温动物能量交换的重要标准。3 种代谢率对体重的变化都比较敏感,并随体重的变化而变化,如果已知 3 种代谢率变化情况,就可以预测动物的实际能量消耗状况。当然,如果要更为详细地研究啮齿动物在自由生活状况下的能量消耗模式,就必须在非笼养条件下测定动物在 24h 内的能量消耗,这种研究的结果包括了上述 3 种不同形式的代谢能耗(Nagy,1987)。

表 2.7 基础代谢率、最大代谢和体重之间的统计学关系(Thomas and Teresa,1992)

变量	物种数	回归方程	S_{yx}	S_b	R^2	平均体重	体重为 200g 的耗氧量
BMR	27	$0.073 \ (g^{0.707})$	0.125	0.041	0.924	229.9	3.1
冷诱导最大代谢率	19	$0.340 \ (g^{0.724})$	0.133	0.055	0.912	172.3	15.8
锻炼诱导最大代谢率	15	$0.308 \ (g^{0.802})$	0.122	0.049	0.953	319.3	21.6

哺乳动物在奔跑过程中的能量消耗主要受到奔跑速度的影响。在实验室内,通常采用转轮实验来测定动物在奔跑过程中能量消耗与速度之间的关系。采用这种研究方法不仅可以测定动物在最大奔跑速度时的能量消耗,同时还可以测定动物的无氧代谢能力。如果动物的奔跑速度低于其最大有氧能力所能维持的奔跑速度时,奔跑速度与耗氧量之间的关系为正相关关系(Seeherman et al.,1981)。但

是，Dawson 和 Tylor（1973）的研究结果表明，当双足奔跑的更格卢鼠在奔跑速度达到中等程度时，其有氧能力就达到了最大水平，并且显著低于一般哺乳动物体重预期值水平。这种差异很可能代表了不同运动方式可能具有不同的最大有氧能力，显然双足性运动的哺乳动物由于后肢和长尾可以有效地储存弹性能，因此由于这些部位韧带中储存的能量可以显著地降低运动时的代谢能耗（Dawson and Taylor，1973）。

跳跃运动哺乳动物，尤其是二足性运动的啮齿动物，在运动时的最大有氧代谢能力降低具有重要的生态学意义，表明生活在沙漠地区杂食性啮齿动物的二足性活动方式与能量利用效率之间具有密切的联系（MacMillen，1983；Reichman，1981）。但是，这种想象并不见于其他二足性活动的小型哺乳动物（体重≤3kg），包括啮齿动物（Thompnon et al.，1980）。另外，MacMillen（1983）证明只有奥氏更格卢鼠（*Dipodomys ordii*）在转轮上以不同速度运动时才出现这种最大有氧能力"平台"（plateaus）现象，并且在平台期内，血清乳酸水平显著升高（>100%），尤其在奔跑速度超过 3km/h 时更为明显，因此出现平台期表明无氧代谢能力显著增强。

表 2.8 给出了几种四足性和二足性活动动物的最大代谢率。它们的体重存在显著差异。其中 4 种主要分布于北美沙漠地区，两种较大的四足性活动的种类（小囊鼠和林棘鼠）主要分布于热带（MacMillen and Hinds，1983）。

表 2.8　几种四足性和二足性啮齿动物最大耗氧量和运动速度（Thomas and Teresa，1992）

物种	体重	斜率			截距			R^2
		观测值	预期值	观测值/预期值	观测值	预期值	观测值/预期值	
四足性								
圣迭哥小囊鼠	20.2	0.44[*]	1.83	0.24	8.86[*]	3.52	2.52	0.15
萨氏棘小囊鼠	50.9	0.56[*]	1.37	0.41	4.37[*]	2.66	1.64	0.34
林棘鼠	84.1	0.60[*]	1.17	0.51	3.73[*]	2.29	1.63	0.54
二足性								
暗色小更格卢鼠	13.9	1.08[*]	2.06	0.52	9.45[*]	3.95	2.39	0.37
奥氏更格卢鼠	56.4	1.13	1.32	0.86	3.37	2.58	1.31	0.83
巴拿明更格卢鼠	66.9	1.36	1.25	1.09	2.49	2.45	1.02	0.90

注：斜率预期值为 $mlO_2/(g·km)=4.73W^{-0.32}$；截距的预期值为 $mlO_2/(g·h)=8.76W^{-0.30}$（Calde，1984）。*$P<0.05$

二足性和四足性啮齿动物运动时的耗氧量与运动速度之间，以及实测值（实线）与预测值（虚线）之间的关系见图 2.9。暗色小更格卢鼠当运动速度在 0～3.5km/h 时（图 2.9），耗氧量与运动速度呈正相关关系。

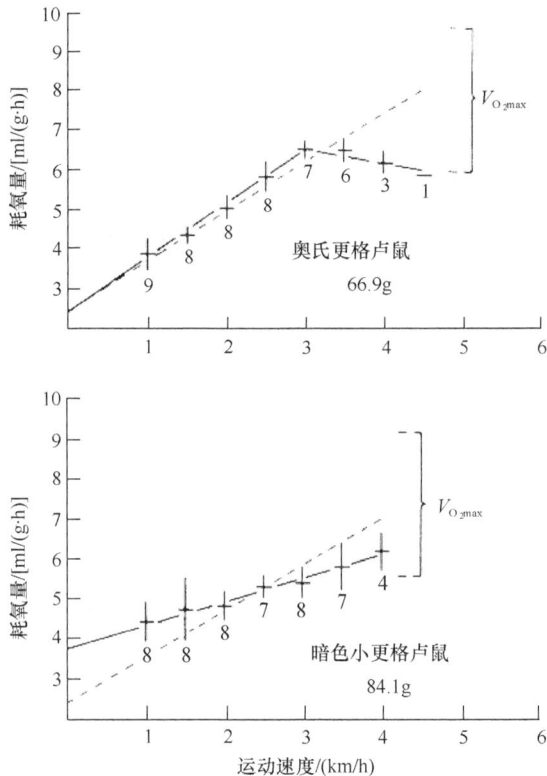

图 2.9　运动速度与代谢率之间的关系（Thomas and Teresa，1992）

实线表示实测值；虚线表示预测值

六、代谢热中性区

啮齿动物和其他哺乳动物（恒温动物）的代谢率与环境温度的关系包括 3 个主要部分。代谢率最低的温度范围即动物的热中性区（TNZ）。在该温度范围内动物的代谢率最低并且在理论上等于 BMR；体温调节主要通过改变皮肤血流量和姿势行为调节控制失热而进行。毫无疑问，这次这些反应同样也需要消耗一定的代谢能量。因此，在热中性区内，动物同样需要一个稳定的代谢率。所谓下临界温度是指随环境温度的下降，动物的代谢率增加到高于 BMR 的环境温度。在下临界温度时，动物的干性失热最低，反映了皮肤血流量的基础水平。当环境温度低于下临界温度时，动物为了维持体温恒定、平衡失热的增加，其代谢率也随之增加。当环境界温度高于 TNZ 时，行为和自主调节过程调节代谢率升高：①通过 Q_{10} 效应直接促进细胞的呼吸代谢加速，体温升高；②将唾液涂抹在毛皮上和逃避行为，都可导致活动增加，代谢率也随之增加；③呼吸频率增加，也可导致产热增加。当代谢率增加到高于 BMR 时的环境温度即上临界温度；也可以认为上临界温度是蒸发散热机制被激活的环境温度（IUPS，1987）。目前关于判断上临界温度的标准还没有取得比较一致的意见。在啮齿动物中，使用最广泛的还是代谢率标准，所以本书也采用这一标准。

在啮齿动物中，关于下临界温度的研究远比上临界温度多。在许多条件下，环境温度高于上临界温度时，很难观察到代谢率显著增加的情况。相反，在低于下临界温度时代谢率的增加非常明显。上临界温度和下临界温度都可以通过最小二乘法计算得到。当环境温度接近 LCT 或 UCT 时，代谢率可能会出现显著的变化并与 BMR 之间出现明显的中断。但要准确区分冷诱导或热诱导代谢率增加是比较困难的。尽管如此，LCT 和 UCT 对比较不同物种整体产热活性具有很重要的意义（图 2.10）。

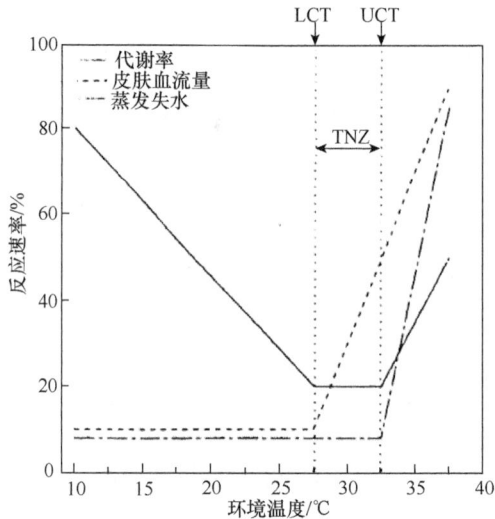

图 2.10　环境温度与热中性区各成分之间的关系（Thomas and Teresa，1992）

LCT. 下临界温度；UCT. 上临界温度；TNZ. 热中性区

不同物种的 TNZ 受到不同环境因素的影响，这些因素包括睡眠/清醒模式、健康状态（如发热）、体重、性别、风速及其他一些因素。啮齿动物的 TNZ 数据大部分都来自预先控制食物或除去某些因素的条件下，通过测定动物的静止代谢率而得到。而且，在许多实验动物的 TNZ 不仅具有种间差异，同时也具有个体变异，有的种类其个体变异可达到 14℃（豚鼠）。在各种实验啮齿动物中，大白鼠 TNZ 的研究资料相当丰富，而且在不同学者报道的大白鼠、仓鼠、沙鼠和小白鼠的 LCT 比较一致，都在 28～30℃。与此相反，豚鼠的 LCT 变异比较大，一些学者报道为 20～21℃，而另一些为 29～30℃；产生这种结果的原因还不清楚，很可能与动物的训练、呼吸室的调节、活动水平、年龄及其他因素有关。

除了豚鼠的 LCT 具有较大的变异外，许多实验啮齿动物的 LCT 都明显高于多数实验室正常温度（20～24℃）。所以，当动物在正常环境温度范围内，其代谢率可能显著高于基础水平（表 2.9），这种现象很可能会影响营养学、药理学和毒理学的研究结果。因为在这类研究中，大多数都以最低代谢率作为热中性区的判断标准。

低于热中性区时，代谢率随环境温度而变化的情况可以根据 Fourien 定律和牛顿冷却定律来表示：

$$M=C'\ (T_b-T_a) \tag{2.8}$$

式中，失热率（M，假设等于产热）直接与整体热传导（C'）、体温与环境温度之差呈比例。Scholander 等（1950）早期将各种哺乳动物暴露于低于 LCT 的环境温度下证明了这一模式可以用于预测代谢率与环境温度之间的关系，并且认为将代谢率曲线外推到零时，T_b 等于 T_a。换句话说，如果不存在 BMR，那么，在环境温度等于 37℃时，体温调节所需要的能量在理论上应该等于零。式（2.8）在研究和比较不同动物产热特征与环境温度之间的关系方面具有极为重要的意义，同时还可以用于预测低于 LCT 时代谢率的变化情况。因此，在已知热传导并假设核温等于 37℃的条件下，根据式（2.8）所得到的代谢率与实际观察结果非常接近。

表 2.9　在静止状态下，以最低代谢率或 BMR 为标准，各种实验啮齿动物的 LCT 和 UCT
（Thomas and Teresa，1992）

物种	LCT/℃	UCT/℃
小白鼠（NS）	30.6	～34
小白鼠（OFI）	26	30
小白鼠（BALB/c）	31	34
沙鼠	30	35
沙鼠	30	39
沙鼠	28	32
沙鼠	32	34
仓鼠	29	29
仓鼠	<30	--b
仓鼠	28	34
大白鼠（NS）	29.2	31
大白鼠（NS）	26.5	26.5
大白鼠（NS）	30	33
大白鼠（HZ）	28	>33
大白鼠（W）	28	32
大白鼠（SD，F344）	28	30-32
大白鼠（LE）	28	32-34
大白鼠（SD）	22	27
豚鼠	21	29
豚鼠	30	31
豚鼠	29	29
豚鼠	20	34

在各种环境温度条件下，式（2.8）是否能很好地预测啮齿动物的代谢反应尚值得深入研究。实际上，在环境温度逐渐降低的过程中，动物的代谢率与环境温度之间的关系通常表现为非线性关系。注意到 Scholander 关系的简单性，许多学者一直在寻求一种更简洁的方式来表达代谢率与环境温度之间的相互关系。所以，尽管代谢率的变化具有非线性特征，但目前大多数学者还是以线性关系来表示。虽然已有一些研究结果表明，在低于 LCT 时，代谢率的变化确实具有线性特征，但是也有一部分研究结果明显偏离这一标准模式，尤其是大白鼠，并且将代谢率外推到零，结果也明显偏离 37℃。由于不同学者在研究时，对影响代谢率因素控制和报道不同，其结果可能具有明显的差异。因此，在进行种间比较时，大白鼠代谢率随环境温度的变化情况与其他啮齿动物显著不同。

七、影响代谢率的物理因素

1. 热传导（整体）

热传导是啮齿动物热生理学中一个极为重要的参数，是衡量机体热散失难易程度的定量指标（Wunder，1985）。热传导决定了内温动物维持正常热稳态的代谢需要。热传导越高，在低于 LCT 温度下，代谢需要就越大。所以，热传导是限制内温动物温度耐受能力、维持正常体温的一个重要变量（Lovegrove et al., 2005）。

动物热传导的大小与动物所处的物环境条件、生理机能状况和行为特征密切相关，这些因素包括环境温度、皮毛隔热性、皮肤血流量、活动能力，以及睡眠-醒觉周期等。在物理学中热传导表示"两种不同的物体接触表面，由于温度不同而发生的单位面积上的传热量"，其单位是 $W/(M^2 \cdot ℃)$（IUPS，1987）。在啮齿动物热生理学中，尽管也是使用热传导这一术语，但含义与此不同。热生理学中，热传导常用单位体重来表示而不用单位体表面积。为了与物理学的热传导相区别，一般采用"整体热传导"（whole-body thermal conductance，C'）来表示，C' 可通过式（2.9）计算得到：

$$C' = M/(T_B - T_A) \qquad (2.9)$$

即 C' 为环境温度低于 LCT 时，代谢率与环境温度回归的斜率。在代谢率研究中一般都采用间接热量法，所以整体热传导的单位常采用 $mlO_2/(min \cdot kg)$ 来表示。当然也可以使用能量单位 $[W/(kg \cdot ℃)]$ 来表示。

一般整体热传导在环境温度低于 LCT 时随温度降低并保持不变（McNab，1980）。即当代谢率随环境界温度下降而增加时，热传导保持不变；而当环境温度高于 LCT 时，由于外周血管扩张，蒸发失热增加，热传导亦随之增加。如果不考虑蒸发失热，采用干性热传导（wet thermal conductance）更为适合。这一概念已在研究和比较各种不同动物的产热调节中广泛使用，这一点后面章节还要讨论。当环境温度高于 TNZ 时，用干性热传导来表示动物的热传导是没有意义的。此时蒸发散热已成为动物散热的主要途径（McNab，1980）。

体重是影响热传导的又一重要因素（Arends and MacNab，2001）。体重为 0.004~6.6kg 的动物在热中性区内、静止状态下，热传导与体重之间的关系为

$$C' \left[mlO_2/(g \cdot hr \cdot ℃) \right] = 1.022 W^{-0.519} \tag{2.10}$$

或假设呼吸商为 0.81，以能量单位来表示，C' 为

$$C' \left[W/(kg \cdot ℃) \right] = 0.158 W^{-0.519} \tag{2.11}$$

由此可见：热传导随体重的增加而急剧下降。这一负相关关系部分与代谢率与体重之间的关系密切相联系。但是体重与热传导的回归斜率比代谢率与体重 W 的回归斜率高两倍，即尽管热传导（C'）是由代谢率计算得到的，然而体重对代谢率的影响并不能完全解释体重对热传导的影响。很明显，影响热传导出现种内和种间差异的原因可能包括除体重以外的其他因素。

与一般哺乳动物的情况相似 [式（2.11）]，啮齿动物热传导与体重之间的关系也具有负相关关系。回归曲线具有目或科的特异性（Bradly and Deavers，1980）。而且，活动期与非活动期、休眠期和冬眠期等不同状态下，亦具有很大的差异。

2. 组织热传导

组织热传导的定义为"在稳定状态下，当组织之间温度相差 1℃时，单位面积上的传热量"（IUPS，1987）。这一术语通常用于描述组织与介质环境之间的传热导情况。例如，组织或器官与血液之间，或身体内部与外周组织或皮肤之间的传热导情况。对于后一类型，组织热传导可以通过式（2.12）计算：

$$K = M - EREs/[T_R - T_{SK}] \tag{2.12}$$

式中，K=组织热传导 [W/(m²·℃)]，M=代谢率（W/m²），EREs=呼吸蒸发失水（W/m²），T_R=直肠温度或核温，T_{sk}=平均皮肤温度（℃）。

组织热传导的概念在啮齿动物研究中很少使用，其主要原因是 T_{SK} 和 T_R 的测定比较困难。这类数据大多数都是在约束动物和胁迫条件下测定的结果。目前这方面的资料还十分有限。从已有的数据来看，大白鼠在 TNZ 内，组织热传导为 6~7 W/（m²·℃）；在热胁迫下为 16 W/（m²·℃）。组织热传导对于研究动物在热胁迫时的产热调节具有重要的意义。与整体热传导相似，组织热传导的升高反映了在热量从身体深部传递到较冷的外层时，散热增强，外周血管扩张。在实验啮齿动物研究中，为了进一步简化动物的热传导模型，有必要在尽量放松对动物约束的条件下，对组织热传导进行深入的研究。

3. 皮被隔热性

除了身体大小和体表面积外，皮被的隔热性也是影响动物代谢率的主要因素

之一。然而关于啮齿动物皮被隔热性研究还未引起学者的足够重视。其主要原因很可能在于小型哺乳动物与大型哺乳动物不同，前者冬夏季皮被隔热性变化较小。但是有证据表明，皮被隔热性在维持啮齿动物热稳态中起着极为重要的作用。

成年大白鼠的毛重占体重的 1.6%～2.6%（Roussel and Bittel，1979），而成年小白鼠只占 0.2%（Al-Hilli and Wright，1988）。去毛后，大白鼠在 24h 内，代谢率增加 50%，出现颤抖的临界温度大约上升了 7℃。在热中性区内，无毛小白鼠的代谢率比正常时增加了 25%；而在 22℃时增加 51%；给去毛小白鼠加入绒毛时，其隔热性大约增加 25%（Roussel and Bittel，1979）。所以，皮被隔热虽然不是一个重要的热生理学参数，但在决定动物的代谢率和体温调节方面可能起着重要的作用。

参 考 文 献

Al-Hilli F, Wright EA. 1988. The effects of environmental temperature on the hair coat of the mouse. J. Ther. Boil., 13: 21-24.

Anderson LS, Black RG, Abraham J, et al. 1971. Neuronal hyperactivity in experimental trigeminal differentiations. Journal of Neurosurgery, 35: 444-452.

Arends A, MacNab BK. 2001. The comparative energetics of 'caviomorph' rodents. Comp. Biochem. Physiol., 130: 105-122.

Block BA. 1994. Thermogenesis in muscle. Annual Review of Physiology, 56: 535-577.

Bradly SR, Deavers DR. 1980. A re-examination of the relation between thermal conductance and body weight in mammals. Comp. Biochem. Physiol., 65: 463-472.

Bramante PO. 1968. Energy metabolism of the albino rat at minimal levels of spontaneous muscular activity. J. Appl. Physiol., 24: 11-16.

Brown GC. 1991. Total cell protein concentration as an evolutionary constraint on the metabolic control distribution in cells. J. Theor. Boil., 153: 195-203.

Chappell MA, Hammond KA. 2004. Maximal aerobic performance of deer mice in combined cold and exercise challenges. J. Comp. Physiol., 174: 41-48.

Clade WA. 1984. Size, function and life history. Cambridge: Harvard University Press: 431.

Chakrabarty S. 2001. An up-date on the function of TGF-β. Trends in Immunology, 22: 701-702.

Dawson TJ, Taylor CR. 1973. Energetic cost of locomotion in kangaroos. Nature, 246: 313-314.

Harper FR, Berkenkamp B. 1975. Revised growth-stage key for *Brassica campestris* and *B. napus*. Can. J. Plant Sci., 55: 657-658.

Hayes JP, Chappell MA. 1986. Effects of cold acclimation on maximum oxygen consumption during cold exposure and treadmill exercise in deer mice, *Peromyscus maniculatus*. Physiol. Zool., 59 （4）: 473-481.

Heller HC. 1979. Hibernation: neural aspects. Annual Review of Physiology, 41: 305-321.

Janský L. 1973. Non-shivering thermogenesis and its thermoregulatory significance. Biolo. Rev., 48: 85-132.

Kleiber M. 1932. Body size and metabolism. Higardia, 6: 315-323.

Lovegrove BG. 2005. Seasonal thermoregulatory responses in mammals. J. Comp. Physiol. 175: 231-247.

Lusk G. 1932. Contributions to the science of nutrition, a tribute to the life and work of Max Rubner. Science, 76: 129-135.

Lyman CP. 1948. The oxygen consumption and temperature regulation of hibernating hamsters. J. Exp. Zool., 109: 55-78.

Lyman CP. 1984. Pharmacological aspects of mammalian hibernation. Pharmacology & Therapeutics, 25: 371-393.

McNab BK. 1980. On estimating thermal conductance in endotherms. Physiol. Zool., 53: 145-156.

McNab BK. 1988. Complications inherent in scaling the basal rate of metabolism in mammals. Q. Rev. Biol., 63: 25-54.

MacMillen RE. 1983. Adaptive physiology of heteromyid rodents. Great Basin Nat. Mem., 7: 65-76.

MacMillen RE, Hinds DS. 1983. Water regulatory efficiency in heteromyid rodents: a model and its application. Eco., 64: 152-164.

McMahon TA, Bonner JT. 1983. On Size and Life. New York: Scientific American Books, Inc.

Morrison SD. 1968. The relationship of energy expenditure and spontaneous activity to the aphagia of rats with lesions in the lateral hypothalamus. J. Physiol., 197: 325-343.

Nagy KA. 1987. Field metabolism rate and food requirement scaling in mammals and ert heteromyid rodents. Monogr., 57: 111-128.

Palladin AV, Poljakova NM. 1971. Hibernation. New York: Springer US, 5: 489-501.

Refinetti R. 1990. Peripheral nervous control of cold-induced reduction in the respiratory quotient of the rat. Int. J Biometeorol., 34: 24-27.

Reichman OJ. 1981. Factors Influencing Foraging in Desert Rodents. New York and London: Garland STPM Press: 195-213.

Rosenmann M, Morrison PR. 1974. Maximum oxygen consumption and heat loss facilitation in small homeotherms by He-O_2. Am. J. Physiol., 226: 490-495.

Roussel B, Bittel J. 1979. Thermogenesis and thermolysis during sleeping and waking in the rat. Pflügers Archiv., 382: 225-231.

Scholander PF, Hock R, Walters V, et al. 1950. Adaptation to cold in arctic and tropical mammals and bird in relation to body temperature, insulation, and basal metabolic rate. Bull., 99: 259-271.

Seeherman HJ, Taylor CR, Maloiy GMO, et al. 1981. Design of the mammalian respiration system. Respir. Physiol., 44: 11-23.

Storey KB, Heldmaier G, Rider MH. 2010. Mammalian hibernation: physiology, cell signaling, and gene controls on metabolic rate depression. Topics in Current Genetics, 21: 227-252.

Thermal Commission, IUPS. 1987. Glossary of terms for thermal physiology. 2nd ed. Revised by The Commission for Thermal Physiology of the International Union of Physiological Sciences （IUPS Thermal Commission）. Pflügers Archiv., 410: 567-587.

Thomas CR, Suthers RA. 1972. The physiology and energetics of bat flight. J. Exp. Biol., 57: 317-335.

Thomas ET, Teresa HH. 1992. Interdisciplinary views of metabolism and reproduction. London: Cornell University Press.

Thompnon SD, MacMillen RE, Burke EM, et al. 1980. The energetic cost of bipedal hopping in small mammals. Nature, 287: 223-224.

Wang T, Burggren W, Nobrega E. 1995. Metabolic, ventilatory, and acid-base responses associated with specific dynamic action in the toad *Bufo marinus*. Physiol. Zool., 192-205.

Wang LC, Lee TF. 1990. Enhancement of maximal thermogenesis by reducing endogenous adenosine activity in the rat. J. Appl. Physiol., 68: 580-585.

Wunder BA. 1975. A model for estimating metabolic rate of active or resting mammals. J. Theor. Boil., 49: 345-354.

Wunder BA. 1985. Energetics and thermoregulation. *In*: Tamarin RH. Biology of New World Microtus. USA: Amer Soc Mammalogists: 812-843.

第三章　哺乳动物体温调节的一般特征

动物的体温受到其产热调节系统的调节，即动物为了维持正常的热稳态，温度感受器、神经系统的整合，以及产热调节的主动输出等部位综合作用的结果。研究正常或损伤动物的体温，为阐明动物体温调节机制提供了强有力的手段。本章试图对哺乳动物体温调节特征进行较为深入的探讨，其内容包括动物正常体温及其变化、环境温度对体温的限制作用、体温的昼夜变化和睡眠过程对体温的影响，以及体温对各种生态胁迫因子的反应等。

一、动物的体温

在热生理学中，动物的体温可分为 3 种不同的成分：①核温，是指动物躯体内部的温度，如脊髓、腹腔和胸腔温度；②壳温（the shell temperature），即直接受环境温度影响的部位的温度；包括皮肤、皮下组织等部位的温度；③脑温。其中核温在热生理学研究中占有极为重要的地位。动物核部是由"身体内部各种组织构成，这些组织的温度并不受组织间血液循环而散失到环境中热量变化的影响，"（IUPS，1987）。因此，在相当广泛的环境温度范围内，体内各种组织器官的温度保持相对稳定。体内许多部位，如脑、脊髓、直肠、结肠、食道，以及各种内脏组织和胸腔内器官的温度都可视为核温。但是，在某些条件下，这些部位的温度也会出现比较明显的变化。因此，在测定动物的核温时，应综合考虑影响动物核温的各种因素。

1. 平均体温

在过去的研究中，由于一些学者对热生理学通常定义的"体温"概念含义理解不同，从而产生了一些误解。从字面上看，"体温"似乎是指身体任何部位的温度。因此，"体温"的概念相当模糊不清。由于恒温动物身体各部位温度分布状况不同，因此在测定动物体温时必须统一测定部位。

热生理学研究中，最理想的体温指标是平均体温（T_b），它是动物不同部位温度的综合指标。在数值上等于体内各种器官产热能力的总和（$\sum C_i M_i$）和所有产热器官温度的比值（IUPS，1987）：

$$T_b = \frac{\sum C_i M_i T_i}{\sum C_i M_i} \tag{3.1}$$

式中，C 为比热，M 为组织器官的质量。

很明显，在实际研究中测定动物体每一部位的温度和比热是不可能的。但是，如果已知动物的核温（T_c）和平均皮肤温度（T_{sk}），那么 T_b 可以根据式（3.2）确定：

$$T_b = a_1 T_c + a_2 T_{sk}; a_1 + a_2 = 1 \qquad (3.2)$$

因子 a_1 和 a_2 分别表示核温与壳温对平均体温的贡献。$a_1 : a_2$ 的变化范围为 9:1 到 6:4，这一比值的变化取决于环境温度和其他因素（IUPS，1987）。例如，在冷暴露时，动物的外周血管收缩，外周隔热壳增厚，导致 a_2 增加。应该注意到式（3.2）是根据人体研究结果得到的。目前对啮齿动物或其他动物的 a_1、a_2 的变化情况还了解甚少。

采用直接量热法可比较精确地测定动物的平均体温。即将与环境温度相平衡的动物迅速处死，并置于盛有水、隔热良好的容器内。校准后，由水温的升高即可确定动物体内所含的热量。再通过动物的比热［整体平均比热为 3.475J/（g·℃）计算出动物体的热量（J/g）］，最后确定动物的平均体温。在一般情况下动物的壳温较核温低，同时平均体温也低于核温。例如，随环境温度从 30℃ 降低到 0℃ 时，小白鼠的平均体温与核温之差显著增加。尽管目前对啮齿动物平均体温的研究还比较少，但平均体温对研究动物的体温调节特征提供了极为有用的信息。另外，平均体温对估计动物的热量储存也具有重要的意义。

2. 核温

在研究中可以采用不同的方法测定动物的核温：①将热电极直接插入动物的直肠或结肠内；②采用外科手术，直接测定各种不同解剖部位的温度，如腹部、胸腔或脑等；③遥测动物在清醒或无限制条件下的体温。测量直肠或结肠温度是最常用和最经济的方法。在测量过程中，测温探头插入直肠的深度是影响测量精度的关键。在大白鼠研究中发现，探头插入的深度小于 5cm 时，测定值迅速下降；豚鼠为 7cm。小白鼠、沙鼠和仓鼠的插入深度都要求大于 2.5cm。

直肠测定值与体内植入热电极的测定结果十分接近（表 3.1）。目前关于核温变化的异质性尚未见详细研究，但是有证据表明核温的变化确实具有异质性特征。例如，在环境界温度低于 28℃ 时，清醒的大白鼠肝脏、中肠（mesentery）和腹部的温度分别为 39.3℃、39.1℃ 和 38.5℃。肝脏的耗氧量比周围其他器官高，尤其是在食物吸收时更为明显。一般大白鼠肝脏的温度比肝门静脉（portal vein）内血液温度高 0.5℃。大白鼠和仓鼠出现低体温及其恢复时，其直肠和食道的温度出现显著差别，冷刺激或药物刺激 BAT 的产热活性，从而会导致肩胛间区域形成"热囊"，流经 BAT 的血液温度上升。雄性大白鼠身体各部位的核温分布也具有空间异质性。

采用不的方法测定小白鼠、仓鼠、沙鼠和大白鼠核温，结果表明它们的核温范围白天为 36.0～38.6℃，豚鼠的核温较高，一般为 38.1～38.7℃（表 3.1）。值得注意的是在种群内，平均体温和核温具有很大的变异性，其变异范围可比平均体温高 1.0℃左右（表 3.1）。表 3.1 中可见两种不同品系的大白鼠核温变异范围超过 1.3℃。这种变异是否可简单地认为是生物学"噪声"（noise），还是两个不同品系调定点不同而出现的结果，尚值得进一步深入研究。

心理压力和测温探头插入结肠的深度可显著地影响啮齿动物核温的测定结果。插入探头所造成的心理压力可导致核温升高大约 1.0℃，而且这种影响可持续3h。由于插入刺激导致核温升高的过程大约需要数分种。因此，测量时间应控制在 5～10s，这对于精确测定动物的核温具有重要的意义。实验操作和饲养都会人为地导致动物的体温显著升高。所以，重复测量或结肠长期植入温度探测器很可能也会人为导致动物核温升高。

表 3.1　在静止、非限制、白天时，各种实验啮齿动物的核温（Thomas and Teresa，1992）

物种	T_a/℃	T_c/℃
小白鼠（cln）[a]	27	36.4
小白鼠（cln）	18～31	36.9～37.3
小白鼠（cln）	21～23	37.1
小白鼠（cln）	21	36.0～36.5
小白鼠（abd）	25	36.3～37.6
沙鼠（cln）	23～30	38.1～38.6
沙鼠（cln）	10～32	37.1～38.2
沙鼠（cln）	25～30	37.9～38
仓鼠（tc）	30	38.2
仓鼠（cln）	22	36.8
仓鼠（cln）	14～32	36.0～36.3
仓鼠（abd）	23	37.3～37.8
仓鼠（es）	～25	37.1～37.4
仓鼠（hy）	～22	36.8
大白鼠（cln）	25	36.6
大白鼠（cln）	20～24	37～37.9
大白鼠（abd）	23	37.1
大白鼠（abd）	25	37.2
豚鼠（cln）	21	38.7
豚鼠（cln）	22	38.4
豚鼠（cln）	20～22	38.6
豚鼠（cln）	22～30	38.1～38.3
豚鼠（abd）	25	38.6

a 圆括号内表示测量部位：cln. 结肠或直肠；abd. 腹腔；tc. 胸腔；es. 食道或胃；hy. 下丘脑

二、环境温度对动物核温的影响

正常温度状态（normothermia）可视为动物维持热稳态的环境温度范围，它是物种体温调节的重要特征。不幸的是对啮齿动物恒温机制的研究并不多见（表3.2）。动物的体温受到暴露的环境温度和时间的影响。因此对影响啮齿动物恒温性的环境因子进行种间比较是比较困难的。

一般来说，通过比较动物的正常体温和过热体温，很容易将两者分开。一般情况下，当环境温度等于或超过上临界温度时，动物的核温仅稍微升高。即动物在低温下，一般具有良好的体温调节能力，可以抵抗核温的下降。目前研究结果表明，啮齿动物对低温的耐受能力较其对高温的耐受能力强，可能与啮齿动物的体温对低温的反应较为迟钝有关。身体大小可能是影响啮齿动物体温的一个重要的因素。一般身体较小的种类，如小白鼠等，在低温下维持体温恒定的能力较身体较大的种类困难。与此相反，一些结果表明，沙鼠、仓鼠和大白鼠甚至能在0℃条件下维持体温恒定。然而，这些种类在维持体温恒定的能力也存在着明显的个体差异，这种差异与暴露时间密切相关。例如，Herrington注意到将大白鼠置于14～15℃条件下6h，其直肠温度明显下降。Depocas等发现将大白鼠置于-5.7℃、30～135min后，仍然可以维持体温正常。最近有报道表明豚鼠保持体温正常的环境温度上限为30℃，下限为20℃；也有报道表明豚鼠在16.5℃条件下暴露6h，其核温即出现升高的现象。

表3.2　实验啮齿动物维持体温正常的环境温度上限和下限（Thomas and Teresa，1992）

物种	上限温度/℃	下限温度/℃
小白鼠	32.5	～15
小白鼠	32	-a
小白鼠	34	5
沙鼠	32	<-4
沙鼠	35	<-10
仓鼠		<-15
仓鼠	32	
大白鼠	28	13
大白鼠	28～34	—
大白鼠		10
大白鼠		<-5.7
豚鼠	～26.5	—
豚鼠	30	20

　　从表 3.2 中可见，啮齿动物维持体温正常的环境温度范围是相当广泛的。但是，即使在能维持体温正常的环境温度范围内，动物的体温也会出现不同程度的变化。遗憾的是关于这种变化的适应意义现在还不十分清楚。例如，大白鼠和豚鼠在约 15～35℃，核温变化曲线呈 U 形，其最低核温出现在环境温度为 22～32℃。核温随环境温度升高而升高的现象很可能与机体的产热与散热反应的补偿无关。即核温随环境温度降低而升高的现象也许与非颤抖性产热反应的过补偿（over-compensation）有关。Morimoto 等发现当环境温度从 30℃降低到 0℃时，大白鼠的核温平均升高 1℃，同时肩胛间 BAT 温度也突然上升，并且受 β-阻断剂（如心得安）抑制而消失。随环境温度逐渐降低核温反而升高的现象显然与下丘脑中部对代谢反应的调控增强有关，而该部位在控制 BAT 产热反应方面起着极为重要的作用。然而，采用压杆热辐射（radiant heat）实验结果表明，动物进行产热驯化后，冷暴露后其体温可保持不变。因此，啮齿动物冷暴露时体温上升很可能与自主效应器（autonomic effectors）的超补偿作用有关（Gordon，1985）。

三、脑的热稳态

　　主动传递（conduction of action potentials）、膜转运过程、突触之间的传递过程，以及中枢神经系统内的一系列重要的生理过程都具有明显的温度依赖性特征。因此，动物在面临高温和低温胁迫，以及发热和锻炼时，保持脑内热稳态就显得十分重要了。神经药物学的研究结果表明，某些化学试剂对中枢神经系统的作用可能会改变脑温。然而，随着身体大小的下降，环境温度对啮齿动物脑温的影响越来越明显。因此，深入研究啮齿动物脑温的调节机制，对生理学各分支学科的研究都具有重要的意义。

　　一般认为，动物的脑是体内维持稳定核温的重要部分。通常脑温与身体的其他部位，如结肠、食道和腹腔等的温度相等或具有平行的变化。过去数十年的研究结果表明，许多鸟类和哺乳动物在锻炼和/或处于高温胁迫条件下，具有选择性冷却脑部的特征，这种特征很可能与具有防止脑部出现过热状态有关（de Keyser et al.，1985）。具有颈动脉网（carotid rete）的种类，包括猫、偶蹄类及其他种类，脑部的冷却是一个主动的过程，颈动脉网是一种非常特化的血管结构，由躯干部通过内颈动脉（internal carotid arteries），温度较高的血液在流经浸没于相对较冷的静脉窦内及结构精细的血管网时，动脉血即被冷却。冷却后的血液直接进入脑内。啮齿类、兔形类和灵长类缺少颈动脉网，因此对这些动物冷却脑部的机制研究较少。但是，现在已认识到这些动物，包括人类，在没有颈动脉网的条件下，仍然具有不同程度冷却脑部温度的能力。

　　虽然啮齿动物的脑温和躯干部温度之间的差异不像具有颈动脉网的动物那么明显，但是啮齿动物的脑温和躯干部温度仍然表现出明显的异质性。例如，大白鼠夜间的脑温变化范围可达 1℃；非活动的大白鼠在进食时，其脑温升高而直肠温度下降。暴露于导致动物出现低体温的高压氦氧混合气体环境中的豚鼠，其脑温高于直肠温度，并可在低体温状态下保持正常的神经功能。对小白鼠的研究表明，环境温度在 16～34℃，脑温与直肠温度密切相关，脑温总低于直肠温度。进一步研究表明用乙醇麻醉的小白鼠在环境温度逐渐升高时，其脑温升高的速度低于直肠温度升高的速度，因此认为小白鼠脑温的调节机制与躯干不同。其他研究表明，在低温条件下，小白鼠的脑温稍微高于直肠温度，而在热胁迫（T_a=40℃）时，小白鼠的脑温比直肠温度低 0.2℃。

迄今为止，也有一些研究表明啮齿动物与躯干温度变化关系不大，但脑温变化对这种生理机制的研究并不多见。与其他器官组织一样，脑部的热稳态取决于产热和散热过程的动态平衡。脑温变化很可能与流经脑部和躯干部的血流量的相对变化有关；同时也有证据表明当环境温度逐渐降低时，大白鼠脑部的代谢明显加强，为脑温的调节提供热量。另外，啮齿动物头部具有大量的静脉窦（venous sinus），当较冷的血液充满静脉窦时，脑部的失热增加。静脉窦内的血液可经皮肤直接与外界进行热交换，也可经鼻黏膜（nasal mucosa）与外界进行热交换。因此鼻黏膜可能在维持脑部热稳态中起着极为重要的作用。例如，阻塞处于麻醉状态的仓鼠的鼻腔，迫使其进行口腔呼吸，结果动物的脑温骤然上升。因此深入研究温度和相对湿度如何共同影响鼻黏膜的蒸发失水，进而影响脑温变化，这可能是阐明脑温调节机制的重要途径。

Caputa 等认为大白鼠和豚鼠在高温或锻炼时具有主动降低脑温的能力，并将脑温维持在低于躯干温度的水平。这两种动物主动冷却脑部的能力，只有在躯干温度超过 40.5℃时才明显地表现出来，而且豚鼠冷却脑部的能力似乎比大白鼠强。虽然动物体的各种组织在脑温超过 40.5℃时并不都出现代谢紊乱，但在此条件下，动物细胞代谢特征将出现剧烈的变化。因此在高温下维持脑温低于 40.5℃对这些动物的生存可能具有重要的意义（Caputa et al.，1976）。

关于啮齿动物脑温变化对其生理意义和行为的影响的研究尚处于起始阶段。Blumberg 等发现雄性大白鼠在射精时，下丘脑视前区温度降低，而且脑温的升高与活动增强没有必然的相关关系，但却与交配行为有关。一些研究表明，脑温升高很可能是豚鼠、仓鼠停止奔跑的信号。另外，大白鼠脑温变化与醒觉和睡眠状态的转变、睡眠中快速动眼有关。

锻炼时脑温降低可能与此时下丘脑温度下降相混淆，后者表现出刺激保温反应增强，并进一步导致体温上升，这一生理现象与下丘脑内温度敏感元在体温调节中的作用有关，但在锻炼中，下丘脑的这一功能似乎受到抑制，因此，深入研究啮齿动物脑温和体温的调节机制，对阐明不同神经元在调节脑热稳态中的作用具很重要的意义。

四、温度耐受性

一般采用急性热或冷暴露下，动物存活时间和/或致死核温来表示动物对温度变化的耐受性。这一指标是从整体水平上衡量动物产热和体温调节"适合度"（fitness）优劣的重要指标。关于动物在各种环境下出现的自主、行为、体温调节和环境温度对正常体温的限制机制，包括体温和产热调节系统中的感觉，整合和运动（motor）等各种机制，已在前面章节中进行了较深的讨论。然而，温度耐受性是在整体水平上度量动物体温和产热调节系统功能状态。这一指标反映了动物在极端环境温度下的生存能力。

1. 热耐受性上限

啮齿动物在急性冷暴露下，其产热和体温调节系统出现明显的变化。此时动物的体温或核温出现 3 个明显不同的变化模式（图 3.1）。Ⅲ型反应模式在啮齿动物中最为常见，该反应模式包括 3 个连续变化的时相：第一时相较短，此时体温较正常值高 2～3℃，这一时相称为体温保护性升高时相（elevated defended temperature，EDT）。第二时相称为体温持续升高时相，此时 EDT 保持在比较稳定的水平，并随暴露时间而缓慢上升。第三时相，体温再次迅速上升，体温调节机能崩溃，出现热死亡。Ⅲ型反应模式是啮齿动物对高温耐受性变化的典型模式，其中 EDT 和第二时相内的体温变化曲线的斜率是最重要的参数。根据大白鼠的这些参数，可以较好地预测大白鼠暴露于 42.5℃时的存活时间。Ⅰ、Ⅱ两型反应

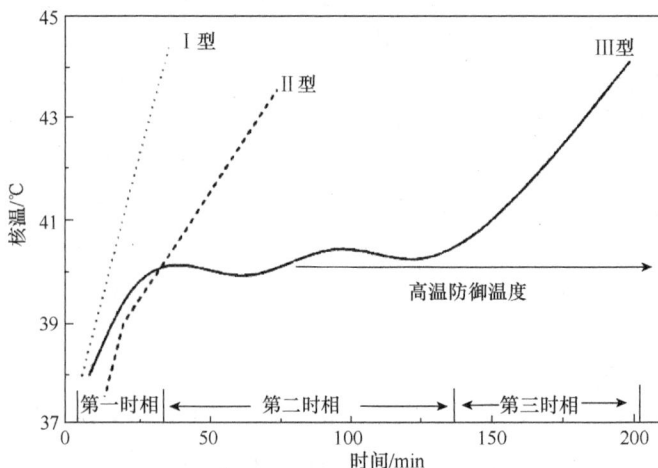

图 3.1 啮齿动物在急性热暴露时，体温变化的 3 种模式：Ⅰ型和Ⅱ型反应表明动物对高温的耐受性较低，其体温调节系统可能出现某种程度的损伤；Ⅲ型反应模式是大多数啮齿动物在高温条件下体温的变化模式（Erskine and Hutchisobn，1982a）

模式主要出现在散热机制受损伤的动物。这些动物在热胁迫时不能在 EDT 范围内调节体温。各种动物的Ⅲ型反应中，第一、二和三时相的时间长度和 EDT 的变化范围不同（表 3.3）。例如，沙鼠的 EDT 比小白鼠的低 1.0℃，大白鼠的第二时相较沙鼠和小白鼠长。不过在急性热暴露下，这 3 种动物的体温变化都表现出典型的Ⅲ型反应。

表 3.3　在 40℃热暴露下，3 种动物热耐受性比较（Erskine and Hutchisobn，1982a）

参数	小白鼠	沙鼠	大白鼠
开始时的核温（℃）Tc	37.85±0.30	37.83±0.28	37.96±0.19
EDT/℃	41.05±0.11	39.98±0.17	40.38±0.17
第一时相时间/min	20.39±1.17	16.35±3.49	27.01±1.95
第二时相时间/min	50.61±6.34	118.08±26.36	153.47±20.06

动物的热耐受性也可以通过测定最高临界温度（the critical temperature maximum，CT_{max}）和/或致死温度下，体温调节能力丧失的时间来近似地估计。20 世纪 40 年代中期，Cowles 和 Bogert 在研究爬行动物的产热调节时，将动物的热耐受性定义为："动物丧失运动能力，以致使其不能主动逃避致死温度的伤害"。对哺乳动物，该定义可修改为在热胁迫下，动物出现肌肉痉挛（spasm）时的核温或脑温。一般来说，CT_{max} 低于致死温度，并且具有重要的生态学意义。CT_{max} 只有在动物不能主动逃避热胁迫的条件下，才等于致死温度。同常要准确区分动物的 CT_{max} 和致死温度是十分困难的，原因在于许多种动物都能在很高体温下存活一段时间后，才出现明显的死亡。有趣的是，当小白鼠置于 CT_{max} 下一段时间后，再返回到 25℃时，其体温将持续 3h 保持在低体温状态度，这种体温调节上出现的"反弹"（rebound）的机制和意义值得进一步研究。

关于啮齿动物的致死温度和 CT_{max} 已有一些报道（表 3.4，表 3.5）。动物存活的温度上限受到许多环境因素的影响，这些因素包括环境温度、相对湿度、水的利用、暴露时间、温度对动物的限制程度、活动水平、温度驯化状态，以及昼夜节律等。在许多实验啮齿动物中，豚鼠对高温的适应能力最强，接下来是大白鼠和小白鼠。

表 3.4　在急性热胁迫下实验啮齿动物致死温度和存活时间（Erskine and Hutchisobn，1982b）

物种	暴露温度/℃	T_c/℃	存活时间/min
小白鼠	44	44.6	26
仓鼠	39～41	42.5～42.8	约 75
仓鼠	50	45.1	27
大白鼠	42.5	44.7～45.37	68～132
大白鼠	38～50	42.5（LD_{50}）	60～480
大白鼠	50	44.8	39
豚鼠	44～50	42.8（LD_{50}）	33～480

表 3.5　实验啮齿动物在急性温度暴露下的 CT_{max} 和存活时间（Erskine and Hutchisobn，1982b）

物种	T_a/℃	CT_{max}/℃	暴露于 CT_{max} 的时间/min
小白鼠	40	42.28～43.4	56～142
小白鼠	40	42.62	71
沙鼠	40	44.0	136
大白鼠	40	44.22	180
小白鼠	−40	16～20	19～26
小白鼠	−18	15.6	30～99
沙鼠	−40	16～20	26～51
小白鼠	40	42.28～43.4	56～142
小白鼠	40	42.62	71
仓鼠	2a	16.9b	—c
仓鼠	−40	16～20	39～62
豚鼠	−20	15.7d	294

身体大小是决定动物热耐受性的关键因子，随着身体的增大动物核温增加的速度也随之降低，导致热耐受性也增强。豚鼠身体较大，这可能是导致其他热耐受性较其他体型较小啮齿动物热耐受性强的主要原因。另外一些研究表明，大白鼠的热耐受性与发育阶段密切相关，尽管也有一些相反的结果。动物的热耐受性还具有昼夜节律变化，在中午时耐受性最高，午夜最低。也有证据表明大白鼠在16:00～20:00 时热耐受性最高，8:00～12:00 最低。在热胁迫下大白鼠唾液分泌能力是影响耐受性的重要因素。具有较强唾液分泌和涂抹行为的遗传品系在急性热暴露下的存活时间也较长。Adolph（1947）证实了相对湿度增加导致啮齿动物的热耐受性降低。因为相对湿度增加限制了皮肤和呼吸道表面的水蒸发，加速了身体过热。因此，限制活动的大白鼠的热耐受性较自由活动的低，很可能与此有关。

1）热中风（heat strock）

动物体温大幅度上升很可能导致热中风，并在极端条件下，很可能导致动物出现永久性的病理后遗症（rathological sequelae），甚至死亡。热中风是由于过热或体温调节系统障碍而导致体温大幅度上升。处于热胁迫中的啮齿动物，热中风不仅出现在热胁迫Ⅲ型反应模式中，也出现在Ⅰ和Ⅱ型反应模式中。热中风很可能是在热胁迫下中枢神经系统的体温调节受损伤或循环系统障碍所致。

在研究热中风时出现的循环系统和体温调节机制中，大白鼠是使用较多的动物模型。例如，在急性暴露时大白鼠的心率和平均动脉血压迅速增加，当核温超过41.5℃时，平均动脉压（MAP）突然下降，某些动脉血管的阻力也发生显著的变化。这可能表明热中风时出现的热休克（heat shock）与某些内脏血管的收缩特征显著改变有关。发现锻炼诱导冷驯化和热驯化的大白鼠体温上升对机体损伤程度较单纯急性热暴露的强。前一种情况下，暴露于高温环境中，大白鼠在 LD_{50} 的核温为 42.4℃，而单纯锻炼并暴露于高温环境中时，出现 LD_{50} 时的核温为 41.8℃；在 LD_{50} 下动物的体温变化很可能与热中风和其他病变有关；同时也与各种组织在高温下出现的损伤有关。

2）热耐受的适应性变化

由于局部高温或整体高体温在治疗某些癌症方面的运用，极大地促进了啮齿动物热耐受性的研究。例如，将动物进行多次高温处理，能够导致动物对高温的耐受性增强。同时也有证据表明，对动物反复进行热处理能使动物出现某种抗肿瘤机能。

各种啮齿动物对高温的耐受能力具有一定的适应性变化。将经热驯化的小白鼠置于 42℃ 环境中，其核温达到 CT_{max} 的时间至少为 72h，而未经热驯化的小白鼠 CT_{max} 保持不变；同时经 30℃ 驯化后，CT_{max} 较 15℃增加了 1.2℃。然而目前关于热驯化导致热耐受性增强的机制还不清楚。对大白鼠进行过热驯化（核温为 41.8℃，60min），导致热耐受性增加 1 倍（以热死亡出现的时间为标准）（表 3.6），处理后，达到 LD_{50} 时的体温的时间增加。这一结果与某些器官在体外急性热处理后，热耐受性增强相似。因此从细胞和整体水平同时研究动物的热耐受性的适应性变化机制，对深入理解热治疗与抗肿瘤之间的关系具有重要的意义。

表 3.6 大白鼠的热耐受性与热处理条件的关系（Thomas and Teresa，1992）

热胁迫间隔时间/h	达到 LD_{50} 核温的时间（MIN）
0	25.1
24	55.1
48	56.5
72	50.1
96	50.8
120	33.0
144	22.1

2. 热耐受性下限

啮齿动物对低温的耐受能力远较对高温的耐受能力强。在早期的研究中，测定动物过热状态大都采用比较简单的方法进行，即将动物暴露于高于上临界温度约 5℃ 条件下测定动物的核温。而测定动物对低温的耐受性时，常将动物暴露在低于 0℃ 的环境中（该温度低于下临界温度约 30℃），此时大白鼠、仓鼠和豚鼠等啮齿动物在其出现低体温死亡前，均出现强烈的代谢产热反应。为了能较精确地确定动物对低温的耐受能力，必须将动物长时间地维持在低于 0℃ 的环境中。虽然将呼吸室浸入冰浴中也可迅速诱导动物出现低体温，但是这种方法与动物直接暴露于空气中所引起的低体温不同。一种较新的方法是将动物置于温度在-10~0℃的氦氧混合气体环境中（氦∶氧=80∶20）。与氮气相比较，氦气密度低、比热高，氦氧混合气体的热传导是氮氧混合气体的 4 倍。因此，动物在氦氧混合气体中的失热较空气中高。例如，将大白鼠暴露于 0℃的氦氧混合气体中，145min 内即可将其核温降低到 15℃。

在研究动物对低温的耐受性中，很可能会出现原因不明的低体温死亡；同时由于在低温下，动物出现呼吸和心跳紊乱的核温具有很大的变异。这也给准确确定低温下致死核温带来很大的困难。另外，低温耐受性的生态学意义对深入理解动物对低温的耐受性具有极为重要的意义。Ferguso 和 Folk 采用耐受性临界温度的概念来比较动物对低温的耐受性，并将其定义为在急性冷暴露时（T_a=-40℃）（表 3.5），动物不能保持正常仰卧姿势时的核温，即为临界最低耐受性（critical thermal minimum，CT_{min}）。小白鼠、仓鼠、沙鼠和大白鼠等的 CT_{min} 在 16~20℃。例如，大白鼠的核温在 15℃时呼吸停止，核温低于 10℃时心跳停止（Adolph and Richmond，1955）。当环境温度为 5℃时，大白鼠的核温低于 23℃时，那么就不能自动返回正常体温，仓鼠的这一温度为 15℃。然而，在特定的环境温度条件下，动物的体温低于 CT_{min} 时，一些啮齿动物都能通过增加环境温度自动返回到正常体温状态。

虽然大白鼠为非冬眠啮齿动物，但是它在一定程度上也能耐受持续的低体温。采用高碳酸血/缺氧（hypercapnia/hypoxia）法可将大白鼠的核温降低到 0~1℃，并且可用微波加热使动物复苏（Andjus and Lovelock，1955）。成年大白鼠能在核温为 15℃时存活 15h，但真正处于低体温的时间只有 5.5h（Frid et al.，2007）。啮齿动物长期处于低体温状态下，可能会导致碳水化合物代谢和糖原储存出现明显的变化。仓鼠的碳水化合物代谢和由低体温恢复到正常状态，显著受皮质醇类激素的作用。与此相反，皮质醇类激素并不能显著增加大白鼠在持续低温下的存活率。

五、体温的昼夜节律

大多数内温动物的核温都具有明显的 24h 周期性变化，即昼夜节律（circadian temperature rhythm，CTR）。伴随体温昼夜节律变化，动物的其他生理和行为特征也将会出现明显的昼夜节律变化，如代谢率、食物和水的消耗、心律、活动模式等。动物的 CTR 对各种环境胁迫因子的影响十分敏感，但受干扰后 CTR 恢复正常的能力也很强。例如，持续 5 天用电刺激大白鼠的后肢，导致 CTR 终止，但停止刺激后大白鼠的 CTR 又迅速恢复。连续数月使用光照或黑暗处理大白鼠，会导致动物的 CTR 与真实的昼夜节律之间出现相差，振幅后滞的现象，大白鼠在 28℃环境中出现峰值核温较转轮（wheel-running）的迟 6h。

目前认为动物下丘脑中的颈上神经核（suprachiasmaticnucleus，SCN）是动物24h昼夜节律的起搏器。损毁动物的SCN将导致动物许多行为和生理系统的昼夜节律消失。但也存在一些争议，认为SCN只是对CTR起到稳定作用，损毁大白鼠的SCN，其CTR保持不变，仅是其他昼夜节律消失。不过在完全损毁SCN时，大白鼠的CTR和24h睡眠节律都完全消失。另外，损毁大白鼠的视前区并不影响CTR，但CTR的振幅显著增加，几个月后又恢复正常。因此，动物的CTR仍然是时间生物学（chronobiology）和热生理学研究的重要问题。

一般来说，每一种啮齿动物都具有其特征性的CTR。大白鼠属于夜行性动物，夜间活动最为频繁；仓鼠和小白鼠与大白鼠相似，也为夜行性动物，沙鼠也具有夜行性的特征（表3.7）。然而，在自然状态下，这些动物的活动模式不仅具有昼夜变化，而且有明显的季节性变化。豚鼠与其他啮齿动物不同，其代谢率没有明显的24h昼夜节律，核温在24h内也保持相当稳定。目前认为豚鼠要么缺少CTR，要么其CTR表现出阻尼振荡的特征，这也可能是豚鼠的核温高于其他啮齿动物的原因之一。这也表明，将夜行性动物白天的体温与豚鼠相比较是不恰当的。

采用探头周期性测定动物的直肠温度或采用附着式热电极测定受限制动物的体温等方法，都在不同程度上对动物产生一定的干扰，导致动物体温出现不同程度的变化，因此均不适合对动物CTR的研究。最近，由于生物遥测技术的发展，为在非限制条件下精确测定动物的体温和CTR提供了极为有效的手段。并且可同时测定多个生理指标，如核温、脑电、心电和肌电等。由于这些新技术的采用，将极大地促进CTR的研究。

关于啮齿动物CTR的研究，大多数结果都是在大白鼠中得到的。在12L：12D下，大白鼠的CTR可分为几个不同的时相：①稳定的白昼相，平均核温稳定在37.3℃左右；②上升相，16：00开始上升，在17：30～19：00上升速度最快；③19：00～05：00体温保持稳定，平均核温为38.1℃；④随后体温迅速下降到最低水平（下午）。小白鼠和仓鼠的CTR与大白鼠的十分相似，所以CTR的种间差异很可能仅仅反映在CTR的振幅差异上（表3.7）。仓鼠在14L：10D光照周期中，往往在暗期前2～3h时核温显著上升，同时光照周期也是仓鼠繁殖的信号。在某些情况下，仓鼠的CTR可以分为两个显著不同的昼夜节律成分。在一般情况下，小白鼠、仓鼠和大白鼠在12L：12D的条件下，白天的核温相当稳定。

通常认为，夜间活动可能是导致啮齿动物体温出现昼夜节律变化的原因之一。采用无线电跟踪记录结果表明，一些细微的阵发性活动可以导致动物夜间体温显著上升。但是某些研究结果又表明夜间体温上升与动物的活动状况无关。然而，夜间金黄色仓鼠在转轮上活动时，CTR的变化幅度显著高于非活动个体。但是，非运动状态下，仓鼠的核温夜间也显著升高。相反，大白鼠在转轮实验时，CTR振幅变化范围在36.1～39℃，而没有转轮的大白鼠CTR振幅变化范围为35.6～38.1℃。所以，CTR的昼夜变化幅度可能受CNS的控制，而在夜间活动可能仅仅导致 CTR 振幅增大。

表 3.7 在 12L∶12D 条件下，实验啮齿动物 CTR 特征（Kulger et al.，1990）

物种	CTR 振幅/℃	最短时间 T_c/h	最长时间 T_c/h
小白鼠	1.7	1330	1930
仓鼠	1.2	1330	1930
仓鼠（锻炼）	1.4	1330	2130
大白鼠	1.1	0730	2000

1. 调制点（set-point）与 CTR

除活动状态外，行为和自主体温调节系统也很可能影响动物的 CTR。在夜间，大白鼠的代谢产热和散热过程之间具有明显的时滞，通常产热在前，散热在后，因此身体储存热量增加，导致核温上升。但是夜间大白鼠自主散热机制显著受抑制。从行为特征来看，切除卵巢的大白鼠在低温环境条件下，夜间的辐射散热显著高于白天。并且大白鼠选择的温度范围夜间显著低于白天。进一步研究发现，大白鼠和仓鼠夜间所选择的温度范围也显著低于白天。夜间这两种实验啮齿动物选择温度范围显著降低，也可能与其夜间活动增强有关（Gordon，1993）。

所有实验结果均表明，夜行性啮齿动物由于夜间活动增强，自主调节系统可能主动调节核温显著上升。而行为体温调节系统在夜间调节体温的作用与其相反。这两种机制的相互作用，从而调节夜间体温的变化。药理学研究结果表明，CTR 的昼夜变化涉及调节性高体温。采用水杨酸类药物处理实验啮齿动物，可以显著阻断夜间核温上升，但是对白天体温影响不显著。因为，水杨酸类物质可以阻断 PGE2 的合成，而后者可能与动物发热有密切关系。所以，实验啮齿动物夜间核温显著上升可能与体温调制点的变化有关。另外，大白鼠夜间选择温度范围降低可能与调制点的昼夜变化有关。如果调制点温度升高，动物选择的温度范围也随之升高。但是，如果在白天动物选择温度接近其热中性区，那么夜间将出现热胁迫状态（Gordon，1993）。为了进一步阐明体温调制点与体温昼夜变化的关系，必须阐明自主和行为体温调节对 CTR 关键时期的影响。

2. 睡眠过程中核温调节

关于睡眠过程中的体温调节控制也是阐明 CTR 的变化及其生理意义的重要研究领域。该领域的绝大多数研究结果均是以大白鼠为实验材料而得到的。在典型的睡眠-觉醒的转变过程中，觉醒时动物的产热到达最大，然后，随睡眠过程的出现而逐渐降低，在 PS 期或快速动眼期产热最低。在低温环境中，动物处于睡眠状态时，往往出现低代谢特征（bradymetabolic effect）。例如，在环境温度为 15～

30℃条件下，动物处于 PS 期时，身体的热储存为负值，而在 35℃时，人储存为正值。在动物从醒觉逐渐进入慢波睡眠（slow-wave sleep）过程中，脑温也相应逐渐降低，相反，在 PS 期时，由于脑内血流量增加，因此，脑温暂时升高。

啮齿动物睡眠和醒觉变化过程与产热和体温调节过程紧密相关。一些研究结果表明，环境温度和皮肤温度显著影响啮齿动物的 PS 期变化。例如，在 29℃条件下，PS 期显著延长，而高于或低于这一最佳温度范围，啮齿动物的 PS 期都显著缩短。然而在 23~33℃条件下，啮齿动物的慢波睡眠不受环境温度的影响。与此相似，在 30℃时仓鼠 PS 期最长，但是冷驯化后，仓鼠 PS 期的最佳温度降低到 20~25℃。应该注意到，大白鼠和仓鼠 PS 期最长的环境温度往往在其热中性区的中间。由于 PS 期显著影响到一些重要的心理参数，因此这一特征对精神病研究具有重要的意义。

虽然许多研究都涉及温度胁迫对动物睡眠-醒觉模式的影响，但是最近研究发现，强迫睡眠也显著影响动物的产热和体温调节。例如，剥夺大白鼠睡眠后，显著导致脑温上升。相反，强制睡眠诱导体温降低。

六、心理胁迫对体温的影响

体温调节是动物身体许多相互作用和影响的系统在胁迫环境中的重要反应之一。在各种环境胁迫因子的作用下，啮齿动物的核温可能出现各种不同的变化。另外，由于各种实验程序或处理可能对啮齿动物的体温产生不同的影响，因此胁迫因子对体温的影响成为研究体温调节的一个重要领域。

在一般实验过程中动物均不可避免地处于不同程度的抑制状态。毫无疑问，这种抑制状态将显著影响动物的体温和产热调节特征，尤其是在冷或热胁迫条件下，动物的体温和产热调节特征将受到显著影响。处于抑制状态下，哺乳动物的行为体温调节特征，如卷曲、姿势调节及修饰行为等将受到抑制，因此，动物与环境的热平衡受到破坏。大多数实验均需要隔离动物，从而进一步破坏了动物的热交换过程。抑制往往构成一种重要的胁迫条件，刺激下丘脑-垂体轴并且相应的生理反应，改变动物的热平衡。

在环境温度为 25℃条件下，将大白鼠置于小塑料盒内，可能导致核温上升 1℃左右，在限制行动 30min 后，体温增加到达最大，这种效应最长不超过 4h。限制动物后虽然引起大白鼠产热显著增加，但是并不影响散热机制，结果导致核温上升 0.6℃（表 3.8）。这种限制作用导致啮齿动物产热增加，部分与 BAT 产热增加有关。如果切除 BAT 的交感神经，这种抑制作用导致产热增强的效应显著减弱，同时核温上升也不显著。限制动物活动而导致代谢率增加可能与交感神经系统的活动有密切关系，切除或阻断动物的交感神经系统，这种产热作用显著减弱或完全消失。在正常情况下，限制动物可以导致血清肾上腺（epinephrine）水平上升

20 倍。所以，限制动物导致产热增加，不仅与 BAT 产热能力增强有关，还可能与交感神经分泌肾上腺激素增加有关。

另外，在环境温度≥25℃时，限制作用可能导致代谢率增加，出现高体温；相反，当环境温度较低时，抑制作用可能导致动物出现低体温。例如，在限制活动的条件下，大白鼠暴露在 2℃时，出现明显低体温现象，其部分原因与颤抖性产热受到抑制有关。但是如果动物适应了这种抑制作用后，就能通过颤抖性产热维持正常的体温。豚鼠在限制条件下进行冷暴露，由于散热增加，体温显著降低，而代谢率却显著增加。因此进行产热调节研究过程中，应该充分注意动物受到限制时对代谢率的影响。

表 3.8　限制作用对大白鼠产热（M）、散热（H_t）、热储存（S）和直肠温度（T_{col}）的影响

条件	$M/$（W/m^2）	$H_t/$（W/m^2）	$S/$（W/m^2）	$T_{col}/$℃
限制前				
5min	52.4	53.9	−1.5	37.4
40min	53.9	54.6	−0.7	37.4
限制状态				
5min	69.1	54.0	15.1	37.7
40min	68.6	67.4	1.1	38.0
140min	71.7	68.1	3.6	38.1
限制后				
5min	57.5	63.3	−5.7	38.1
40min	54.7	60.9	−6.3	38.0
80min	57.2	57.1	0.06	37.8

最近的研究结果表明，胁迫诱导体温变化涉及体温调制点的变化。各种不同的心理胁迫因子，如将动物置于呼吸室内等，将导致动物的体温升高大约 1℃。这种体温升高的效应受水杨酸类物质的抑制。另外，夜间可能与血管紧张素的分泌有关。

参 考 文 献

Adolph EF. 1947. Tolerance to heat and dehydration in several species of mammals. Amer. J. Physiol., 151: 564-575.

Adolph EF, Richmond J. 1955. Rewarming from natural hibernation and from artificial cooling. J. Appl. Physiol., 8: 48-58.

Andjus RK, Lovelock JE. 1955. Reanimation of rats from body temperatures between 0 and 1 C by microwave diathermy. J. Appl. Physiol., 128: 541-546.

Blumberg MS, Mennella JA, Moltz H. 1987. Hypothalamic temperature and deep body temperature during copulation in the male rat. Physiol. Behave., 39: 367-370.

Caputa M, Kadziela W, Narebski J. 1976. Significance of cranial circulation for the brain homeothermia in rabbits. Ⅰ. The brain-arterial blood temperature gradient. Acta Neurobiol Exp., 36: 613-623.

Cowles RB, Bogert CM. 1944. A preliminary study of the thermal requirements of desert reptiles. Bull. Am. Mus. Nat. Hist., 83: 261-296.

de Keyser J, de Backer JP, Ebinger G. 1985. Regional distribution of the dopamine D 2 receptors in the mesotelencephalic dopamine neuron system of human brain. J. Neurol. Sci., 71: 119-127.

Depocas F, Hart JS, Héroux O. 1957. Energy metabolism of the white rat after acclimation to warm and cold environments. J. Appl. Physiol., 10: 393-397.

Erskine DJ, Hutchison VH. 1982a. Reduced thermal tolerance in an amphibian treated with melatonin. J. Therm. Biol., 7: 121-123.

Erskine DJ, Hutchison VH. 1982b. Critical thermal maxima in small mammals. J. Mamm., 63: 267-273.

Ferguson JH, Folk GE. 1970. The critical thermal minimum of small rodents in hypothermia. Cryobiol., 7: 44-46.

Frid P, Anisimov SV, Popovic N. 2007. Congo red and protein aggregation in neurodegenerative diseases. Brain Research Reviews, 53: 135-160.

Gordon CJ. 1985. Relationship between autonomic and behavioral thermoregulation in the mouse. Physiol. Behav., 34: 687-690.

Gordon CJ. 1993. Temperature Regulation in Laboratory Rodents. Cambridge: Cambridge University Press.

Herrington LP. 1940. The heat regulation of small laboratory animals at various environmental temperatures. Amer. J. Physiol., 129: 123-139.

Kugler PN, Shaw RE, Vincente KJ. 1990. Inquiry into intentional systems I: Issues in ecological physics. Psychol. Res., 52: 98-121.

Thermal Commission, IUPS. 1987. Glossary of terms for thermal physiology. 2nd ed. Revised by The Commission for Thermal Physiology of the International Union of Physiological Sciences (IUPS Thermal Commission). Pflügers Archiv., 410: 567-587.

Thomas ET, Teresa HH. 1992. Interdisciplinary Views of Metabolism and Reproduction. London: Cornell University Press.

第四章　低代谢动物的体温

动物与环境之间进行的热交换形式包括辐射（radiation）、对流（convection）、传导（conduction）和水分蒸发（evaporation of water）等物理形式。在长期的进化过程中，许多动物都形成了特殊的行为和生理机制，调节有机体与环境之间的热能交换，维持特定的体温。由于动物生存的环境具有相当大的多样性和变异性，因此与之相适应，动物所产生的体温调节机制，包括行为和生理机制也都具有相当的变异性。

动物的体温不仅受到生理机能的影响，而且受到自然环境条件变化的影响，如果动物能够精确地调节体温，并维持体温稳定，就必须获得足够的热量，即获得热量的速率必须超过热量散失的速率。虽然动物可以通过传导、对流辐射等不同方式散热或获得热量，但是动物维持体温的主要能量来自机体代谢产生的能量。

在动物界中，只有鸟类和哺乳类具有维持体温稳定的功能，即它们在进化过程中形成复杂的体温调节机制，能使其体温维持在37～41℃。而其他大多数动物都不能将体温维持在这一温度范围内。但是它们仍然能在目前各种环境条件下生存，并且具有完整的生物学特征。

过去，生理学家一般根据动物的体温调节能力将动物分为两大类型，即冷血动物（cold-blooded animal）和温血动物（warm-blooded animal）。这两个术语常常带有较强的主观性，并没有概括出动物维持和调节体温的机体特征。因此被变温动物（poikilothermic animal）和恒温动物（homeothermic animal）所取代。这两个术语分别来自希腊语 poikilo- 和 homoio-。前者意思是"变化的"、"多种的"，表示体温随环境温度的变化而变化的动物，即温度顺应者（thermoconforer），当然，这类动物的体温随环境温度的变化而变化，并不一定等于环境温度。后者意思是"像"、"类似"，用来表示那些在环境温度变化的条件下，能够维持体温恒定的动物，这类动物又称为"温度调节者"（thermoregulator）。由于这两个术语避免了人类的主观因素，因此应用比较广泛，尤其是恒温动物，常常用来特指在静止状态下能维持体温恒定的两大分类类群——鸟类和哺乳动物。

由于在对某些动物，如爬行动物，进行野外生理生态学研究时发现，上述几个描述动物体温调节及其状况的术语都不能精确地表示出动物的体温调节特征和模式。例如，某些蜥蜴能通过调节身体与太阳之间的相对位置，往来穿梭于阳光下和避所之间，因此也能在野外条件下维持较高而稳定的体温，并不完全与传统上的变温动物相同。所以根据动物用于调节体温的热源不同来对动物进行分类。

Cowls 采用 ectotherm 表示维持体温的热量主要来自外界环境的动物，而以 endotherm 表示维持体温的热量主要来自机体内的细胞代谢过程。由于这两个术语能比较精确地反映动物界广泛存在的各种不同动物所具有的热能调节对策和模式，因此得到广泛的应用（Ellis，1980）。

外热源动物（ectotherm）具有较低的静止代谢率，代谢产热能力也较低，因此通常也称为低代谢动物（bradymetabolic animal），同时却具有相对较高的热传导（thermal conductance）。因此，动物代谢产生的热量能迅速散失到外界环境中，而动物的体温则取决于环境温度状况和特征。

根据动物对外热源的利用状况，Cowls 将外热源动物分为两种明显不同的类群。即辐射获能（heliotherms）和热传导获能（thigmotherms）。前者体温变化完全依赖于太阳所提供的热量状况；而后者维持体温的热量则主要取决于生活环境中等传导介质（conductive medium），主要包括水生和地下穴居动物，它们只能通过主动选择适宜小生境来维持特定的体温。相反，heliotherms 则主要为陆生动物，它们的生活介质为空气，通过传导途径进行的热交换相对较小，太阳辐射在热交换中占有极为重要的地位。因此为了较好地维持特定的体温，往往采用不同的姿势往返于避所和阳光之间。由于主要依靠吸收太阳能作为体温调节的主要热能，它们必须迅速将体表的热量传递到身体内部，因此体表隔热性较低。

内热源动物（endotherm）具有相当高的静止代谢率，代谢产热能力较高，并且具有与此相关的隔热机制，结果可维持比环境温度高的体温。这种状况在鸟类和哺乳类中最为典型。这两类动物同时具有较高的代谢产热能力〔又称为高代谢动物（tachymetabolism）〕、完善的隔热机制和高度发达的神经系统，能够精确地调节动物与外界的热交换，维持体温恒定。

由此可见，Cowls 提出的分类方法强调了热能调节特征的能量学基础，并且将产热调节与动物的能量利用对策、生活史特征联系起来。不过在实际研究中也可能遇到一些困难。例如，有的动物在静止状态时，表现出典型的外热源动物的特征，而在飞翔或运动时，则具有典型内热源动物的特征。因此在实际研究工作中，应该具体问题具体分析。

外热源动物和内热源动物的划分与动物本身的系统分类无关。但是大多数无脊椎动物、鱼类、两栖类和爬行类都属于外热源动物；而内温动物仅仅局限于鸟类和哺乳类。有一部分昆虫、少部分鱼类和爬行类也具有内热源动物的特征。

一、热惰性——身体大小对体温调节和稳定性的影响

一般来说，动物身体越大，热扩散就越慢，加热或冷却速度也就越慢。实际上，动物体内的热量分布主要通过循环系统完成，身体越大，越有利于维持体温稳定。动物身体的热惰性（thermal inertia）对其维持稳定的体温极为有利，即便

是在动物代谢率较低时，也有利于动物维持体温稳定，降低体温变化幅度。

对于不能利用代谢产热维持体温稳定的动物种类，描述机体与环境之间热交换最简单的模型为

$$\frac{\mathrm{d}T_{\mathrm{b}}}{\mathrm{d}t} = \frac{hA}{Mc}(T_{\mathrm{a}} - T_{\mathrm{b}})$$ （4.1）

式中，h 为体表隔热层的热传导 [W/（m²·℃）]。A 为体表面积，M 为体重，T_{b} 为动物的核温（core temperature），c 身体的比热（specific heat）[J/（g·℃）]。当动物的体温 T_{b} 低于环境温度 T_{a} 时，动物的核温将随环境温度的变化而变化。根据这一模型，采用 log（T_{a}–T_{b}）与时间作图，即可得到动物冷却曲线为一直线。该直线的斜率根据该式也能求出热传导。

$$-\frac{0.4343hA}{Mc}$$ （4.2）

然而，这一模型包括了以下几个假设：①环境是绝对隔热性的，但是动物的生活环境存在着各种复杂的热交换形式，如热传导、对流型辐射等；②动物的热传导（h）为一常数，但是由于动物的热能代谢受到各种复杂因素的影响，如风速等，因此动物的 h 为一变化极为复杂的变数；③该模型没有考虑代谢和蒸发失热对动物体温的影响。

Bakken 提出了外温动物的热交换模型：

$$\frac{\mathrm{d}T_{\mathrm{b}}}{\mathrm{d}t} = \frac{-1}{\tau}T_{\mathrm{b}} - \left[\left(T_{\mathrm{e}} + \frac{H_{\mathrm{m}}}{k_0}\right)\right]$$ （4.3）

式中，H_{m} 为动物的净代谢产热能力（如产热减去蒸发失热）；T_{e} 为有效环境温度；k_0 表示整体热传导，τ 为时间常数，其数值等于当环境温度出现突然变化时，引起机体出现反应时间的 63%（$1-1/e$）。

有效温度（operative temperature）最早是由 Gagge（1940）提出的。这一概念表示能显著影响动物体温的环境温度。有效温度的高低取决于动物体表与环境温度之间通过辐射、对流而进行热交换，但并不包括蒸发形式进行的热交换。由此可见，有效温度的概念包括了有机体与环境进行的热交换。

Bakken 采用这一概念描述了土壤的热交换常数，并且提出了有效环境温度的概念（operative environmental temperature）。T_{b} 与 T_{e} 之差，即为动物与环境之间的热梯度。因此如果动物不进行代谢产热，也没有蒸发失热，那么，$T_{\mathrm{b}}=T_{\mathrm{e}}$。这也是测定 T_{e} 的理论基础。Walsberg 和 Weathers（1986）精确估计几种外热源动物的 T_{e}。

图 4.1 表示出 log（T_{b}–T_{e}）之间的关系，以及 $T_{\mathrm{b}}^{\mathrm{eq}}$ 与环境温度之间的变化关系。当代谢产热和蒸发散热成为决定动物热交换的主要因素时，结果都偏离预期直线的结果。从这条直线可以得到时间常数，即直线的斜率为 $-0.4343/\tau$。由于温度时间常数与环境温度变化的幅度无关，因此是一个极为重要的概念。

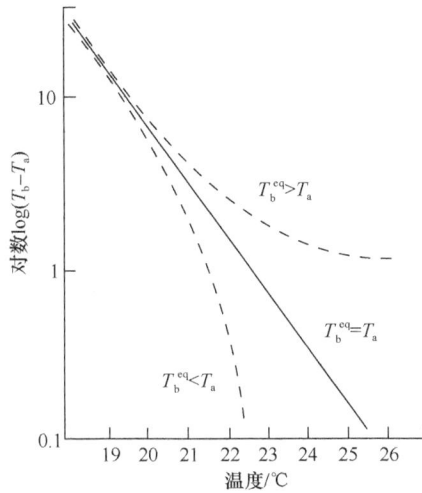

图 4.1　平行体温与环境温度的关系（Walsberg and Weathers，1986）

T_b：体温　T_a：环境温度

关于时间常数的大部分研究结果均来自爬行动物。图 4.2 表示时间常数与动物体重之间的关系。在空气中，其他条件不变时，体重为 10g 的蜥蜴冷却到与环境温度相同时的温度时所需要的时间是 10min，而体重增加到 100g 时，所需要的时间为 30min。身体较小的动物，如昆虫，时间常数则以秒来计算。在很大程度上大型蜥蜴的热惰性决定了体温水平。另外，动物加热或冷却曲线的斜率不同，这一点与实际观察结果相符合，即蜥蜴加热速度比冷却快。表明了蜥蜴体内具有某种调节加热和冷却速度的生理机制。

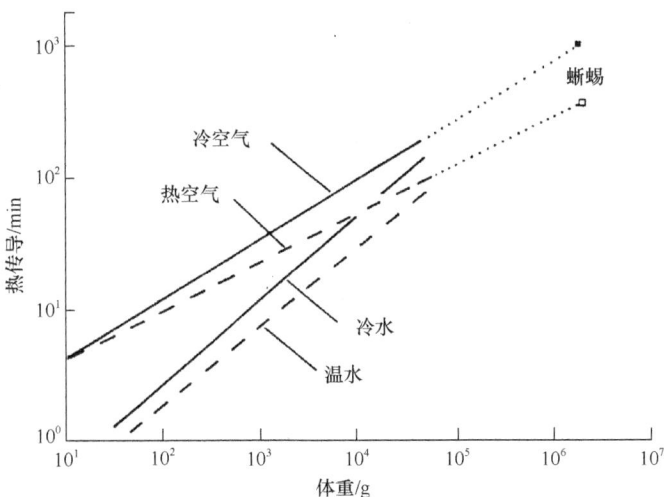

图 4.2　爬行动物的热常数（τ）与身体大小之间的关系（Walsberg and Weathers，1986）

二、外热源动物的体温选择特征——行为反应

经历季节性环境温度变化的外热源动物可能采取多种多样的对策来调节和维持体温。其中之一是通过季节驯化（acclimatization）过程改变细胞的生理和生化代谢特征，出现生理适应性变化。低温驯化可导致动物产热能力显著增强，这种生理反应过程具有时间补偿的特性；往往生理适应能力的变化取决于驯化的时间，一般需要几天到几周。关于生理适应将在以后详细讨论。

动物为了维持合适的体温，能够主动选择特定的环境温度条件，这是动物体温调节的一种有效途径。在许多外热源动物中，体温的行为调节十分明显，这在野外观察和实验室研究均得到证实。一般在研究外热源动物行为体温调节时，通常可以采取几种不同的方法来研究，这些方法都具有一个明显的特征，即将动物置于某一特定的温度范围或梯度中，观察动物在这温度范围或梯度中的活动状况。最简单的方法是建立一个温度梯度，记录动物在这一温度梯度中的分布状况。动物分布频率最高的温度范围就是动物的喜好温度（preferred temperature）。Norris（1963）最早采用这一方法研究了黑魢（*Girella leonina*）的温度选择特征。

第二种方法是采用具有两种不同温度条件的小室（chamber）供动物选择。设定一系列供动物选择的温度条件，观察动物不逃避的温度条件，即为动物的喜好温度。这一方法的优点是测定温度可以精确控制。

从温度梯度和选择性实验结果中可以看出，动物对环境温度变化的行为反应是多种多样的，相当复杂。Magnuson 等（1979）深入研究了外热源动物对环境温度的选择特征和栖息环境之间的关系，并且认为动物对环境温度的选择性具有十分明显的适应意义。所以动物的温度选择性反应是一种重要的适应对策。

温度梯度研究结果表明，动物沿某一温度梯度分布状况可能出现某种假象，即在温度梯度靠近低温区域，可能出现连续逐渐减少的分布状况，而靠近高温区域，分布频率突然减少，很可能反映了动物对伤害性高温具有明显的逃避行为。但是在低温区，这种假象可被低温抑制动物活动所掩盖。

动物的喜好温度并不是固定不变的，很可能随驯化条件或季节的不同而出现显著变化。Norris（1963）指出当 *Girella* 在 11℃条件下驯化后，喜好温度在 13.7℃，但是 23℃驯化后，喜好温度升高到 20.7℃。驯化涉及极为复杂的机制，如果将这种鱼置于自然变化的温度梯度环境中驯化后，则它的喜好温度比实验室驯化后的喜好温度还要高。

Reynolds 和 Casterlin（1979）发现蓝鳃太阳鱼（*Lepomis macrochirus*）能够在温度梯度中逐渐向高温方向改变对温度的选择性，并且逐渐达到"唯一等选择温度"（unique preferred temperature）。在温度高于下致死温度时，选择温度逐渐向

上移动，这一特征具有重要的适应意义。如果冷驯化动物突然直接置于温度较高的环境中时，动物的死亡率迅速上升，而如果逐渐提高温度，则出现高温驯化。因此,唯一等选择温度就是动物经常选择的、可使其生理功能达到"最适"(optimal)环境温度（图 4.3）。

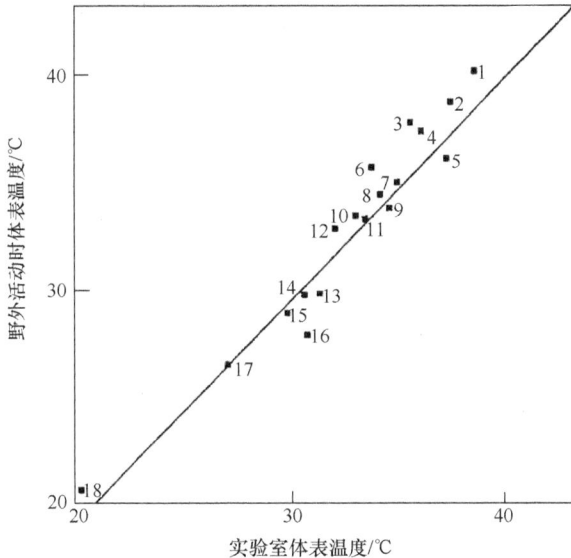

图 4.3 爬行动物体温与温度选择性之间的关系（Roberts，1979）

在研究鱼类对环境温度的适应能力中，通常采用"穿梭盒"(shuttle box)实验进行研究。加热盒到鱼类离开游向温度较低的一端，再冷却低温一端，使鱼类离开，记录温度间隔为 4～5℃。鱼类的选择温度不受相反温度的影响。如果采用这一方法测定金鱼的选择温度，当温度低于 33.5℃时，金鱼停止向低温区域游动，而且在实验中，金鱼停留在水温维持于 33.5～36.5℃的时间最长。这一温度范围比金鱼在温度梯度中等选择温度高。研究结果表明，33.5～36.5℃是金鱼的最适温度范围，并且在这一温度范围内，金鱼不受反向温度的影响。鱼类能耐受的最高温度也称为最大耐受温度（maximum voeuntory tolerated temperature）。水生外热源动物体温的行为调节很可能就是它们在自然状况下所采取的行为调节模式。因此，Roberts（1979）认为许多外热源动物的行为体温调节主要由逃避行为组成。

陆生环境中温度的变化更为复杂多样。因此陆生外热源动物维持稳定体温比水生外热源动物更加困难，但对其生存适应更为有利。在陆生外热源动物的体温调节模式的研究中，尤其以昆虫和爬行类研究最为深入。昆虫对温度的选择性受到多种因素的影响，包括动物预先经历的温度条件、生活史特征和营养状况等都显著影响动物对温度的选择性，而且显著与其生活环境相关。

三、自然条件下外热源动物的体温

动物维持稳定体温的能力不仅取决于生理调节能力行为反应特征。从实验研究结果来看，不同温度梯度下动物具有不同的调节模式。当然，实验室研究结果并不能完全反映动物在野外状况下的体温条件特征。在野外条件下，动物维持稳定体温的能力不仅取决于动物的体温调节能力和行为特征，而且取决于动物生存环境的实际温度状况。

由于测定陆生动物的体温状况比水生动物容易，因此关于动物体温调节的大多数研究结果均来自陆生动物。在测定昆虫选择的小气候环境的温度变化状况与昆虫的行为昼夜节律活动、姿势变化之间的关系时发展，许多直翅目昆虫（如蚱蜢和蝗虫等）在上午都采取背对太阳的姿势，从而身体接收太阳辐射的面积达到最大，身体迅速加热。而当体温上升到一定限度时，又采取面对太阳，减少接收太阳辐射能的有效面积，避免身体过热。在一天最热的时间中，它们往往还采取穿梭于庇荫与阳光之间，以便维持比较稳定的体温。鳞翅目和鞘翅目昆虫的研究结果也表明这种来回穿梭行为对其维持体温保持稳定具有重要的意义。

Edney（1971）研究了沙漠中一种甲虫 *Onymacris rugatipennis* 的体温调节特征。这种甲虫在白天也具有穿梭于阳光与庇荫区域的行为特征。但是，其他昆虫很少出现类似的报道。昆虫身体较小，热惰性较小，因此没有必要采用特殊的行为体温调节机制来维持体温。当然，也有报道表明某些甲虫的体温可超过环境温度 12℃左右。与此相似，*O. brinchki* 的体温也取决于身体吸收太阳辐射能的面积，这种甲虫黑色头部的温度比白色的腹部高 3～4℃。

在某些环境条件下，具有高水平的隔热性往往对动物不利，甚至是危险的，如热带沙漠环境中的各种无脊椎动物。它们往往要面临极为严酷的环境胁迫。为了防止身体过热，在长期的进化过程中产生了各种不同的适应性保护机制。有关该领域研究的详细结果可参见 Louw 和 Seely（1982）的专著。

Heath 和 Wilkin（1970）详细研究了亚利桑那州沙漠中蝉的体温调节特征。这种昆虫可主动选择适宜的生境条件，并将体温维持在 39℃左右，超过外界环境温度。在不同环境温度下，可以主动选择树干的不同部位，维持体温相对稳定，同时对逃避捕食者捕食也具有重要的意义。沙漠中的蜗牛 *Sphincerochila boissert* 面临更为严酷的环境胁迫，它们往往要暴露在炎热的沙漠环境中。外界环境温度可高达 60℃，但是蜗牛的体温从不超过 50℃。蜗牛的贝壳可以反射大约 90% 的太阳辐射（Schmidt-Nielsen，1972）。从基底传递到蜗牛的热量也被贝壳的反射作用而阻挡。通过对流散失的热量又可将身体冷却到 43℃。从而使辐射和传导吸收的热量与对流散失的热量保持平衡。

爬行动物最有效的体温调节机制是行为调节。在缺少辐射热源的条件下，爬行动物属于典型的变温动物，体温随环境温度的变化而变化，并且非常接近环境温度。然而，当具有辐射热源时，爬行动物的体温出现显著变化，并且可维持体温机体稳定。在白天，蜥蜴可将体温维持在 34～37℃，并且与环境温度的变化无关。但是到夜间，蜥蜴的体温随环境温度的变化而变化，并且显著低于环境温度。体温降低的程度取决于不同种类身体的热惰性。

爬行动物最简单的行为体温调节是穿梭于阳光和阴暗区域之间。这种行为能相当精确地调节动物的体温，同时也表现出明显的比例控制特征。也就是说，这种体温调节机制能精确地反映出体温出现的偏差。当体温较低时动物可采取姿势调节，增加暴露于阳光下的体表面积，最大限度地吸收太阳能，提高体温。当体温上升到超过动物的正常体温时，动物又可通过改变姿势，减少吸收太阳能的有效面积，降低吸收的热量。当体温进一步升高时，动物将从阳光下返回阴暗区域。姿势变化可有效地改变动物与外界的热交换。

许多爬行动物的体温调节机制不仅涉及精确的行为反应，而且也具有良好的生理机制，如生活在 Galapagos 地区的钝鼻蜥蜴（*Amblyrhynchus cristatus*）。这种蜥蜴在礁石上能将体温维持在大约 37℃。不仅可以提供蜥蜴营养，还可通过改变身体的姿势来改变吸收太阳辐射能，而且当在岩石上通过传导吸收足够的热量后，又可进入水中进行冷却。夜间个体之间还可通过集聚行为（huddling behaviour）来降低热散失，夜间往往有大约 200 只的钝鼻蜥蜴相互集聚在一起，防止体温降低。钝鼻蜥蜴主要取食岛屿附近礁石上的各种海藻。Bartholomew 和 Lasiewski（1965）的研究结果表明，在水中取食藻类时，钝鼻蜥蜴主要通过外周血管收缩、降低心率来减少血液向体表流动，减少身体的热量散失；当动物返回陆地时，心率增加，外周血管扩张，并且背对太阳使体温迅速上升。由于在陆地上，身体回暖的速度比在水中冷却快 2 倍，因此身体冷却明显滞后于身体回暖的速度。钝鼻蜥蜴的体温调节模式很可能代表了爬行动物体温调节的机体模式，即通过循环系统功能的变化而调节身体与外界的热交换。

四、体温调节的生态学意义——代价与利益

深入研究决定外热源动物生理机能达到最佳状态与环境温度之间的关系具有重要的生态学意义。并且在研究阐明外热源动物的生态适应对策时，体温调节模式占有重要的地位，至少在驯化后，大多数外热源动物生理机能达到最佳状态的环境温度范围相当广泛。这里所说的不仅是指动物的生理机能达到最佳，而且也包括动物为维持体温正常所付出的能量代价和由于维持稳定体温所获得的生存适应利益。Huey 和 Stevenson（1979）曾经讨论过在研究生态学和动物地理学问题时，必须研究当温度范围超过动物正常生理机能的耐受范围后，动物的生理特征变化情况，从而才能比较准确地阐明动物的分布特征。

生态位（ecological niche）在阐明动物的生理机能状况与环境温度的关系中具有重要的意义。Porter 等（1973）发展了这一观点，并且引入了气候空间（climate-space）的概念，用于阐明动物生理机能与环境温度之间的关系。在陆生环境中，可以采用四维空间的概念来阐明动物在特定环境条件下的热交换，即辐射强度、大气温度、风和湿度条件。这 4 个环境因子可能构成决定动物分布阻限的主要环境条件。而在水生环境中，其他因子，如溶氧量、盐度等，也可能起着重要作用。这些因子的相互作用，共同决定了动物的生理机能状况，从而决定了动物的生理适应特征。在实际研究中，可能会出现在室内条件下测定的动物气候空间比在野外条件下观察到的实际气候空间大，其原因可能是在野外条件下，其他生态条件，如食物条件、捕食作用、竞争等，都可能显著影响动物的气候空间，从而导致实际气候空间变小。Porter 通过对沙鬣蜥（*Dipsosaurus dorsalis*）的研究提出了沙漠外热源动物气候空间的变化模式。

在野外条件下，沙鬣蜥的体温一般都维持在 38～43℃。当地表温度超过 43℃时，沙鬣蜥要么主动寻找阴暗区域，要么进入洞穴。该模型预测动物的活动模式为一年，大多数时间都在白天活动，每一天取食的时间可能少于 2～3h。每年的 11 月至次年 3 月，由于气温较低，不利于动物活动，沙鬣蜥即在洞穴内处于休眠状态。从春季到 10 月底，沙鬣蜥主要在地面上活动。早晚活动较少。但是如果夏季有较多的阴暗区域，则沙鬣蜥在地表活动的时间也相应增加。这一模型具有良好的预测性。同时，也发现沙鬣蜥的最佳体温接近其上致死温度。这也是大多数外热源动物的特征。

一些捕食蚂蚁的种类，其体温调节特征也与沙鬣蜥相似。许多蚂蚁的最适活动温度在 21～33℃。因此捕食蚂蚁的外热源动物的活动模式也主要与蚂蚁的活动模式相吻合。因此，如果环境温度的季节性变化对捕食者和猎物的活动模式影响不同，那么捕食者的食物组成成分也将随环境温度的变化而变化。

Smith 和 Miller（1973）在研究了两种潮间带的螃蟹的活动模式与环境温度之间的关系后，提出了一种解释外热源动物活动模式的模型，并将这一模型用于解释气候因子对动物数量变化的影响。*Uca pugilator* 主要生活在比较开阔的海岸，缺少庇荫的小生境，这种螃蟹具有筑巢挖洞的习性，并且对环境温度的变化具有明显的行为反应。两种螃蟹 *Uca pugilator* 和 *U. rapax* 对高温的伤害具有不同的行为反应。在高温条件下，*U. pugilator* 主要进入洞穴，而 *U. rapax* 则迅速进入阴暗的小生境。另外生活在开阔区域的 *Uca pugilator* 在阳光下，增加体表反射和蒸发作用。经计算，在夏季太阳辐射较强的条件下，如果没有上述散热机制，*U. pugilator* 的体温可迅速上升到接近致死温度的水平。但是在阴天，气温较低的情况下，*U. pugilator* 可以采取背对太阳的姿势，使体温迅速提高。

五、体温与生理功能

外热源动物主要通过选择特定的环境温度条件，建立并维持特定的体温，并且在这一体温条件下，生理机能效率最高。根据这一观点，在特定环境条件下，外温动物所选择的体温就是其最佳体温。例如，在38℃高温驯化下，某些沙漠蜥蜴取食效率到达最高，因此这一温度也就是它们在自然界中选择的最佳温度。

在导致动物适合度达到最大的各种适应对策中，体温调节对策可能是最有效地适应对策。根据这一假说，外热源动物最佳体温调节对策应该使其能量代价最小，而获得的利益最大，从而使其适合度也达到最大。在自然条件下，环境温度的季节性变化往往会显著改变动物的适应对策，其中之一就是出现季节性驯化。季节性驯化往往可以完全或部分平衡由于环境温度的季节性变化所带来的影响。因此动物的体温也会出现相应的变化。

环境中的食物资源也会显著影响外热源动物的体温调节。在食物短缺时，许多外热源动物的体温往往较低。例如，鲑鱼在正常和饥饿条件下，体温相差4℃。在自然条件下，饥饿的个体往往选择较低的体温。这种对策不仅有利于节约能量，并且动物还可从较低的体温选择中获得更大的生存利益。例如，一般动物在消化和同化食物的过程中，往往都需要较高的温度，在鱼类研究中发现，如果限量喂食，鱼类的生长速率降低。因此同化率与环境温度之间存在着极为复杂的相互关系。在低温条件下，动物不仅用于维持的能量减少，而且用于生长发育的能量也减少。因此，一般外热源动物在饥饿条件下，往往选择较低的环境温度。

在自然界，许多外热源动物的食物资源具有显著的季节性变化。储存食物的能力对动物的生存适应具有重要的意义。在低温条件下，大多数外热源动物的体温都显著降低，同时代谢率也显著降低，延长存活的时间。这种对策在温带类群中十分明显，如一些两栖类和鱼类。它们往往在低温条件下进入休眠状态，代谢率降低到最低限度。当环境条件有利时，再从休眠过程中觉醒。有关外热源动物的休眠涉及许多内分泌激素和/或神经调节机制，我们将在后面章节再详细讨论。这里我们主要讨论在休眠过程中，动物体内能量的分配情况。动物休眠有利于节约能量，在动物休眠过程中，如果环境温度暂时升高，动物也将维持低水平的代谢率。

对绝大多数外热源动物在自然条件下的体温调节特征，目前还缺乏详细的研究。因此，关于温度如何影响外热源动物生活史及其对策，还缺乏详细的资料。所以，研究外热源动物的体温变化情况可能是进一步了解其生活史最重要的方法。

六、内热源动物

鸟类和哺乳类是典型的内热源动物。它们具有复杂的生理和神经机制从而可精确调节体温，维持核温保持恒定。在一定的条件下，某些大型昆虫、鱼类和爬行动物也具有较强的内热源动物的特征。

一般来说，内热源动物的体温调节都涉及以下几个方面：内热源动物都具有较强的代谢产热能力；有效的隔热机制，发达的隔热层。内热源动物热能的主要来源是细胞的有氧氧化，即线粒体对底物的氧化。体内完全氧化一分子葡萄糖所释放出的能量与其在空气中完全燃烧所释放出的能量相等。但是在细胞中，氧化作用所释放出的能量主要储存在 ATP 分子中的高能磷酸键中，只有一部分氧化能以热的形式释放出来。由于线粒体的呼吸速率主要取决于线粒体中 ADP 和无机磷酸的浓度。在缺少 ADP 时，线粒体的呼吸速率降低 90%。因此，线粒体的氧化速率与细胞内 ADP、ATP 和无机磷酸的浓度密切相关。在氧化能力较强的细胞中，ATP 合成速率也较高，线粒体的呼吸速率也较高。

细胞做功时，伴随有 ATP 水解。然而 ATP 水解释放出的能量很少。但是，有部分 ATP 水解时并不伴随细胞做功，因此这一部分 ATP 高能磷酸键中的能量完全以热能的形式释放出来（图 4.4）。内热源动物细胞中存在着几种不同的产热机制。在调节体温的过程中，所有这些途径不仅取决于细胞的氧化能力，而且也取决于组织的热传导。由于内热源动物具有较高水平的维持代谢能，因此，只要环境中食物资源丰富，动物就能通过复杂的反馈机制维持体温保持稳定。

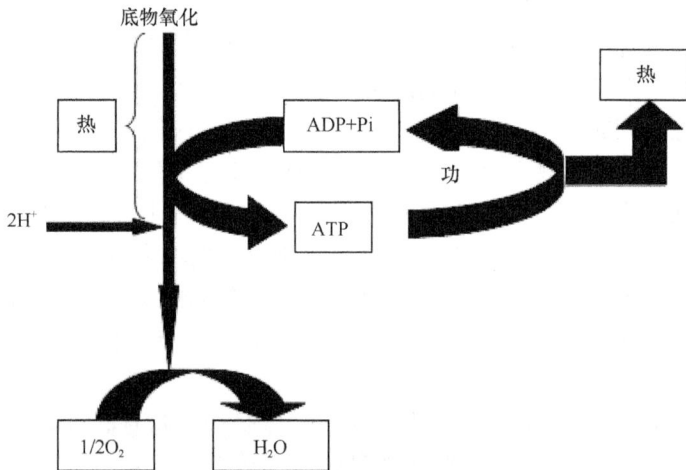

图 4.4 细胞有氧氧化产热示意图

七、动物的体温范围

绝大多数内热源动物的体温都保持在35~45℃，同时，一些具有明显内温性特征的外热源动物的体温变化范围也在35~45℃。这很可能与进化因素有关，但是确切原因现在还不清楚。

从进化的观点来看，高而稳定的体温在进化中是否有利，现在还不十分清楚。如果高体温对动物的生存有利，那么在恒温动物进化的初期，很可能经历了一个环境温度较高的时期。在高温条件下，动物往往可以通过调节辐射、对流和传导等途径来调节散射的热量，形成了效率很高的负反馈调节机制。如果动物与环境的热交换为正值，那么动物只有通过蒸发水分进行散热。即当环境温度高于体温时，动物只有通蒸发失水进行体温调节，因此变温动物的体温大多数在25~30℃。但是，也存在不同的看法。一般动物的体温高于环境温度时，对动物的生存往往有利。此时细胞的代谢活性增强。因为在较高体温条件下，变温动物细胞代谢活性也随之增强，对环境变化的反应速度也增强。体温较高的条件下，细胞内各种酶活性相应增强；同时，在较高体温条件下，神经系统和内分泌系统的活性也相应增强，信息传递速度加快，效率提高，最终表现为个体的整体适应能力增强，出现复杂的行为模式及生理调节特征。所以在一定范围内，变温动物所选择的体温尽可能高，对有机体的生存十分有利。

另外一种观点认为，有机体内的各种生化反应都是在水中进行的。水的理化特征可能对有机体的生理功能产生巨大的影响。水的许多理化特征都与温度密切相关，往往在0~100℃出现剧烈的变化。例如，水在不同温度条件下，有结冰、汽化和渗透性变化等非线性特征。而这些变化的中值并非50℃，而是37℃。在37℃条件下，水的理化特征具有最典型的液态性。Paul等（1978）指出，在35℃时，水的比热（specific heat）最低。所以，在这一温度范围内，热量交换的细微变化都会引起水的热稳定性出现显著变化。因此，认为35~40℃是细胞内理化特性最稳定的温度范围，也是大多数动物选择的体温变化范围。然而，这一假说忽视了许多动物的体温往往低于37℃，然而并没有出现任何不适应的现象（Opler，1974）。

八、内温性昆虫

昆虫中已发现许多种类具有典型的内温动物的特征，依次为蜻蜓、蝈蝈、蜜蜂、胡蜂、甲壳虫、蛾和蝴蝶（May，1979）。其中大多数种类的产热主要来自胸部的飞翔肌。昆虫的飞翔肌是有氧代谢能力最强的组织。在飞翔时的产热量大约等于有机体总产热量的25%。因此昆虫可以通过飞翔肌产生的热量来调节体温。

但是，飞翔肌产热作用对体温的影响，往往还与身体大小有关。许多小型昆虫，如蝇和蚊子等，由于身体较小，飞翔肌产生的热量很快就散失到环境中去。所以尽管这些种类在飞翔时，飞翔肌也能产生大量的热，但是它们的体温仍然与环境温度相似。一般只有体重超过 100mg 的昆虫，才能在飞翔时维持较高的体温。当然，大型昆虫体表附属物，如鳞片、毛等结构，也能有效地提高体表隔热性。

九、昆虫的预热机制

大型昆虫在飞翔时，飞翔肌具有较高的温度也是维持飞翔能力的重要条件。因此飞翔时，昆虫胸部的温度显著升高，而且在低温环境下，昆虫往往具有有效的预热机制，保证飞翔肌的温度保持在一定水平。这种预热机制主要包括两种途径：肌肉的颤抖（shivering）和底物的无效循环（futile cycling）。

自然条件下，许多昆虫在开始飞翔时，均出现低频振翅现象，其目的在于预热飞翔肌，但是腹部温度并不出现显著变化。在低频振翅过程中，昆虫胸部肌肉温度上升的速率为 $1\sim8℃/min$，并且与环境温度无关；由于胸部肌肉主要通过等张收缩（tetamilike）进行产热，因此振翅现象也主要表现为低频振翅，有的种类甚至不出现明显的振翅运动，表现出产热与活动解偶联。

在正常飞行时，控制翅上举和下压的两组肌肉交替收缩和舒张，而在预热时，两组肌肉同时受刺激，均处于不同程度的收缩状态，因此翅的活动性降低。目前关于昆虫预热过程中控制肌肉活动的神经机制还不清楚，但是昆虫在预热时的代谢率与飞翔时相似，表现出明显的内温性特征。

另外一种预热机制是代谢底物的无效循环。这种形式的产热具有非颤抖性产热（nonshivering thermogenesis，NST）的特征（Hochachka，1974）。在糖酵解（glycolysis）过程中，磷酸果糖激酶（phosphofructokinase，PFK）的作用下，6-磷酸果糖（fructose-6-phosphate）和 ATP 作用生成 1,6-二磷酸果糖（fructose-1,6-bisphosphate），其中 PFK 是调节这一反应的关键酶。在大多数细胞中，这两种酶的活性并不一致，并且受到细胞内 AMP 的调节，PFK 受细胞中 AMP 激活，而FBP 受 AMP 抑制。在正常细胞中，由于 AMP 水平较高，抑制了 FBP 的活性，因此 1,6-二磷酸果糖生成 6-磷酸果糖的反应无效循环受到抑制。

昆虫飞翔肌细胞中，PFK 和 FBP 的活性均较高，而且 AMP 对 FBP 的抑制作用并不显著。因此，糖酵解后出现明显的无效循环。经过计算，昆虫飞翔肌细胞中，无效循环的效率大约为 10J/min，相当于完全氧化 1 分子 1,6-二磷酸果糖所释放出的能量。所以，昆虫飞翔肌细胞为了满足 PFK 分解作用和以后磷酸化作用的需要，必须具有更为有效的合成 ATP 的途径。

一般认为，飞翔肌细胞中的无效循环仅在低温条件下才是一种有效的产热途径。在环境温度较高时，无效循环即停止。飞翔肌主要进行颤抖性产热。飞翔肌颤抖强度主要取决于肌质网释放 Ca^{2+} 的强度。同时飞翔肌细胞中 FBP 的活性强烈受到 Ca^{2+} 抑制。因此在肌肉收缩时，无效循环也就相应停止。由 PFK 催化形成的 6-磷酸果糖进入 TCA 完全氧化。

某些昆虫（蜜蜂等）在飞翔过程中，具有内温动物的特征，而在飞行间隙中，则以肌肉颤抖来维持胸部较高的温度。在静止时，代谢率仍然与环境温度呈负相关关系。这种特征与典型的外热源动物相反。

十、飞行时的体温调节

昆虫前胸部的温度具有物种特异性，并且与环境温度无关。大型昆虫在飞行时，胸部的温度显著升高。但是关于昆虫在飞行中如何调节胸部的体温，现在还不清楚。有的种类，如天蛾，在飞行过程中体温相当稳定，因此至少大型昆虫在飞行过程中具有较强的体温调节能力。另外，在高温环境中，大型昆虫，尤其是那些胸部具有良好隔热性的种类必然具有良好的体温调节机制，否则，将出现过热的危险。所以，昆虫在飞行时的体温调节特征是其重要的生理生态特征。

昆虫在飞行过程中的代消耗不仅与身体的能量需求有关，而且受到空气动力学特征的限制。热能调节不仅涉及产热机制的效率，而且必须具有良好的散热机制。例如，蛾和大黄蜂（bumblebee）腹部的隔热性很低，是飞行时散热的重要通道。Heinirch（1976）的研究结果表明，大黄蜂在低温环境中预热或/和飞行时，胸部的产热可能经过血淋巴液迅速传递到腹部。因此这类昆虫的体内具有与高等恒温动物相类似的逆流热交换系统，防止胸部热量的散失。当具有过热胁迫时，又通过效能系统的调节，使胸部的热量可以迅速通过腹部散失到环境中去。大黄蜂的这种有效的热交换很可能位于胸部与腹部交界的腹柄（petiole）区域。由于昆虫体表对水的渗透性很低，因此大多数昆虫都不可能通过体表水分蒸发来进行体温调节。

目前，内温性昆虫的产热调节机制仍然不完全清楚。肌肉颤抖的神经控制途径可能与飞行前相似。Hanegan 和 Heath（1970）的研究结果表明加热或冷却蛾（*Hyalophora cecropia*）的胸部神经节，将影响昆虫飞行前的预热反应。冷却神经节将导致昆虫出现预热反应，停止飞行，并且反应与环境温度无关。这一结果表明当昆虫胸部温度低于调制点（set-point）温度时，昆虫出现预热反应。然而，当昆虫体温低于调制点时，预热并不能有效地导致肌肉温度升高。当胸部的温度高于调制点温度时，温度变化明显刺激循环系统的变化，导致腹柄出现强烈的蒸发反应。例如，*Manduca sexta* 的循环系统在过热条件下，腹部循环系统出现明显有利于散热的反应。

十一、蜜蜂婚飞群（honeybee swarm）的产热调节

Heinrtch 通过一系列实验研究后指出，蜜蜂不仅在个体水平能进行体温调节，而且在群体水平上也具有明显的体温调节特征。最近研究结果表明，蜜蜂群的大小显著与环境温度相关。在不同环境温度下，蜂群核心温度通常维持在 35～36℃，而蜂群表面的温度通常随环境温度的变化而变化。例如，当环境温度在 1～16℃时，蜂群表面温度则为 15～21℃。但是当环境温度高于 16℃后，蜂群表面温度通常维持在高于环境温度 2～3℃的水平。

蜂群的体积随环境温度的升高而增加。在高温条件下，蜂群内部空气通道较多，保证了对流热交换的正常进行。而在低温条件下，蜂群密度较高，个体散热减少，结果导致蜂群总散热量减少。蜂群核心部分的温度仍然维持在 35℃左右。蜂群表面的个体则主要通过颤抖性产热防止体温降低，维持聚群状态。由于在低温条件下，蜂群内部的空气通道大多数都处于关闭状态，因此，蜂群表面的温度调节对维持蜂群的存在具有重要意义。

蜂群体温调节模式的生态学意义与寻找新巢址密切相关。如果蜜蜂的体温低于 15℃时，将失去结群的能力，同时也丧失飞翔能力。因此蜂群的温度保持在 35℃左右，也有利于维持蜜蜂具有良好的飞翔能力，以便寻找新的巢址。另外，只有位于蜂群表面的个体利用颤抖性产热进行体温调节，因此只有这些个体才能将食物中的能量用于体温调节。Southwick（1983）也发现蜜蜂在越冬时，也以聚群的形式进行体温调节。此时结群作用形成一个"超生物个体"（superorganism），其耗氧量与体重为 1.5kg 的哺乳动物相近。因此，结群蜜蜂的体温调节与恒温动物相似。所以，在低温条件下，蜂群代谢率增加，这一特征与其他外温性昆虫不同。

十二、内温性昆虫的生态适应特征

大多数昆虫保持内温性特征往往是暂时的。并且只有在保持良好的活动状态和食物资源丰富的条件下才能保持内温性。一般来说，昆虫在低温下维持内温性，需要消耗大量的能量，相应食物需求也要增加。例如，大黄蜂在低温下觅食所消耗的能量为 2mg 糖类物质分子，而且只有在低温下才消耗如此高的觅食能量。

Heinrich 和 Bartholomew（1970）研究了非洲的甲虫维持内温性的生态学意义。在较高的体温条件下，这种甲虫觅食新鲜粪便的效率也显著增加。在大约 40℃时，这种甲虫所采集的粪球较大，同时将粪球滚动到巢穴的速度也较快。而在体温降低时，它可以迅速进入粪球，摄取能量，补偿低温热量丧失。窃取其他个体的粪球，以及种内竞争的出现也在相当大的程度上取决于体温状况，通常具有较高体温的个体往往在竞争中取胜。其原因在于甲虫的活动能力主要受到肌肉温度的

限制，在一定范围内，肌肉的温度越高，活动能力也就越强。甲虫在取食粪团时，往往需要维持较高的体温，此时肌肉的颤抖性产热可能是维持体温的主要热源。因此只有较高的体温个体，才能在竞争中取胜。关于昆虫的内源性产热的详细论述可以参见 Heinrich（1981）。

十三、内热源的鱼类

在游泳时，鲑鱼和某些鲨鱼可以维持体温高于水温（Carey et al.，1971）。一般来说，鱼类的鳃虽然是一种高效气体交换装置，但同时也是一个重要的散热器官。因此，鱼类血液温度往往与水温处于一种平行状态。所以，鱼类维持体温高于水温的情况并不多见。

通常，决定鲑鱼体温出现区域性变化的主要因素有以下几个方面：①一般鲑鱼的代谢产热能力比与之身体大小相近的其他硬骨鱼类高；②它们的气体交换系统中，具有精细的热循环机制，可以在一定程度上显著降低热丧失。另外，鲑鱼的个体较大，热惰性较强等（Stevens and Dizon，1982）。

在游泳过程中，鲑鱼具有较高的代谢产热能力主要与其分布于身体两侧的发达的红肌有关。一般来说，红肌细胞中的肌红蛋白和其他氧化酶的含量较高，有氧代谢能力较强。具有快速游泳能力的种类，红肌的含量也相应较高，因此，连续游泳的能力也较强。与此相反，具有阵发性游泳能力的种类，往往白肌含量较高，具有较强的无氧代谢能力。

红肌具有较强的保存热量的能力主要与其具有丰富的血液供应有关。通常身体两侧的红肌有 4 对沿皮下分布的动静脉，以供应红肌充足的氧。这种血管分布与一般硬骨鱼类的显著不同，后者体壁肌肉的血管主要从背大动脉辐射分布。因此，从红肌返回心脏的血液主要通过皮下静脉，而与其他硬骨鱼类通过中央的后心静脉返回心脏不同。鲑鱼血管系统的分布特征导致小动脉和小静脉之间形成热交换系统，且相互并行，在静脉血离开肌肉时，先与动脉血液进行热交换，加热后的静脉血再回心脏。可见，这种结构精细的逆流热交换系统对维持体温稳定具有重要的意义。

某些大型鲑鱼中，这种动静脉网在背侧和腹侧的红肌中分两层排列。而小型种类仅存在于脊柱下方。通过这种动静脉网后，大约有 90% 热量可以保存下来。在其他硬骨鱼类中，也有类似的报道。鲑鱼的身体核部温度与体表存在显著的温度梯度。红肌的温度最高，不过附近白肌的温度也较水温高。动静脉耦合网也存在于某些重要的内脏器官、眼及脑的附近区域。因此这些区域也可以维持高于水温的温度。

对鲑鱼肌肉温度与环境温度之间的关系的研究表明，肌肉的温度随环境温度的降低而降低，但是在蓝鳍鲑中，体温与环境温度之间的变化关系显著与其他鲑鱼不同。造成这种现象的原因是蓝鳍鲑个体较大，因此热惰性也较强。尤其是个体较大的鲑鱼，这种情况更为明显，热惰性对维持体温稳定具有重要的意义。所以在环境温度出现剧烈变化时，个体较大的鲑鱼，其体温往往变化较小，或者环境温度的变化并不影响鲑鱼的体温。另外，鲑鱼还可以通过行为体温调节，选择适宜正常游泳状况的温度条件。

具有内温性特征的鲑鱼具有重要的适应意义，它们往往在低温下可以保持肌肉良好的收缩性能。另外，在剧烈运动后恢复时间也较短。同时可以缩短两次剧烈运动之间的时间间隔。这些特征均对斑块状分布的食物条件具有良好的适应性。维持内温性，有利于维持肌肉的最佳活动温度，维持肌肉的高水平氧化活性，提高线粒体的氧化能力。

十四、内温性爬行动物

与鲑鱼的内温性相似，许多大型水生爬行动物也具有由内温性所导致的体内异温分布的特征（Mrosovsky，1980）。在游泳过程中，肌肉的活动导致局部体温上升，有时甚至可以高出环境温度 18℃左右。尽管关于爬行动物的研究远不及鲑鱼的研究，但是，很清楚影响爬行动物内温性特征主要涉及两方面的因素，其一是肌肉具有较高的代谢率和具有相应逆流热交换机制。其二是由于这些动物往往身体较大，具有比其他爬行动物较高的隔热性，热惰性较强。例如，一种水生龟（leatherback turtle）的 k 值为 0.002℃/min，显著低于鱼类的值。具有内温性的水生爬行动物对提高其游泳能力具有重要的意义，因此这些种类往往具有长距离迁移的能力。

另外，具有典型的内温性的爬行动物还有蟒蛇（python）。这种蛇类在孵卵时，可以不断通过肌肉痉挛性收缩（spasmodic contraction）产热来加热卵，从而达到加速孵化。在环境温度低于 33℃时，这种蟒蛇可以通过肌肉痉挛产热而将体温维持在高于环境温度 7℃的条件下孵卵，从而导致代谢率增加 9 倍以上。由此可见，由于内温性的出现，动物用于体温调节的能量显著增加，即体温调节价显著增加。

一般来说，蜥蜴的热传导较高，因此机体的代谢产热将迅速通过皮肤丧失到环境中去。大型蜥蜴的活动代谢率增加，同时，身体的热惰性较高，因此在活动时通常可以维持一定程度的内温性，而将体温维持在高于环境温度 1～2℃的水平。

总之，几乎所动物多环境温度的变化都具有明显的代谢反应。但是，外热源动物往往缺乏像鸟类和哺乳类所具有的对体温进行精确调节的生理机制和能力，但是，并不能认为它们对生存环境不适应，或适应性降低，也并不能认为外热源动物是一种内温进化的失败者。因为外热源的产热调节对策也是一种成功的进化对策，这种对策可以占领那些鸟类和哺乳类不能占据的生态位。

外温动物的代谢率往往较内温性动物如鸟类和哺乳类的低，这就意味着外热源动物的能量消耗较内热源动物低。例如，蜥蜴在一年中所消耗的能量仅仅为与之身体大小相似的内热源动物所消耗能量的 5%。这种能量消耗相对较低的进化对策就需要具有特殊捕食模式与之相适应。许多食肉性外热源动物，如蜘蛛、蛇类等，往往采取守候（site-and-wait）的捕食对策，而并不采用鸟类和哺乳类所采用的耗能较高的觅食行为。同时，外热源动物往往具有较强的耐受饥饿的能力，而哺乳动物和鸟类耐受饥饿的能力相对较低。另外，由于外热源动物的代谢产热能力相对较低，但是它们对食物同化率较高，通常可以达到 40%，即可以消耗吸收食物中大约 40%的能量，并将其转化为生物量。同化率较高可能是导致外热源动物生长可塑性较高的重要原因。

在外热源动物中，代谢产热主要通过体表散热到环境中，所以体表面积与产热组织器官重量之比是决定外热源动物体温的关键因素，这也就是为什么内热源动物的身体不可能很小的重要原因。但是，外热源动物的产热调节并不受到体表面积规律的限制，所以外热源动物的身体可以很小，同时，身体形态特征变化相当大。因此在各种不同分类单元中，外热源动物的身体形态特征变化比内热源动物大得多，如蠕虫状、鳗形或蛇形等，而在鸟类和哺乳类中不可能存在这些类型的身体形态。

参 考 文 献

Bakken GS, Santee WR, Erskine DJ. 1985. Operative and standard operative temperature: tools for thermal energetics studies. Am. Zool. , 25: 933-943.

Bartholomew GA, Lasiewski RC. 1965. Heating and cooling rates, heart rate and simulated diving in the Galapagos marine iguana. Comparative Biochemistry and Physiology, 16: 573-582.

Carey FG, Teal JM, Kanwisher JW. 1971. Warm-bodied fish. American Zoologist, 11: 137-143.

Edney EB. 1971. Some aspects of water balance in tenebrionid beetles and a thysanuran from the Namib Desert of southern Africa. Physiological Zoology, 44(2): 61-76.

Ellis HI. 1980. Metabolism and solar radiation in dark and white herons in hot climates. Physiol. Zool. , 53: 358-372.

Gagge AP. 1940. Standard operative temperature, a generalized temperature scale, applicable to direct and partitional calorimetry. Amer. J. Physiol. , 131: 93-103.

Hanegan JL, Heath JE. 1970. Temperature dependence of the neural control of the moth flight system. J. Exp. Biol, 53: 629-639.

Heath JE, Wilkin PJ. 1970. Temperature responses of the desert cicada, *Diceroprocta apache*(Homoptera, Cicadidae). Physiological Zoology, 43(3): 145-154.

Heinrich B. 1976. The foraging specializations of individual bumblebees. Ecological Monographs, 46(2): 105-128.

Heinrich B. 1981. The mechanisms and energetics of honeybee swarm temperature regulation. Journal of Experimental Biology, 91: 25-55.

Heinrich B, Bartholomew GA. 1970. An analysis of pre-flight warm-up in the sphinx moth, *Manduca sexta*. Journal of Experimental Biology, 55: 223-239.

Hochachka PW. 1974. Regulation of heat production at the cellular level. Federation proceedings, 33:

2162-2169.

Huey RB, Stevenson RD. 1979. Integrating thermal physiology and ecology of ectotherms: a discussion of approaches. American Zoologist, 19: 357-366.

Louw G, Seely M. 1982. Ecology of desert organisms. Journal of Applied Ecology, 29(3-4): 407-421.

Magnuson JJ, Crowder LB, Medvick PA. 1979. Temperature as an ecological resource. Ameri. Zool. , 19: 331-343.

May ML. 1979. Insect thermoregulation. Annual Review of Entomology, 24: 313-349.

Mrosovsky N. 1980. Thermal biology of sea turtles. American Zoologist, 20: 531-547.

Norris KS. 1963. The functions of temperature in the ecology of the percoid fish *Girella nigricans*(Ayres). Ecological Monographs, 33(1): 23-62.

Opler PA. 1974. Oaks as evolutionary islands for leaf-mining insects: the evolution and extinction of phytophagous insects is determined by an ecological balance between species diversity and area of host occupation. American Scientist, 62(1): 67-73.

Paul M, Picot B, Nava R. 1978. Specific heat of smoky quartz. Physics Letters A, 66: 389-391.

Porter WP, Mitchell JW, Beckman WA. 1973. Behavioral implications of mechanistic ecology. Oecologia, 13: 1-54.

Reynolds WW, Casterlin ME. 1979. Behavioral thermoregulation and the "final preferendum" paradigm. Ameri. Zool. , 19: 211-224.

Roberts RB. 1979. Spectrophotometric analysis of sugars produced by plants and harvested by insects. Journal of Apicultural Research, 18: 191-195.

Schmidt-Nielsen K. 1972. Locomotion: energy cost of swimming, flying, and running. Science, 177: 222-228.

Smith WK, Miller PC. 1973. The thermal ecology of two south Florida fiddler crabs: *Uca rapax* Smith and *U. pugilator* Bosc. Physiological Zoology, 46(3): 186-207.

Southwick EE. 1983. The honey bee cluster as a homeothermic superorganism. Comparative Biochemistry and Physiology, 75: 641-645.

Stevens DE, Dizon AE. 1982. Energetics of locomotion in warm-bodied fish. Annual Review of Physiology, 44: 121-131.

Walsberg GE, Weathers WW. 1986. A simple technique for estimating operative environmental temperature. J. Therm. Biol. , 11: 67-72.

第五章 哺乳动物产热和体温调节机制

在环境温度变化无常的条件下，啮齿动物和其他恒温动物能够利用各种不同的产热效应器维持体温保持恒定。中枢神经系统，尤其是脑干背侧的神经元在维持恒温动物体温恒定中起着极为重要的作用。在热中性温度下，恒温动物的体温调节过程包括两个主要的平衡过程：①基础产热；②外周血管活动的调节（如皮肤学流量调节）。在热中性区外，环境温度的升高或降低都会激活散热或/和产热效应器出现相应的反应。

一般认为，哺乳动物在其生活史中的大部分时间内都生活在非热中性环境温度条件下，尤其是大多数野生哺乳动物，它们的生存环境具有复杂的变化，许多环境因子都表现出明显的昼夜和季节性变化。尤其是在冬季，往往受到低温、食物短缺等胁迫因子的作用，以及夏季干旱、高温的影响。因此维持体温稳定成为哺乳动物等内温动物的重要生存对策。本章力图从不同组织层次对哺乳动物的产热调节机制作一较为全面的介绍。

一、外周血管的活动状况

对流、传导和辐射失热，称为干性失热，也称为牛顿失热（Newtonian heat loss）。这类失热很难通过主观感觉感受到。干性失热的多少主要通过外周血管的调节状况（peripheral vasomotor tone，PVMT）来调节。干性失热即为身体核部血液被外周组织冷却的过程。中枢神经系统调节毛细血管前括约肌（sphinc-ters）和动静脉吻合（arteriovenous anastomoses，AVAS）结构平滑肌的舒缩状态来调节外周血管的血流量。干性失热在裸露无毛的部位，如眼、鼻、耳、四肢和尾等部位极为有效。然而 PVMT 的调节不仅与温度刺激有关，而且与其他一些复杂的生理因素有关，如血压、组织耗氧量和活动状况等有关，其中任何一个因素的变化都会影响 PVMT 和失热状况。

1. 尾部 PVMT 的反射调节

与利用 PVMT 进行干性失热调节相适应，啮齿动物的体温调节系统出现了各种不同的形态生理适应特征。在这些特殊的适应特征中，大白鼠尾部的结构特征是一个最好的例子。大白鼠为了进行有效的热交换，尾部产生了一些特殊的生理和形态特征：①裸露无毛；②血管供应丰富，AVAS 密度高，因此，在高温胁迫时血流量大幅度增加；③具有较高的体表面积、体积比。尾部表面积约占总体表面的 7%，增加散热率。大白鼠出生时尾部缺少肾上腺神经末梢。尾部的交感神经对血管的支配作用一直到出生后 6 周才迅速形成。尾部非肾上腺能神经的胚后发育情况表明，尾部血管活动的神经调节与环境因素的影响有关，如温度驯化。目前，关于啮齿动物尾部血管和神经解剖已有详细的报道（Young，Dawson，1982）。

大白鼠和小白鼠的尾部在其体温调节中具有重要的作用。例如，切断尾部，可降低热耐受能力；用刺激产热的药物处理动物后，体温升高；在冷驯化时，大白鼠和小白鼠尾部的生长受到抑制。在低温环境条件下，尾部缩短，体表面积下降，利于降低干性失热；相反，在高温环境中，尾部较长，利于散热。

尾部的 PVMT 对环境温度变化极为敏感。在室温条件下（20～25℃），尾部的血流量接近于零；当温度高于临界温度时，血流量呈指数增加，可达到基础值的 10 倍以上。尾部血管扩张时，血液主要通过毛细血管和 AVAS 从腹动脉流向侧静脉。控制 AVAS 血流量主要通过交感神经控制肌肉舒缩状态来实现。在温度保持不变的条件下，突然升高尾部的温度可导致尾部血流量增加。然而，由于尾部血液流向是从腹部流向两侧。因此在测定过程中，温度探针的部位特别重要。另外，在血管扩张时，尾部背侧的温度可能低于两侧的温度。

导致尾部血管扩张的临界温度范围在 29～30℃。在稳定条件下，尾部的失热量可达到 BMR 的 25%。尾部的失热量与皮肤——环境温度梯度的大小呈比例。所以，当环境温度升高时，失热也是下降。有趣的是，尾部血管扩张导致血流量增加是一个明显的动态过程，并具有节律性和脉动性的特征。例如，大白鼠在高于临界温度（29～33℃）条件时，尾部血管出现周期性扩张和收缩，其周期大约为 20min。许多内温动物的皮肤温度都表现出周期性变化，这种周期性变化可能对维持热稳态具有重要的意义。在大多数温度条件下，尾部皮肤温度高于环境温度，因此增加尾部的血流量有利于散热。然而如果环境温度高于尾部皮肤温度，尾部吸热增加。此时血流量增加导致身体热负载增加。Raman 等（1987）发现当环境温度达到 35℃时，尾部血流量达到最大，然后随温度的上升而下降（图 5.1），从而减少尾部从环境中吸收的热量，与人体在高温环境中减少外周吸热时 PVMT 出现的反应相似。

大白鼠在麻醉状态下，核温可以维持在 39.5℃。尾部皮肤温度高于 36℃时，血流量下降。而当环境温度达到 41℃时，热诱导血管收缩作用最低；44℃时血管收缩作用又增强。这种反应不仅在完整尾部可以见到，而且去神经后也具有相同的反应。因此，很可能还存在有其他调节尾部血管活动的保护性机制。另外，当环境温度达到 44℃时，体内血液温度大约比尾部皮肤温度低 4℃，并且已非常接近细胞的死亡温度。因此增加尾部皮肤的血流量实际上具有"冷却"尾部的作用，是防止热损伤的一种保护机制。

大白鼠在清醒状态下，随环境温度的升高，尾部血管扩张，与保持核温基本不变有关。而尾部血管对温度变化出现的反应又在很大程度上取决于外周温度感受器的活性。从另外一方面来看，使用刺激代谢的药物处理动物或锻炼，被动提高动物的核温等，都可诱导尾部的 PVMT 升高。大白鼠出现尾部血管扩张的临界温度范围一般在 37～39.8℃。关于这方面的研究详见 Gordon（1993）。目前，虽然关于尾部血管扩张的临界核温研究还不多见，但是环境温度很可能起着极为重要的调节作用。

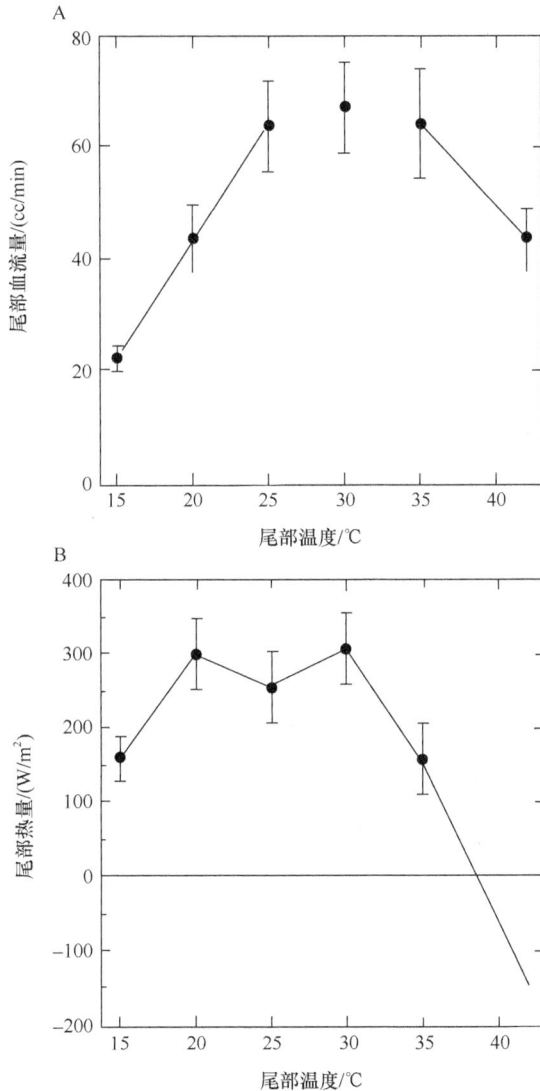

图 5.1　大白鼠核温维持在 39℃时，尾部温度和血流量之间的关系（Raman et al.，1987）尾部最大血流量出现在 30～35℃，随环境温度进一步升高，血流量下降。注意当环境温度达到 42℃时，热流为负值

关于其他啮齿动物尾部血管 PVMT 变化已有一些报道。采用无线电频谱器（radio-frequency，RF）加热小白鼠，其尾部血流量增加。不过目前对小白鼠尾部 PVMT 的生理调节机制的了解还甚少。长爪沙鼠虽然具有较长的尾部，然而在环境温度升高时，其尾部的血流量增加并不明显。利用红外线成像技术研究表明，长爪沙鼠有相当广泛的温度范围（–10～35℃），故对其体表温度的调节能力都比较低。在这种动物的体温调节机制中，很可能缺少 PVMT 的反射调节机制，从而为进一步研究心血管系统与体温调节系统的整合机制提供了极为有趣的动物模型。

2. 四肢和耳郭的 PVMT

啮齿动物的四肢和耳郭具有良好的血液供应，它们是啮齿动物有效散热的"窗口"。豚鼠耳郭具有丰富的动静脉吻合结构（AVA），能在核温超过 39℃时出现明显的血管扩张，利于散热。当豚鼠体温为 39.2℃而进入过热状态时，耳郭毛细血管突然收缩。除此之外，关于豚鼠 PVMT 在体温调节中的作用了解甚少。有趣的是，大白鼠的耳郭缺少 AVA，并在整体加热或锻炼时，并不出现耳郭血管的收缩反应。沙鼠的耳郭也是很少出现通过增强 PVMT 来进行体温调节的现象。

大白鼠四肢和背部表面积比尾部的大，约为总体表面积的 10%。锻炼或用诱导高体温药物处理及热胁迫时，四肢掌部血管扩张似乎与尾部血管扩张同时出现。然而在热胁迫和动物自由活动状态下，采用传统的测量技术来记录掌部皮肤温度是非常困难的。目前采用红外线摄影技术（IR）可以很方便地记录到身体各个部位皮肤温度的变化情况。因此极大地促进了对动物进行热交换途径和机制的研究。

整体热传导可以作为测定 PVMT 的一个指标。在环境温度高于 LCT 时，热传导增加。环境温度的变化导致热传导增加，很可能表明 PVMT 的临界温度出现变化，为比较不同物种干性失热的敏感性提供了一种有用的途径。例如，小白鼠热传导增加的临界环境温度在不明显改变蒸发失热为 25℃，金仓鼠为 28～30℃，Fischer 大白鼠为 30～32℃，豚鼠约为 30℃。

3. 冷诱导血管扩张

将大白鼠尾部浸入冰水中，尾部皮肤温度下降，血管扩张，并在环境温度达到 1.5℃浸泡 3.2min 时达到最大。冷诱导血管扩张（CIVD）似乎与人体手指冷暴露时出现经典的 Lewis "不规则反应"（hunting response）相似，并且在浸没 30min 内，CIVD 增加与环境温度之间具有良好的线性关系。而且离体尾部动脉血管也出现 CIVD，不过离体动脉出现 CIVD 比整体出现的时间长。体外研究表明，冷诱导尾部血管收缩与平滑肌对 NE 反应增强有关，而 CIVD 主要与刺激血管收缩的神经肽类递质分泌减少有关。

二、代谢（调节）产热

内温动物的代谢产热可以分为专性产热和兼性产热。专性产热或基础产热主要用于维持在 TNZ 条件下的热稳态。兼性产热包括在低于 TNZ 环境温度条件下维持热稳态所需要的产热，这部分产热又可分为颤抖性产热（ST）和非颤抖性产热（NST）。

如同第三章讨论的那样，小型哺乳动物具有较高的体表面积/体积比，在低温条件下，面临热量大量丧失。因此必须具有更大比例的兼性产热才能维持体温正常。另外，由于啮齿动物身体较小，不可能利用增加过多的皮毛来增加隔热性，因此进一步导致兼性产热增强。

1. 颤抖性产热

大型哺乳动物，包括人类，在低温条件下主要依靠 ST 进行体温调节。啮齿动物也能利用 ST 进行体温调节。但是在持续冷暴露条件下，NST 取代了 ST 作为动物主要的产热来源。关于 NST 下一节还要进一步讨论。这种变化对动物在低温下的生存适应极为有利：①ST 主要出现在外周，因此对提高动物的核温意义较小；②颤抖使动物处于一种不适状态，并且在骨骼肌进行颤抖时，就不可能有效地进行其他运动性活动；③颤抖可进一步增加失热，这对小型哺乳动物尤为明显，因此进一步降低了 ST 的效率。自从 1955 年，Davis 和 Mayer 首先报道了 ST 和 NST 之间存在着极为显著的差异以来，关于兼性产热的研究中，颤抖一直被认为是动物进行兼性产热的唯一方式。

用于体温调节的颤抖（shivering）与骨骼肌的战栗（tremor）显著不同。颤抖是骨骼肌以特定频率的节律性振荡（rhythmic oscillation），其频率的大小与动物身体大小呈负相关。冷诱导小白鼠和大白鼠出现颤抖的频率分别为 40Hz 和 31Hz。用震颤素（tremorine，双吡咯烷–丁炔）处理动物后，两种动物出现颤抖的频率相同。尽管现在对颤抖和战栗的机制尚不完全了解，但颤抖的产热作用似乎比战栗更为有效。例如，用有毒化学物质十氯酮（chlordecone，一种杀虫剂）处理大白鼠后，骨骼肌也出现颤抖，但代谢率正常，体温却下降。

在热中性区内驯化的大白鼠和其他啮齿动物，颤抖是一种主要的调节性产热。使用药物选择性阻断 ST 和 NST，可以进一步深入研究两者在体温和产热调节中的作用。将 30℃（热中性区）驯化的大白鼠置于 10℃ 条件下，并用心得安（β-受体拮抗剂）选择性阻断 NST，动物的代谢率下降不明显；而使用甲酚甘油醚（mephenesin，一种肌肉松弛剂）处理动物后，导致冷暴露时的代谢率显著降低（表

5.1）。在热中性区内，甲酚甘油醚对代谢率的影响也不明显。另外，冷驯化的大白鼠在 NST 被阻断时，也可以通过颤抖增加代谢率。这些研究结果表明，在热中性温度驯化的大白鼠，颤抖是一种主要的产热方式。同时，虽然在冷驯化时，动物主要依靠 NST，但在冷暴露时，颤抖仍然是一种可以利用的产热来源。

表 5.1 用心得安和甲酚甘油醚分别处理冷驯化（10℃）大白鼠，并暴露于 10℃ 条件下的代谢反应（Davis and Mayer，1955）

处理	代谢率/ [mlO$_2$/（min·kg$^{0.75}$）]	
	冷驯化	热驯化
对照组		
T_a=10℃	32.2±1.3	32.3±0.8
T_a=30℃	16.4±0.9	14.2±0.5
甲酚甘油组		
T_a=10℃	29.4±0.8	12.0±0.5
T_a=30℃	16.3±0.4	14.3±0.7
心得安组		
T_a=10℃	26.4±1.4	23.3±1.3
T_a=30℃	15.1±1.0	15.7±0.4

大多数实验啮齿动物通常都生活在 20～24℃ 的环境条件下，并且都低于它们的热中性区。在这一温度范围内，大多数啮齿动物都可以利用 ST 和 NST 进行产热和体温调节。例如，激活动物的 ST 和 NST 导致动物出现过热现象。人为加热下丘脑、冷暴露大白鼠的 NST 受到抑制，而 ST 增加。然而，25℃ 驯化后的小白鼠其冷耐受性在很大程度上取决于预先是否用心得安处理过。因此，颤抖性产热并不是一种产热和体温调节主要热源。另外，金仓鼠冷驯化后的体温调节反应并不明显受到心得安处理的影响。总的说来，使用 β-受体阻断 NST、导致 ST 增加的反应似乎具有物种特异性。

关于啮齿动物出现颤抖的临界环境温度的报道并不多见（表 5.2）。颤抖出现的临界温度一般都低于 LCT。冷暴露的大白鼠对颤抖的调控似乎与尾部热感受器的活性密切相关，即颤抖的强度与尾部皮肤温度下降密切相关，而与核温和除尾

表 5.2 实验啮齿动物出现颤抖的临界环境温度（Dawson and Malcolm，1981）

物种	临界 T_a/℃
小白鼠	20
大白鼠	15～20
大白鼠	20
大白鼠	23.5
仓鼠	15

部以外的体表温度变化关系不大。不幸的是关于啮齿动物出现颤抖的临界皮肤温度报道甚少。深入研究啮齿动物身体不同部位温度变化在决定颤抖出现所起的作用具有非常重要的意义。

目前在研究颤抖出现的临界温度时所存在的问题是：①颤抖出现，但肌肉收缩并不明显；②假设啮齿动物与其他大型哺乳动物在肌肉颤抖方面具有某些相似的特征，那么，颤抖可能只出现在某些肌群，其他肌肉的颤抖仅是在冷暴露过程中起到"补充"作用。如果存在这种类型的反应，那么确定颤抖性产热的临界温度就十分困难了。

2. 非颤抖性产热

NST 已成为研究动物体温调节的一个极为重要的领域，NST 是指动物在增加代谢产热过程中，不涉及骨骼肌的收缩作用（IUPS，1987）。虽然这一定义也包括基础产热，但习惯上认为 NST 是由冷暴露诱导产生的、高于基础产热的部分。

从以下 3 个方面可以看出，NST 在啮齿动物热生理学研究中占有极为重要的地位：①NST 是缺少皮毛隔热和 ST 能力低下的新生幼体维持热稳态的主要热源；②在冷驯化期间，NST 几乎完全取代了 ST 作为动物维持热稳态的主要热源；③在过食条件下，调节机体能量平衡，降低代谢效率，参与体重的调节。

褐色脂肪组织（brown adipose tissue，BAT）啮齿动物进行 NST 的主要部位是 BAT，它在啮齿动物产热和体温调节中起着重要的作用：①BAT 是冷驯化时动物的主要产热部位；②是动物体温升高的主要热源；③冬眠或休眠觉醒及麻醉时出现高体温的主要热源；④是激活食物诱导产热的主要部位。BAT 具有独特的组织结构特征，其主要功能就是为体温调节提供热量。它与其他非专一性产热生理系统演化为具有体温调节作用的效应器明显不同。BAT 具有许多独特的生化、神经调控机制，以及极易受到环境温度等因素影响等特征，因此受到许多研者的密切注意。BAT 的神经控制可能主要与下丘脑神经核有关，尤其是下丘脑腹侧和侧部的神经元。肩胛间 BAT 主要接受来自肋间神经 T1～T4 的肾上腺能交感神经纤维的支配。在大白鼠面部、耳、颈部等部位受到低温刺激时，这些神经元的传出效率显著增强。大白鼠耳部皮肤温度下降到 28℃时，交感神经对 BAT 的神经刺激活性增强。然而有趣的是，当皮肤温度升高到 40℃以上时，控制 BAT 的神经元活性也增强。BAT 还受到具有 P 物质的神经元的影响。传出、传入 BAT 的神经元功能正常对 BAT 的生长是必需的。用辣椒碱（capsaicin）处理动物后，感觉神经元中的 P 物质水平急剧下降，导致 BAT 机能严重减退。另外，切除支配 BAT 的神经纤维，导致冷驯化时 BAT 的发育受到损伤。

褐色脂肪组织的主要功能是产热，因此在动物的产热调节和维持能量平衡中起着重要的作用。与 WAT 比较，BAT 的分布十分局限，并且具有丰富的血管分布，交感神经分布丰富。但是三酰甘油的含量较 WAT 少，仅为 30%～50%（w/w）。

BAT 细胞通常呈"多泡状"（multilocular），脂肪颗粒较小，在细胞中往往具有大量的小脂肪颗粒。两种脂肪组织的差异见表 5.3。

BAT 是动物体内产热效率最高的组织。在冷驯化状态下，其产热能力急剧增强。例如，用适量的儿茶酚胺刺激冷驯化的大白鼠，其 BAT 的产热能力可达到 400W/kg，为其基础代谢率的 80 倍。在体内，BAT 的产热能力可以通过测定 BAT 温度升高。例如，大棕蝠和金背黄鼠 BAT 温度显著高于身体其他部位的温度（图 5.2）。注射 NE 或其他肾上腺能激动剂后，小白鼠在 4℃冷驯化后，NE 刺激代谢率增加，为 25℃时的 340%（图 5.3）。这种对 NE 敏感性增加，在很大程度上取决于冷驯化后 BAT 的增生。

表 5.3　两种脂肪组织的比较

组织	WAT	BAT
功能	能量储存	产热
对低温的反应	轻微	出现剧烈的变化
物种分布	脊椎动物都具有	只见于哺乳动物
解剖定位	广泛（extensive）存在于动物体内	仅限于某些部位
血液供应	较少	丰富
交感神经	较少	丰富
脂肪储存	多	相对较少
对脂肪酸的利用	输出	本身利用
线粒体	数量较少，内嵴少，偶联呼吸	数量较多，内嵴发育良好，调节性非偶联呼吸
非偶联蛋白	缺乏	存在
5′-脱碘酶	缺乏	存在
冷暴露基因表达	变化很小（肥胖型受到抑制）	冷暴露刺激基因表达显著增强（包括非偶联蛋白、脂蛋白酯酶、热休克蛋白和金属蛋白等）

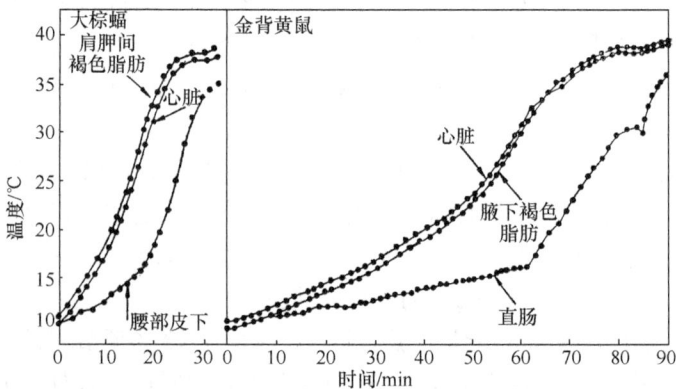

图 5.2　大棕蝠和金背黄鼠 BAT 温度变化（Thomas and Teresa，1992）

目前认为仅依靠组织形态学的标准来区别 WAT 和 BAT，并不完全准确。例如，最近发现肥胖动物的 BAT 细胞表现典型的单泡状结构特征，而与正常的 BAT 细胞显著不同；在饥饿和/或冷暴露后，由于脂肪组织的消耗，WAT 细胞也表现出多泡状特征。因此，提出了能够反映 WAT 和 BAT 功能差异的分子机制作为区别两种脂肪组织的标准。

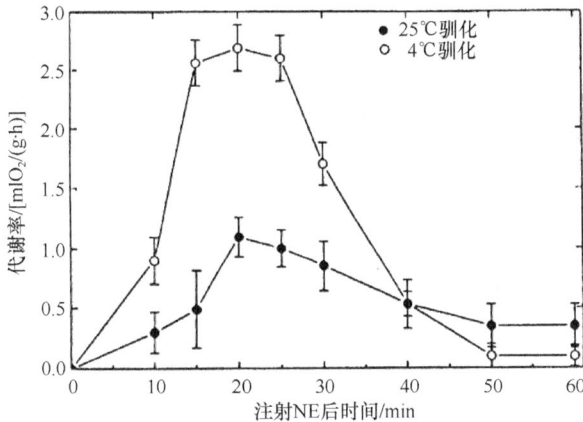

图 5.3　正常和冷驯化后，小白鼠注射 NE（0.4mg/kg）的代谢反应（Doi and Kuroshima，1982）
代谢率增加的比例根据对照组注射生理盐水计算

BAT 最重要的生理功能是产热，其组织学特征是含有大量的内嵴发育良好的线粒体。BAT 细胞具有很强的氧化能力，但是与其他组织细胞不同，BAT 细胞线粒体并不能将氧化作用产生的跨膜质子梯度用于合成 ATP，因此 BAT 线粒体氧化作用的主要产物是热能，而不是 ATP；其主要原因是 BAT 线粒体内膜上存在一种特殊的质子通道，在线粒体内膜上形成质子传导途径。实际上就是在线粒体内膜上形成质子传导短路途径。这种质子传导途径就是线粒体内膜上存在非偶联蛋白（uncoupling protein，UCP）。这种蛋白质也称为产热蛋白（thermogenin），其分子质量为 32kDa，属于线粒体载体蛋白族（the family of mitochondrial carrier proteins）的成员，线粒体载体蛋白还包括 ADP-ATP 移位酶和磷酸载体蛋白。

BAT 细胞同时具有α-和β-肾上腺能受体，其中β_3-肾上腺能受体亚型首先就是在 BAT 细胞中发现的。虽然现在认为β_3-肾上腺能受体在介导 BAT 细胞产热中起着重要的作用，但是β_1-和α-肾上腺能受体的介导作用也具有重要的意义。

体重是影响 BAT 功能状况的一个重要的因素。NST 与体重具有负相关关系。这种负相关关系很可能与随体重减小、失热增加的异速反应有关。BAT 的相对重量在冷驯化时迅速增加；同时，一些体重较小的种类，在热中性区驯化后，其 BAT 的相对重量也有较大的增加（图 5.4）。例如，小白鼠在热中性区驯化后，BAT 的相对重量增加的比例是大白鼠的两倍以上。

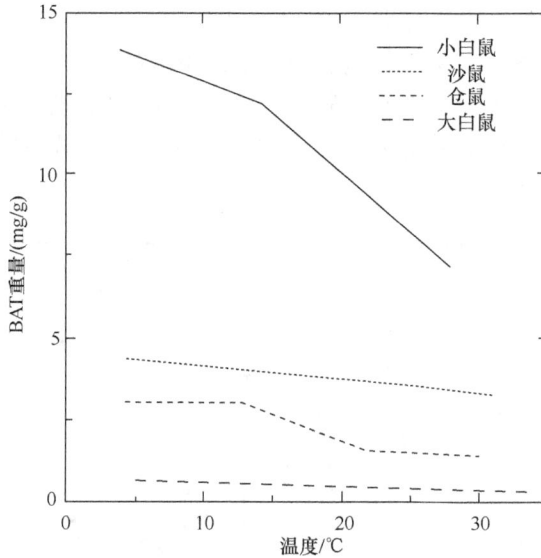

图 5.4　不同实验啮齿动物肩胛间 BAT 重量与驯化度逐渐降低的关系

数据来源：Hogan 和 Himms-Hagen（1980）（小白鼠）；Trayhurn 和 Douglas（1984）沙鼠；Trayhurn 等（1983）（仓鼠）；Kuroshima 等（1982）（大白鼠）。小白鼠的数据包括肩胛下和肩胛间 BAT

三、基础代谢率与甲状腺素的动态变化

甲状腺素对 BMR 的作用可能通过增加机体对甲状腺激素利用率（主要是 T_4，T_4U）而实现。早期的研究主要涉及野生哺乳动物的基础代谢率与 T_4U 的关系，T_4U 与体重之间具有显著的相关性，即

$$\log T_4U = 1.183(\log M)^{0.83} + 0.886 \tag{5.1}$$

由于分类地位不同，T_4U 也表现出明显的差异。食虫类的代谢率趋于增加，而更格卢鼠的代谢率趋于降低，并且两者分别具有相对较高的 T_4U。另外，在灵长类中，T_4U 相对较低。对 3 类动物的 T_4U 进行比较后，发现灵长类具有较低水平的 T_4U，而食虫类的 T_4U 最高，显著高于其他啮齿动物的水平（图 5.5）。

BMR 与 T_4U 显著相关。BMR 与 T_4U 之间的异速关系为

$$BMR = 0.25(T_4U)^{0.90} \tag{5.2}$$

式中，指数（0.9）显著低于 1.0。

T_4 在甲状腺以外组织中的脱碘作用并非是简单的激素代谢过程，而是产生活性更强的激素——T_3。在正常人体内，大约 80% 的 T_4 在甲状腺外组织酶促脱碘，从而形成活性更高的 T_3（Hadley et al., 1992）。体内外周脱碘途径主要有两条：一条是经 5′-D Ⅰ 和 5′-D Ⅱ 脱碘酶的作用产生活性更强的 T_3；另一条是经 5-D 脱碘酶的作用形成无活性的 rT_3。许多生理因素和环境因素都能影响外周组织的脱碘作

用，其中包括高碳水化合物食物、胰岛素、生长素及冷暴露和个体发育等都可引起多种组织，包括 BAT 细胞内的 5′-D Ⅱ 活性的增强，从而导致 BAT 细胞中 *UCP1* 基因表达水平显著增强，产热能力增加，提高动物的耐寒能力（图 5.6）。另外，在中枢神经系统内，5′-D Ⅱ 的活性很强，并且具有明显的昼夜节律这可能与动物脑的成熟和动物的昼夜节律的形成具极为重要的作用。

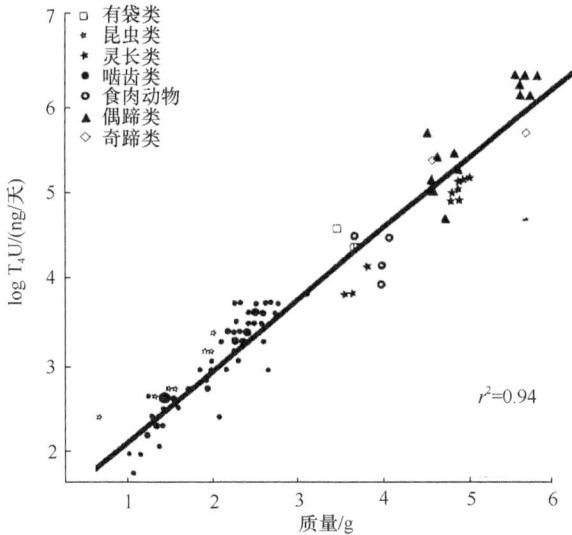

图 5.5 不同分类地位的哺乳动物的甲状腺激素与体重之间的异速关系（Thomas and Teresa，1992）

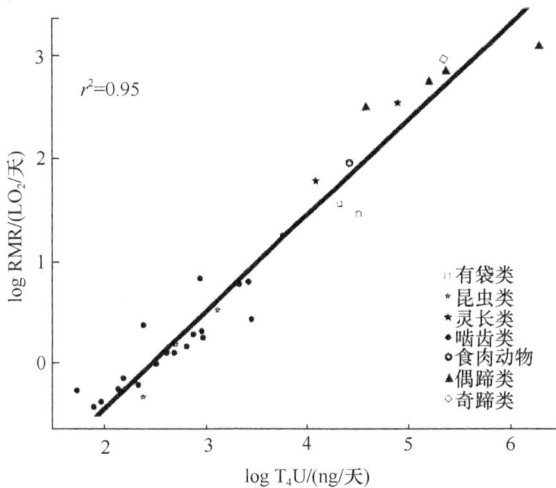

图 5.6 哺乳动物 RMR 与甲状腺激素利用率之间的异速关系（Thomas and Teresa，1992）

　　动物体内甲状腺激素调节的动态模式也与外周组织 5′-脱碘酶的活性变化及其调节有密切关系。外周组织的 5′-D Ⅱ 和 5′-D Ⅰ 在调节血液 T_3 水平上起着重要的作用。

同时甲状腺激素的调节很可能在动物产热的季节驯化中起着重要的作用（图5.7）。

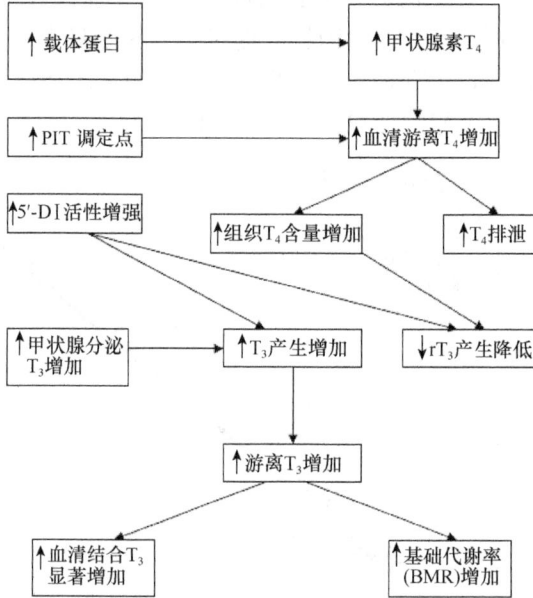

图5.7 冷驯化对甲状腺功能和BMR影响，其中包括了4个相互独立的生理调节（Hadley et al., 1992）

四、食物诱导产热

BAT具有高效产热能力，不仅在调节代谢产热和体温方面起着重要的作用，而且是过度能量摄入的"缓冲剂"。BAT和其他组织通过改变产热能力来调节机体的能量平衡，这一功能称为食物诱导产热（diet-induced thermogenesis，DIT）。DIT与食物特殊动力作用或由于营养物质的消化、吸收和同化相联系的产热作用完全不同（Stock，1989）。在过去十年中，人们对DIT进行了大量的研究，结果表明，BAT的产热能力与过量饮食之间具有明显的相关关系。有关DIT方面的研究状况见Rothwell及Stock（1983）、Himms-Hagen等（1990）、Trayhurn（1989）和Rothwell及Stock（1980）。此外，啮齿动物出现的各种类型的肥胖症与BAT的功能损伤密切相关。总之，BAT的功能状况和DIT在啮齿动物的肥胖症中起到极为重要的作用（Ma and Foster，1989）。

DIT的代谢特征与冷诱导产热调节具有很大的相似性。大白鼠在过量取食喜好食物（通常称为"cafeteria"食物）时，刺激DIT；并且出现与冷驯化时所出现的产热变化极为相似的变化（图5.8）。啮齿动物过食喜好食物后，还出现静止代谢率增加、对NE的代谢反应增强、急性冷暴露时ST下降、血液中 T_3 水平上升、UCP含量增加及BAT重量增加等。与此相反，限制食物消耗或饥饿则导致BAT产热能力下降。

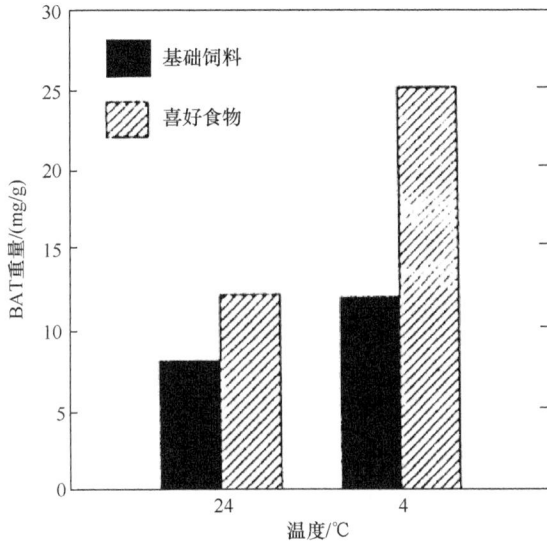

图 5.8　增加能量消耗对大白鼠 BAT 产热活性的影响（Rothwell and Stock，1980）
喜好食物导致 BAT 重量增加，尤其是在冷驯化后更为明显

值得注意的是，DIT 在正常冷驯化过程中所起的作用如何还不十分清楚。在冷驯化和季节驯化时，许多啮齿动物的食物消耗增加。在野外条件下，增加食物消耗与冬季冷暴露密切相关。如果过食具有刺激交感神经肾上腺素的作用，从而导致 BAT 产热能力增强，那么增加食物消耗可能是增强冬季冷耐受能力的一种重要的行为适应特征。然而一些研究也得到模棱两可的结果，例如，Kuroshima 和 Yahate（1985）比较了冷驯化饲喂随意（*ad libitum*）食物和冷驯化限制食物，以及在热中性区驯化并限制食物的条件下，大白鼠的产热和体温调节能力，结果表明某些重要的产热特征，如 BAT 重量、急性冷暴露时的产热能力和对 NE 的反应能力等，与食物消耗无关。Johnson 等发现在冷暴露期间限制食物供应，导致 BAT 重量下降。因此进一步研究食物成分、取食时间及不同物种的食性特征等，可能对更好地理解 DIT 的作用和抵抗低温能力之间的关系具有重要的意义。

五、蒸 发 失 热

随着环境温度的升高，皮肤与身体内部、皮肤与空气之间的温度梯度随之减小，限制了身体内部向皮肤的热传导和干性失热的效率。由于干性失热随温度的上升而逐渐降低。在高温时，蒸发散热成为维持动物热稳态的唯一途径。蒸发潜热（λ）即物质蒸发水分时，吸收（或释放）的热量。根据式（5.3），蒸发潜热与水温呈负相关关系（UISP，1987）：

$$\lambda = 2900.0 - 2.34T \tag{5.3}$$

在 37℃时，每蒸发 1.0g 水，可以释放出 2403J 的热量。蒸发失水的单位通常采用单位体重来表示 [如 mg H_2O/（min·kg）]。如果 λ 保持恒定（通常为 2403J/g），那么蒸发失水量（EHL）也可以用单位体表面积或单位体重来表示（即 W/m^2 或 W/kg）。由于所采用的单位与代谢率相同，因此在各种环境温度条件下的失热量可以和代谢率直接进行比较。

哺乳动物的 EWL 一般可以分为两种类型：① 被动失水，即通过皮肤表面和呼吸道表面的扩散作用失水；也可称为无感觉失水（insensible water loss）（IUPS，1987）。② 主动失水，即通过出汗、喘息和利用唾液、尿及皮肤以其他形式的水排出。

1. 被动失水

虽然啮齿动物皮肤汗腺分泌作用受到胆碱能神经元的控制，并且注射乙酰胆碱可以刺激汗腺分泌汗液，但是啮齿动物的汗腺并没有体温调节的功能。然而，啮齿动物皮肤和呼吸道表面的被动失水却在体温调节中具有重要的意义，丧失大量的热量。

啮齿动物被动皮肤丧失的热量大约占总散热量的 50%。例如，金黄色仓鼠在30℃条件下，皮肤失水量大约占总被动失水量的 70%。皮肤失水量显著受到皮肤血流量的影响，而皮肤血流量又显著受到环境温度的影响。当然，与啮齿动物总散热量相比较，皮肤的 EWL 很可能并不占主要作用。

呼吸 EWL（E_{res}）显著受到环境温度和体温变化的影响。E_{res} 一般可以通过测定整体热丧失来测定，并且通常可以表示为 W/m_2。虽然啮齿动物并非是典型的喘息动物，但是当动物处于显著的热胁迫条件下，呼吸频率显著增加。此时的呼吸多表现为潮式呼吸量显著减少，而频率增加，其主要功能为散热。另外，在任何胁迫条件下，啮齿动物增加呼吸频率不仅是一种体温调节反应，而且也间接影响动物的体温状态。另外，随着呼吸频率的增加，环境的湿度和温度对动物的影响也十分显著。

呼吸频率的增加，显然导致 E_{res} 增加。而且在 31℃时，由于 E_{res} 增加可以导致散热量增加到总散热量的 21%。仓鼠在 40℃条件下，20min 内 E_{res} 增加两倍。不过从整体动物散热量来看，被动蒸发作用在啮齿动物的热调节中的作用仍然比主动蒸发大。

2. 主动失水

啮齿动物在高温胁迫条件下，将唾液和其他液体涂抹在皮毛上是一种重要的体温调节形式。这种行为在环境温度达到或超过动物体温的条件下，在其散热中具有重要的作用。许多啮齿动物在高温条件下，常常将唾液涂抹在具有较为丰富的血管供应的部分，如爪部、阴囊及皮肤表面。另外在高温条件下，啮齿动物的修饰（grooming）行为很可能与其他哺乳动物的出汗作用具有相似的功能，通过修饰行为，啮齿动物可以显著增加蒸发失水量，从而增强热丧失，有效地防止体温上升。

参 考 文 献

Davis TRA, Mayer J. 1955. Demonstration and quantitative determination of the contributions of physical and chemical thermogenesis on acute exposure to cold. American Journal of Physiology, 181: 675-678.

Dawson NJ, Malcolm JL. 1982. Initiation and inhibition of shivering in the rat: interaction between peripheral and central factors. Clinical and Experimental Pharmacology and Physiology, 9: 89-93.

Doi K, Kuroshima A. 1982. Modified metabolic responsiveness to glucagon in cold-acclimated and heat-acclimated rats. Life Sciences, 30: 785-791.

Gordon CJ. 1993. Temperature regulation in laboratory rodents. Cambridge: Cambridge University Press.

Hadley JA, Hall JC, O'brien A. 1992. Effects of a simulated microgravity model on cell structure and function in rat testis and epididymis. Journal of Applied Physiology, 72: 748-759.

Himms-Hagen J, Cui J, Sigurdson SL. 1990. Sympathetic and sensory nerves in control of growth of brown adipose tissue: effects of denervation and of capsaicin. Neurochemistry International, 17: 271-279.

Hogan S, Himms-Hagen J. 1980. Abnormal brown adipose tissue in obese（ob/ob）mice: response to acclimation to cold. American Journal of Physiology, 239: 301-309.

Johnson RD, Anderson JE. 1984. Diets of black-tailed jack rabbits in relation to population density and vegetation. Journal of Range Management, 37: 79-83.

Kuroshima A, Yahata T, Habara Y. 1982. Hormonal regulation of brown adipose tissue—with special reference to the participation of endocrine pancreas. Journal of Thermal Biology, 9: 81-85.

Kuroshima A, Yahata T. 1985. Effect of food restriction on cold adaptability of rats. Canadian Journal of Physiology and Pharmacology, 63: 68-71.

Ma SWY, Foster DO. 1989. Brown adipose tissue, liver, and diet-induced thermogenesis in cafeteria diet-fed rats. Canadian Journal of Physiology and Pharmacology, 67: 376-381.

Raman ER, Vanhuyse VJ, Roberts MF. 1987. Mathematical circulation model for the blood-flow-heat-loss relationship in the rat tail. Physics in Medicine and Biology, 32: 859.

Rothwell NJ, Stock MJ. 1980. Similarities between cold-and diet-induced thermogenesis in the rat. Canadian Journal of Physiology and Pharmacology, 58: 842-848.

Rothwell NJ, Stock MJ. 1983. Diet-induced thermogenesis. In: Girardier L, Stock MJ. Mammalian Thermogenesis. Cambridge: Chapman und Hall Ltd. : 208-233.

Stock MJ. 1989. The role of brown adipose tissue in diet-induced thermogenesis. Proceedings of the Nutrition Society, 48: 189-196.

Thermal Commission, IUPS. 1987. Glossary of terms for thermal physiology. 2nd ed. Revised by The Commission for Thermal Physiology of the International Union of Physiological Sciences （IUPS Thermal Commission）. Pflügers Archiv. , 410: 567-587.

Thomas ET, Teresa HH. 1992. Interdisciplinary views of metabolism and reproduction. London:

Cornell University Press.

Trayhurn P, Richard D, Jennings G. 1983. Adaptive changes in the concentration of the mitochondrial 'uncoupling' protein in brown adipose tissue of hamsters acclimated at different temperatures. Bioscience Reports, 3: 1077-1084.

Trayhurn P, Douglas JB. 1984. Fatty acid synthesis in brown adipose tissue of the Mongolian gerbil (*Meriones unguiculatus*): influence of acclimation temperature on synthesis in brown adipose tissue and the liver in relation to whole-body synthesis. Comparative Biochemistry and Physiology, 78: 601-607.

Trayhurn P. 1989. Thermogenesis and the energetics of pregnancy and lactation. Canadian Journal of Physiology and Pharmacology, 67: 370-375.

Young AA, Dawson NJ. 1982. Evidence for on-off control of heat dissipation from the tail of the rat. Canadian Journal of Physiology and Pharmacology, 60: 392-398.

第六章　生长、繁殖、发育和年龄与体温调节

内温动物的一切生命活动过程，包括配子形成到胚胎及胚后发育、年龄增加、疾病和死亡等，都在不同程度上受到温度的影响。哺乳动物为了更有效地维持热稳态，其产热和体温调节系统必然产生一系列的形态和生理变化。在哺乳动物的个体发育过程中，某些发育过程对动物的产热和体温调节系统的功能发育起着极为重要的作用。在这些发育过程中，动物的产热和体温调节系统对出生后环境温度的影响极为敏感，并且显著影响动物生存适应对策和进化。

一、早成兽和晚成兽的发育特征

一些哺乳动物在出生时，身体裸露无毛，不能自由活动，必须依靠其双亲才能完成其胚后发育。这种发育类型称为晚成兽（altricial development）。另一些种类在出生后，其毛被发育良好，并且具有相当的活动能力，其摄食等活动可以不依赖双亲，这种发育类型称为早成兽（precocial development）。早成兽在出生时往往身体被毛，出生后呈睁眼状态，并且运动能力发育相当快，并且运动能力的发育与双亲抚育无关。不过典型的早成兽和晚成兽之间可能存在着许多过渡类型，某些物种可能在某些方面接近于早成兽，而另外一些特征又更接近于晚成兽。但是，早成兽和晚成兽的不同发育模式对详细研究哺乳动物的个体发育模式及其能量利用对策具有重要的意义。

绝大多数爬行动物都属于典型的早成发育方式。出生后，幼体的活动能力与成体一样，并且必须自己完成捕食等重要活动。因此有理由认为，作为爬行动物的后裔，哺乳动物中的早成兽类可能在进化过程中较早出现。

早成兽类发育类型对个体的生存具明显的利益。例如，许多小型哺乳动物，早成幼体的生长速度比晚成幼体快，并且存活率较高。新生早成兽的脑比身体大小相似的晚成兽大；早成性（precociality）可能代表了大脑胚后发育的一种异时性模式（heterochronic）。在逃避捕食者方面，早成兽比晚成兽更为有利。那么，导致晚成性发育模式进化的原因是什么？

关于哺乳动物晚成性发育模式的进化原因，仍然没有取得一致的看法。其中成体身体大小是决定晚成性进化的重要因素（Hopson，1973）。根据这种观点，体型较小的哺乳动物在发育过程中，幼体在出生时，其发育程度较低，大多数都处于未发育成熟的阶段。许多小型哺乳动物均属于典型的晚成性发育模式，因此

在哺乳动物中，早成性主要出现在大型种类。但是，也有不同的观点，例如，有的小型哺乳动物，体重只有 20～30g，但是它并不出现典型的晚成性发育模式。另外，某些现生小型哺乳动物，如缎面鼩鼱（*Sorex cinereus*）也表现出典型的早成兽发育特征（Merritt，1995）。因此，仅仅身体大小并不完全是决定哺乳动物发育模式的主要因子，而且晚成性发育方式仅仅是体重进化方式的一种副产品。

虽然这一假说也有一些成功应用的实例，但是并不完全正确。例如，东方田鼠的个体发育方式属于典型的晚成性发育方式，这种动物在出生时身体裸露无毛，双眼紧闭，缺乏运动能力等，完全依靠双亲抚育（McClure and Randolph，1980）；如果将这种动物的幼体置于 20℃条件下 30min，它们的体温将降低到 25℃。但是，体重为 20g、体型大小与东方田鼠幼体大小相似的白足鼠（*Peromyscus leucopus*）在出生时身体被毛，并且可以在环境温度为-20℃的条件下将核温维持在 37℃左右（Millar，1978）。出生 4 天的白足鼠的体重仅有 3.3g，与发育时期相同的缎面鼩鼱幼体体重相似，但是发育模式显著与缎面鼩鼱不同，此时的白足鼠身体裸露并且不能独立生活。这种差异很难采用体重决定发育模式的假说来解释。因此，Case（1978）认为，在现生成体体重为 10g 左右的鸟类和哺乳动物中，身体大小可能是影响幼体发育模式的主要因子。

不论晚成性种类的身体大小如何，可能真正决定晚成性发育方式的主要因子是环境条件。即物种的生存环境条件是决定动物发育方式的主要因子。因此哺乳动物幼体的发育方式不仅取决于物种的形态和生理机能，同时也取决于动物生活的环境条件，是两者相互作用的结果。所以，晚成性发育方式可能是内因和外因相互作用的结果。晚成性发育并不是体重进化过程中出现的"副产品"。物种的生活史特征很可能受到物种特殊的发育方式的影响。例如，如果一个物种具有很强的捕食猎物的能力，那么，晚成性发育方式可能对其进化有利，因为在其发育过程中可以得到双亲良好的保护。巢的结构及安全性也可能是影响幼体发育方式的重要因素。这就意味着如果一个物种具有建造或寻找安全性较高的巢穴，那么其幼体的发育模式就可能是晚成性的。这时，晚成性发育方式能显著提高动物的繁殖成功率。

二、早成兽和晚成兽在隔离条件下的热生理特征

现在关于哺乳动物幼体的产热和体温调节方面的研究结果相当丰富。从这些研究结果来看，大多数都是在相对隔离的条件下进行的，即在研究过程中，将幼体与母体或其他个体隔开。图 6.1 和图 6.2 中表明典型晚成兽白足鼠在发育过程中体温调节的发育模式。在出生时较短时间内，它们的体温和产热调节模式与变温动物相似，均随环境温度的变化而变化。环境温度越低，体温降低的幅度也越大，并且维持在接近环境温度的范围内；而静止代谢率在环境温度从 35℃降低到 30℃

时则显著上升，以后也随环境温度的降低而降低。到断奶时（大约 21 天），才具
有典型恒温动物的体温和产热调节特征，不论环境温度变化如何，体温基本保持
稳定，并且随着环境温度的降低，代谢率上升。这种新生幼体的变温产热调节方
式向成体内温动物产热调节模式的变化是逐渐进行的。一般在出生 10～14 天后，
体温和产热调节特征迅速发育（Hill，1975）。

　　在早成兽和晚成兽新生幼体可能存在相反的体温调节模式。例如，棉鼠
（*Sigmodom hispidus*）表现出比较典型的早成兽的体温和产热调节特征。如果将新
生幼体单独暴露在 20℃ 条件下 30min，它们的体温也出现显著降低，但是出生 10～
12 天、体重达到 17g 时，则可维持体温保持稳定。而在出生 5 天后，棉鼠的静止
代谢率在 15～35℃，也表现出典型的内温动物与温度之间的关系，即随环境温度
的降低代谢率增加。出生 7 天的林鼠单独暴露在 20℃ 条件下 30min，也不能维持
体温超过 25℃，直到出生后 20～22 天、体重为 50g 时，才具有成体的体温和产
热调节特征。出生 12 天后林鼠可以在环境温度从 35℃ 降低到 15℃ 时，表现出代

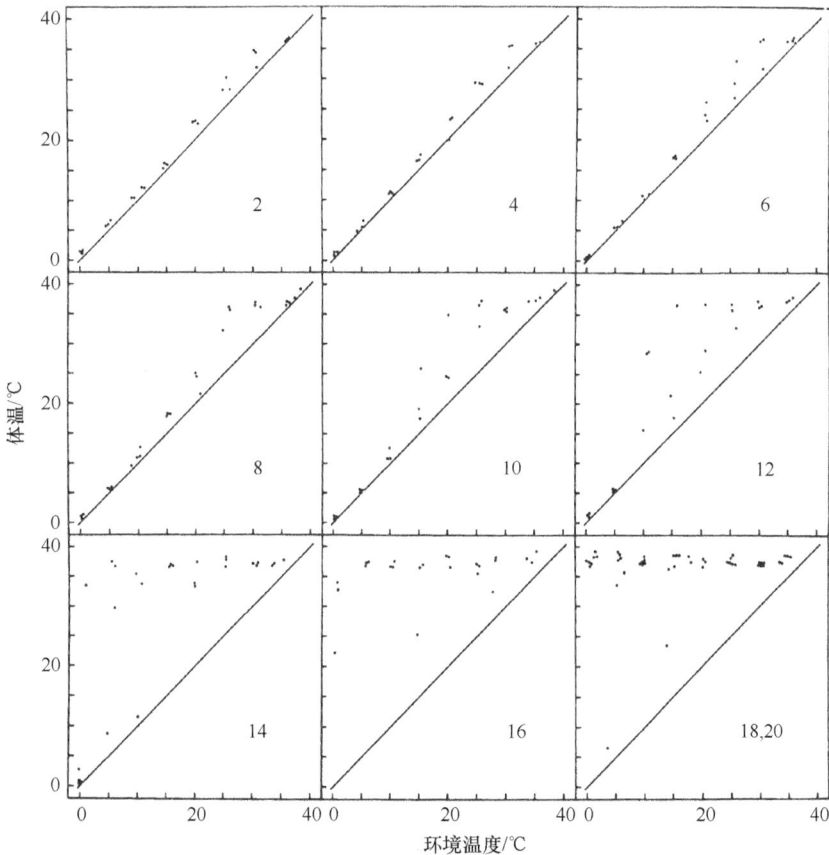

图 6.1　白足鼠幼体的体温与环境温度的关系，年龄 2～20 日龄；暴露时间 2.5～3h（Hill，1975）

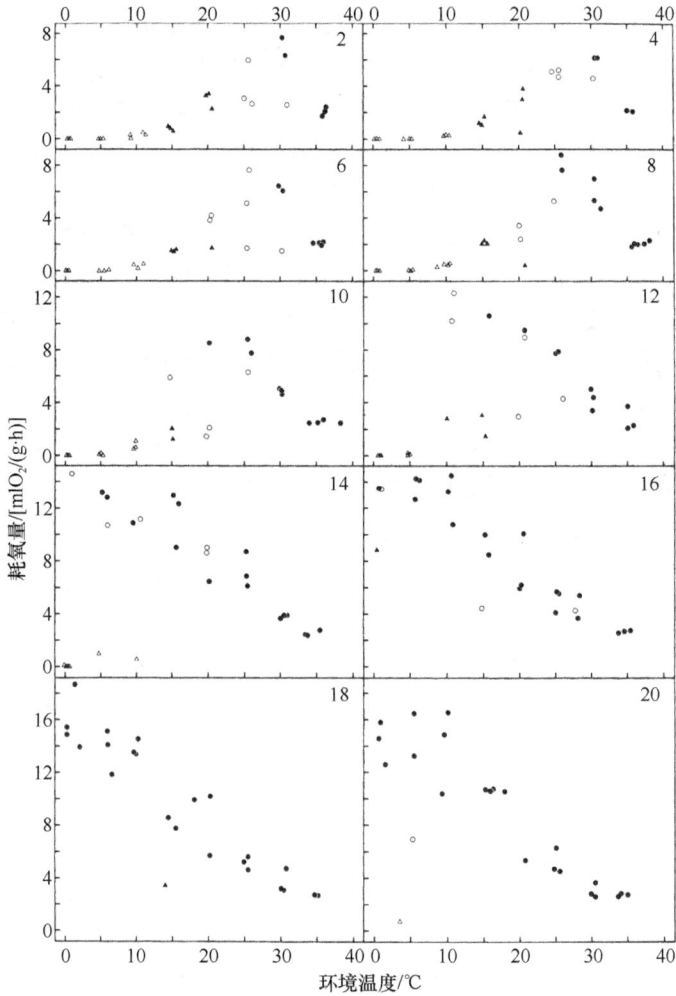

图 6.2 不同龄期的白足鼠在不同环境温度下的耗氧量（Hill，1975）

谢率与环境温度呈负相关的关系。棉鼠和林鼠分别代表了早成兽和晚成兽的产热调节发育模式（Randolph et al.，1977）。

三、生长发育的最佳环境温度

环境温度状况是影响哺乳动物最佳生长发育的关键因子。深入研究环境温度对哺乳动物生长发育的特征，如体重、器官发育、繁殖和胚胎发育等具有重要的意义。一般来说，环境温度对这些特征的影响也具有一个明显的最佳温度范围，而在这一环境温度范围内，动物的生长发育可以达到最佳状态。同时，这些特化还受到年龄的影响，并且不同物种具有显著的种间差异。

　　Yamauchi 等（1981，1983）对两代大白鼠和小白鼠在环境温度梯度（12～32℃）下的发育状况进行了连续观察研究，结果发现大白鼠的某些发育特征，如窝仔重量增减（20～26℃）具有非常狭窄的温度范围，而其他一些特征，如成年体重增加和窝仔数量等，具有较宽的温度范围。在 12～32℃，大白鼠的器官重量保持相当稳定。小白鼠的生长、发育速度和器官重量变化与温度的关系和大白鼠十分相似。两种实验啮齿动物循环血液中的白细胞（leukocyte）数量随环境温度的降低而增加，并且在环境温度为 15℃时达到最大值。从这些研究结果中可以看到大白鼠和小白鼠的最佳生长发育温度范围是 20～26℃。

　　关于大白鼠生长发育状况与环境温度之间的关系，不同研究结果存在相当大的差异。一些学者认为大白鼠的最佳生长发育温度范围是 19～29℃（Yamauchi et al.，1981，1983），也有的认为当环境温度高于和低于 20～26℃的临界温度后，代谢率均显著增加。当环境温度高于 26℃后，代谢率和食物消耗显著降低，因此，在这一环境温度范围内，动物的产热调节最为经济。但是，在高温条件下，大、小白鼠的摄水量显著增加，受疾病的侵扰也显著增加（Weihe，1965）。因此，20～22℃可能是饲养大、小白鼠最佳的环境温度范围。

　　啮齿动物对环境温度选择行为与生长发育所需要的最佳环境温度有关。通过大白鼠所选择的环境温度条件，也能够确定最佳生长发育的环境温度条件（20～26℃）。这个温度范围正好是动物进行行为产热调节的环境温度范围，很可能啮齿动物生长发育的最佳环境温度范围也就是其能进行有效行为产热调节的环境温度范围（Harri，1976）。

四、早成兽和晚成兽的能量代谢

　　早期传统的理论认为早成性发育模式的适应意义主要与有利于幼体的生长发育状况有关，即在研究幼体体温调节机制的发育成熟的过程中，主要认为幼体的体温调节机制的建立取决于节约能量，以便将更多的能量投入幼体的生长发育过程中，对幼体的生长发育和成熟有利。实际上，这一传统的理论混淆了两个显著不同的问题，即有利于适应性的增强和适应的途径。

　　观点 1：母体维持幼体的体温是一种有利于幼体生长发育的适应特征。母体消耗自身的化学能以提高幼体的生长发育和成熟的速度。生长和成熟必然加速。

　　观点 2：早成兽体温调节机制的建立是母体增强幼体体温调节能力的机制之一。这种观点认为在幼体初生后相当一段时间内，早成兽类的幼体不能利用自身的能量进行产热调节。因此，早成性发育模式是一种幼体节约能量的一种有效途径。

　　实际上，对于大多数胎盘类哺乳动物而言，第二种观点可能是不正确的。初生幼体内源性产热的生理调节机制可以分为两种不同的类型。

（1）被动产热调节：当母体在巢中时，由于母体的保暖作用，可能限制了幼体的产热能力。

（2）主动产热调节：幼体的产热调节机制与成体在休眠时的情况十分相似，即主动通过影响产热调节负反馈系统来调节幼体的产热状况。例如，当母体在巢中时，幼体通过触觉或其他刺激，抑制自身的内源性产热。从而能够在母体存在的条件下，减少无效产热的量。不过这时幼体也并非完全丧失产热能力。因此主动产热机制可能对幼体的发育较为有利。

如何理解晚成性体温和产热调节特征的适应意义及其生理与行为特征，对于阐明小型哺乳动物的生存适应对策具有重要的意义。从产热和体温调节的能量消耗方面来看，维持恒定的体温需要消耗大量的代谢能。因此许多学者都认为晚成性发育模式在其生活史能量利用对策中可能起着重要的作用（Bronson，1985）。

晚成兽从出生到断奶期间的能量消耗可以分为以下几个重要的部分。

（1）新生幼体利用自身的化学能。这部分能量包括动物生长、发育和维持所消耗的能量，维持能量消耗主要包括循环、呼吸和消化等生理功能正常进行所需要的能量消耗。因为幼体必须具有本身独立的循环系统、呼吸系统和消化系统等，而这些系统的功能正常是维持生长和发育所必需的条件。

（2）幼体利用双亲的能量，即幼体通过抚育过程利用双亲的能量。取食过程是幼体利用双亲能量的一个典型例子。在双亲抚育幼体的过程中，必然导致双亲，尤其是雌性取食量显著增加，并且超过非繁殖雌性取食水平。超过非繁殖雌性取食的量，可能就是用于抚育幼体的额外能量。同时也包括了雌性其他抚育幼体的能量消耗。

（3）同时利用幼体本身和/或母体的能量。这一部分能量中大部分用于幼体的体温调节，如果幼体利用自身的能量进行体温调节，那么这一部分能量主要来自幼体本身的化学能；如果来自母体，则这一部分能量则显著导致母体的代谢能量消耗增加。

为了理解幼体用于体温调节的能量比例，关键在于阐明幼体如何利用自身的化学能进行体温调节。另外，其他一些生理过程也可能影响幼体和母体的能量利用。有证据表明，幼体往往尽量减少用于体温调节的能量消耗，从而将体内更多的化学能用于生长发育。

从上述观点来看，幼体发育过程的能量特征和能量分配模式主要在早成性兽类中具有重要的适应意义。不过这种观点认为早成兽类在出生时一般不具有体温调节的生理机制。由于幼体不具备体温调节的生理机制，因此可以将体内有限的化学能用于生长发育，从而加快生长，而保暖主要消耗母体的能量。

进一步研究结果表明，这种观点包括了以下几方面的假设。

假说 1：幼体可以从其本身或双亲身体得到用于体温（或保暖）的化学能为一恒定值。因此，在体温调节过程中节约的化学能都能用于其他生命活动。也就是说，母体提供给出生幼体产热或体温调节的化学能并不影响母体所能提供的能量。提出这一假说至少涉及两个重要的机制：① 由于双亲所能获得的能量是有限的，因此双亲用于加热幼体的能量并不包括在双亲给予幼体的化学能；②双亲对幼体体温调节的时间是有限的，因此双亲用于加热幼体的时间必然导致双亲觅食时间减少，从而导致传递给幼体的能量减少。不过，目前对这两种机制的详细过程了解得不多，仍然需要进行更为详细的研究。这很可能与物种和环境条件的不同而不同。

如果幼体进行体温和产热调节所消耗的能量并不是影响双亲能量限制的重要因子，那么双亲用于提高幼体体温所消耗的能量并不能显著导致双亲用于其他生命活动所消耗的能量。不过这一假说必须认为在非繁殖期间，动物的体温应该保持不变。许多小型哺乳动物在成体阶段，尽管并不抚育幼体，但仍然具有明显的日休眠特征，尤其是在能量利用受到限制时，日休眠现象更为明显。如果由于抚育幼体而导致双亲停止日休眠，如某些翼手类的蝙蝠，以及那些由于抚育幼体而导致日休眠停止、提高幼体体温升高的种类，必然导致母体能量消耗显著增加。因此在能量短缺时期，必然会影响双亲用于抚育幼体的能量。Bronson（1985）认为体型与家鼠相似的胎盘类哺乳动物，在环境中食物资源短缺的条件下，低温是影响双亲用于幼体体温调节能量的重要因素之一。

由此可见，大多数哺乳动物对新生幼体的保暖并不显著影响它们抚育幼体的能量消耗。

假说 2：早成兽类能够通过节约体温调节的能量，以加速生长或成熟。即幼体的生长或成熟也受到能量状况的限制。如果幼体生长或成熟能够直接利用更多体内的化学能，生长或成熟速度必然加快。例如，早期研究结果发现，小白鼠和大白鼠在出生后，吸吮乳汁越多的个体，生长速度就越快，体重越大。不过，目前支持这一假说的其他实验结果还很少。不过最近的研究结果表明，小白鼠在出生后吸吮乳汁量确实与生长率相关。如灰背鹿鼠（*Peromyscus polionotus*）移去部分幼体，确实能显著导致剩余个体的生长率增加（Kaufman DW and Kaufman GA，1987）。

一般来说，如果幼体吸吮乳汁增加，确实能显著导致幼体生长率和断奶时体重显著增加，但是影响幼体生长状况和成熟的因素相当复杂。例如，早期研究结果发现，增加幼体吸吮乳汁量，确实导致幼体骨骼和内脏器官的生长加速，但是成熟速度增加的比例却不显著；而且门齿出现的时间、毛被的生长状况，以及睁眼的时间等变化并不显著（Stetson and Watson-Whitmyre，1984）。

假说 3：双亲在抚育过程中尽可能维持幼体较高的体温。同时认为具有较高的体温有利于幼体的生长和发育。

虽然目前支持这一假说的实验依据很多，但是直接证据并不多见。并且大多数实验证据都是在不同环境温度下，对实验室啮齿动物的生长和发育过程状况的观察而得到的。但是，由于母体对幼体的抚育行为可能与外界环境温度条件无关，因此并不能准确区分"低温"和"高温"对幼体体温的直接影响。例如，不论暴露的环境温度条件如何，外界环境温度对幼体体温的影响可能仅仅是通过影响母体抚育而间接影响幼体的体温状况。

如果在幼体出生 2 天至 15～16 天后将它们暴露在 10℃ 条件下，将显著降低白足鼠的生长率，延缓性成熟。同时体温调节能力的建立也较缓慢，冷暴露的幼体在低温下体温显著低于热暴露个体的体温（Lynch et al.，1981）。

假说 4：幼体具有较高的生长率和性成熟速度对动物的生存适应有利。生长率较高和性成熟速度加快，可以显著缩短哺乳时间，提前断奶。并且断奶时幼体的体重显著增加。

断奶时幼体的体重大小对动物的生存适应可能具有重要的意义，有利于种群平均体重的增加。在单种种群中，幼体断奶时体重的显著与个体的存活率相关。断奶时体重较大的个体存活率也较高。另外，断奶时体重较大的个体，到繁殖期体重也较大，体重较大的雌性可能导致每窝产仔数量也增加，并且这些后代到断奶时的体重也较大。因此断奶时体重较大具有重要的适应意义。例如，拉布拉多白足鼠雌性体重较大，其每窝产仔数和每窝幼子总重量也显著增加（Myers and Master，1983）。灰背鹿鼠雌性体重与断奶幼体的体重和每窝幼体数量呈正相关关系（Kaufman DW and Kaufman DA，1987）。另外，平原白足鼠断奶体重与繁殖时雌性体重相关，即断奶时体重较大的个体，到繁殖时体重也较大。因此，在单位时间内，体重较大的雌性可能产生较多的幼体。断奶时小白鼠的体重较小，其首次繁殖的时间就推迟，并且所产后代的体重也相对较小（Lynch et al.，1981）。实验室内饲养的 *Spermophilus lateralis*，断奶时体重较大的个体冬眠后成活率显著高于断奶时体重较小的个体。在自然条件下，体重较大的幼体进入冬眠的时间也较早，冬眠后的成活率也较高。当然，这些差异可能与个体之间的遗传特征有关。不过无论如何，断奶时体重的表现型差异确实对动物的生存适应具有重要的意义。在冷耐受实验中还发现，断奶体重较大的个体对低温的耐受能力也显著高于体重较小的个体。

虽然断奶幼体体重较大对动物的生存适应有利，但是有关该领域研究的野外证据并不多见，尤其是幼体在断奶时体重变异及其生态学意义还不完全清楚。

五、温度胁迫对繁殖功能的影响

哺乳动物产生后代的能力是衡量物种生态适合度的重要标准。动物对各种不利环境温度条件的驯化适应能力并不能完全显示出物种对环境温度的适应能力。也就是说如果在特定环境条件下，种群中不同个体的存活率相同，但是繁殖能力不同，那么说明该物种并不适应这一环境条件。

1. 雄性

啮齿动物性腺的各种功能，包括性激素的分泌和精子的产生等，都显著受到环境温度的影响。环境温度对性腺功能的影响可能出现在不同组织水平，包括直接影响动物性腺的温度等，而间接影响主要通过影响下丘脑-垂体轴的功能状况而实现。一般来说，持续热暴露对繁殖功能的影响比冷暴露更为明显，并且对繁殖不利。

高温对动物精子生成不利。哺乳动物的睾丸和腹部之间存在显著的异温现象（heterothermy）。这种温度差异对哺乳动物进行正常繁殖起着关键作用，而且睾丸与腹部温度的差异对环境温度的变化非常敏感。例如，在环境温度为 24℃时，大白鼠睾丸的温度比腹腔温度低 3~4℃，但是比附睾头的温度高 1℃，而比附睾尾部的温度高 3~4℃。因此，精子离开精巢进入附睾头部及到附睾尾部的温度逐渐降低。精巢-腹腔的温度梯度变化很大，当环境温度为 37℃时，睾丸与腹腔的温度梯度<1℃，而在冷暴露（5℃）时，它们之间的温度梯度>8℃。另外，睾丸与腹腔之间的温度梯度还显著受到姿势的影响（Brooks et al.，1973）。因为改变姿势是啮齿动物重要的行为体温调节形式，所以，高温和低温胁迫对雄性生殖器官的影响同样也涉及动物的行为和生理产热调节机制的影响。

如果持续暴露在高于热中性区的环境温度条件下，雄性繁殖机能显著降低。例如，在 35℃条件下驯化，阴囊和体温显著上升（分别上升 1.3℃和 0.9℃），交配频率显著降低，输精管出现萎缩（Sod-Moriah et al.，1974）。持续高温胁迫也影响下丘脑-垂体轴的功能状态，进而影响动物的繁殖机能。连续暴露在 33~35℃的环境条件下，导致大白鼠血清中睾酮和催乳素浓度显著降低。这种变化趋势与下丘脑前部的促卵泡激素（follicle stimulating hormone，FSH）、孕激素（progesterone）和催乳素含量变化趋势相同。其中催乳素水平降低可能是导致睾酮合成减少的主要原因。

虽然松果体是重要的神经内分泌换能器，但是在持续热暴露时，松果体对调节雄性繁殖功能中起着重要的作用。在持续热驯化过程中，松果体可能对仓鼠睾丸具有重要的保护作用，防止高温对睾丸的伤害作用。当在 33℃条件下暴露 3 天，大白鼠松果体中的乙酰转移酶（N-acetyltrasferase）酶活性显著降低。持续热暴露可以显著降低松果体褪黑激素的产生，而且切除松果体可显著增强高温抑制褪黑激素合成的作用。例如，切除松果体的仓鼠并暴露在 34℃条件下，睾丸降低、输精管萎缩，同时垂体 LH 和催乳素水平也显著降低。与此相似，切除松果体的大白鼠在高温条件下，也出现垂体 LH 和血清睾酮水平降低；但是，这些变化较仓鼠弱。在高温条件下松果体是否对睾丸具有保护作用现在仍然不清楚。在高温胁迫条件下，啮齿动物的褪黑激素水平显著降低，而褪黑激素似乎可以有效地降低高温对睾丸的伤害作用。因此完全切除松果体可以显著增强高温对性腺的抑制作用（Magal et al.，1981）。

2. 雌性

雌性的繁殖功能受持续高温胁迫的影响比雄性更为显著。在35℃驯化后，雌性大白鼠的动情周期显著增加。在非动情期和妊娠期后5天，热驯化显著导致血清孕酮水平上升。虽然黄体数量不受高温驯化的影响，但是受精卵和植入的百分率、子宫腺（uterine gland）的数量及出生幼体数量与黄体之比在热驯化时显著降低。饲养在30~32℃高温条件下，大白鼠窝仔数降低，断奶时间提前。虽然当体温达到42.5℃的极限高体温条件下，雄性大白鼠可能出现不孕症，但是雌性大白鼠的繁殖功能仍然维持正常。总之，当环境温度超过30℃后，大白鼠的繁殖功能降低（Shido et al.，1991）。

高温（34℃）驯化并不显著影响仓鼠的卵巢重量，但是显著降低黄体数量、窝仔数和每窝幼子的体重（Kaplanski，1988）。切除仓鼠的松果体，导致对热暴露的敏感性显著增强，出现卵巢重量显著降低。与大白鼠相似，去除松果体同样也显著增强高温对仓鼠生殖系统的影响。因此，松果体产生的褪黑激素对雄性和雌性生殖腺系统都具有重要的保护作用。但是在30℃条件下驯化可以显著防止褪黑激素对雌性生殖系统的抑制作用。

冷暴露也显著影响生殖系统的功能。在中等程度的冷暴露（环境温度≥12℃）时，并不显著影响动物对食物的利用，因此对啮齿动物的繁殖功能影响不显著。但是在低温胁迫环境中，动物体温调节的能量消耗显著增加，从而显著影响动物繁殖能量消耗及其他一些生理功能。在7.5℃条件下冷暴露15天后，金黄色仓鼠雌性的动情周期间隔延长，并且在冷暴露51天后，动情周期消失。不过，在食物条件不受限制的条件下，在–8℃驯化后，仍然能维持子宫正常生长和排卵周期。但是如果限制食物供应，迫使小白鼠利用体内脂肪作为体温调节的能量，那么在12℃时就表现出子宫显著萎缩和停止排卵停止。这种反应模式表明啮齿动物在低温胁迫下，体温调节能耗和繁殖所消耗的能量必须达到平衡。如果由于低温胁迫影响体温调节，那么动物将停止繁殖（Reite，1968）。

3. 妊娠和哺乳期的产热调节

胚胎和新生儿的生长所需要的能量受到体温产热和体温调节的限制。在低温胁迫条件下，由于体温调节能量消耗显著增加，因此动物在繁殖方面的能量必然会投入。但是，为了满足胎儿生长的需要，处于繁殖状态的动物往往抑制体温调节方面的能量消耗。在这种能量平衡机制中，交感神经-BAT系统在能量平衡调节中起着重要的作用，尤其在动物妊娠时期，这一系统在产热调节中的作用更为明显。

雌性在产仔后，用于抚育幼体的能量消耗相当大。降低 BAT 产热能力是在妊娠期母体进行能量调节的重要生理适应。在妊娠和哺乳期中 BAT 的产热功能，如 BAT 重量和 GDP 结合等显著降低。仓鼠在妊娠 15 天后，BAT 细胞色素氧化酶活性比处女鼠降低了 50%。在妊娠和哺乳期，啮齿动物 BAT 对去甲肾上腺（NE）刺激的反应能力显著降低，但是在幼体断奶后，逐渐恢复正常。同时，与过食（hyperphagia）相关的食物诱导产热也显著降低（Wade and Schneider，1992）。

环境温度显著影响啮齿动物的同类相食行为（cannibalistic behavior）。仓鼠在环境温度较低、食物受到限制时，哺乳雌性可能捕食有些幼体。当在 10℃ 条件饲养哺乳仓鼠时，出生 1~8 天的幼体最容易被母体捕食，这是母体节约哺乳能量消耗的一种适应性特征。其原因主要是低温条件下，母体为了满足体温调节能量增加，从而保证一定数量后代的存活（Day and Galef，1977）。

在妊娠和哺乳期中，非颤抖性产热能力降低受到不同的产热机制的影响，并且在产仔前后出现剧烈的变化。例如，在冷暴露过程中，妊娠大白鼠的产热能力和体温都出现显著的变化。在分娩前 24h，其对低温刺激的产热能力显著降低，在分娩后 24h 后逐渐恢复。但是在分娩前 24h，如果出现低温胁迫，大白鼠可能出现低体温。这种代谢产热能力降低对胎儿存活有利，因为在正常情况下，冷暴露导致交感神经控制的产热能力增强很可能导致胎盘血管收缩，降低胎儿的血流量。因此，妊娠后期维持较低的体温，有利于在冷暴露条件下维持高水平的胎盘血流量（Greenstein et al.，1957）。

妊娠大白鼠在低于下临界温度条件下，温度-代谢曲线也会受到影响。在热中性区内（28℃），处女鼠的代谢率与哺乳期的相似，但是当温度进一步降低时，哺乳期动物的代谢率显著高于处女鼠的代谢率。由于哺乳期啮齿动物 BAT 的产热能力受到显著抑制，因此在较低的环境温度条件下，哺乳期动物代谢率增加的机制现在还不清楚。这种代谢率增加很可能也来自非颤抖性产热，而不是颤抖性产热。因此，这很可能是哺乳期啮齿动物在 4~28℃ 及母体与幼体相接触时容易出现高体温的主要原因。很清楚，为了更深入地阐明妊娠和哺乳期动物的能量代谢特征与维持能量平衡的机制，应该对繁殖期动物的行为和生理产热调节特征及调节机制进行更为深入的研究。

在妊娠和哺乳期，啮齿动物的其他一些产热调节特征也会出现显著的变化。例如，在妊娠期中，啮齿动物体温昼夜节律变化的幅度显著降低，而在哺乳期又显著升高。妊娠期大白鼠唾液分泌的临界核温显著降低。在高温胁迫下，大白鼠的体温也可能显著上升。以上这些生理变化与减少和防止伤害性温度对胎儿的影响有关。

4. 温度胁迫对胚胎发育的影响

胚胎发育对环境温度的影响十分敏感。在妊娠时期，热稳态对维持胚胎正常发育十分重要。母体出现热稳态紊乱，尤其是高温环境，将导致胚胎和幼体出现病理变化的比例显著增加。过热对胚胎发育的影响主要取决于母体核温升高的幅度和维持高体温的时间，以及热暴露出现在胚胎发育的时间。例如，在妊娠 9.5 天时，正好是胚胎对环境温度刺激最敏感的时期，如果此时母体的核温升高 2.5℃，并且持续 60min，将导致幼体出现畸形后遗症（teratogenic sequelae）的比例显著增加（Germain et al.，1985）。而且延缓大白鼠大脑发育的温度一般只比正常体温高 1.5～1.7℃，诱导胚胎死亡的温度可以达到 41.5℃。

其他啮齿动物的胚胎发育对高温胁迫也具有明显的反应。与大白鼠相似，仓鼠胚胎对高温的反应也与妊娠时期有关。在妊娠 8 天前，高温显著导致母体吸收胚胎的比例增加，而到妊娠 9 天后，热胁迫导致畸形胚胎的比率显著增加。在仓鼠胚胎发育 8 天时，40℃高温下暴露 40min 就可导致胚胎畸形的比例显著上升。如果妊娠小白鼠暴露在 34℃条件下 24h，胚胎发育缺陷和死亡率显著上升。实际上，如果妊娠小白鼠体温上升 2℃就可显著导致胚胎发育出现缺陷。如果同时将妊娠小白鼠暴露在 30～36℃和保持运动情况下，出现胚胎发育缺陷的比例可能降低，但是胚胎重量显著降低，而且母体的核温可以达到 38～40℃。另外，豚鼠的核温每升高 1℃，可导致胚胎的脑重量降低 8.4%。从以上结果可见，导致啮齿动物胚胎缺陷的核温，一般在 41℃左右。因此，在热胁迫条件下，由于母体核温上升，可以显著引起胚胎发育障碍（Day and Galef，1977）。

与热暴露相似，急性冷暴露也显著影响啮齿动物的胚胎发育过程。例如，妊娠大白鼠暴露在 4℃条件下，可以引起新生儿体重显著降低。如果将妊娠小白鼠的核温降低到 20℃，并维持 20min，则可以导致母体吸收胚胎的比例增加，或导致流产、死胎、畸形胚胎，或导致受精卵不能植入。不过在妊娠时间超过 20 天后，冷暴露对胚胎的影响较小。

六、从出生到断奶的产热调节特征

研究啮齿动物产热调节的发育过程具有重要的意义，它可以从动态的观点阐明动物的产热和体温调节的发育过程。因此在研究哺乳动物生活史对策及其进化和对生存环境的适应性等都具有重要的意义。大多数啮齿动物在出生后 3～4 周，往往具有典型早成兽的发育特征，表现出变温动物的产热和体温调节特征。而出生到断奶期是研究啮齿动物体温和产热调节的重要阶段，此时，新生啮齿动物的幼体往往能在比较宽的温度范围内进行行为和生理调节，并且母体的产热调节对新生幼体的体温产生重要的影响（Steinberg et al.，2008）。

啮齿动物新生幼体的产热和体温调节存在着巨大的种间差异，其部分原因是不同物种具有不同的妊娠期。例如，仓鼠的妊娠期为16天，小白鼠为20天，大白鼠22天，沙鼠24天，而豚鼠可达67天等。具有较短妊娠时间的种类（如小白鼠、仓鼠、沙鼠和大白鼠等）在出生时具有典型变温动物的特征，只有出生后20～30天后才具有典型恒温动物的产热调节特征。豚鼠在出生时，具有早成兽的代谢产热特征，因此体温调节发育良好，其部分原因就在于豚鼠具有较长的妊娠期。小型啮齿动物在出生后1天内，其产热和体温调节表现出显著的行为和生理特征变化。直到出生后第2周，这些小型啮齿动物都在相当宽的温度范围内维持热稳态。断奶后，在高温和低温环境条件下，产热调节能力随体重的增加而逐渐增强，整体热传导显著降低。一般将小型啮齿动物（如大白鼠）产热和体温调能力或抵抗低温胁迫的能力的发育过程分为5个阶段：①从出生到出生后18天，此时动物对低温胁迫的抵抗能力较成体低；②18～30天，抵抗低温胁迫的能力迅速增强；③31～60天，抵抗低温的能力进一步增强；④61～100天，抵抗低温胁迫的能力达到最大；⑤300天到死亡，随着年龄的增加，抵抗低温的能力逐渐降低（Hill，1947）。详细研究结果可参见Adolph（1957）的综述。

1. 行为产热调节

由于新生幼体往往身体较小，并且缺乏有效的隔热机制，因此在环境温度低于下临界温度时，幼体容易冷却。因此为了避免严重的低体温对幼体行为和生理机能的影响，新生幼体往往集聚在一起，减少热量丧失。

身体蜷曲（huddling）早成啮齿动物幼体维持热稳态的重要行为反应。幼体卷曲的程度、数量取决于环境温度状况及其他一些因子的影响。例如，在20℃条件下，出生5天的幼体通过卷曲身体，可以有效地降低散热体表面积；当环境温度上升到38～40℃时，幼体几乎不出现任何形式的卷曲行为，从而导致散热总面积达到最大，增加散热。

其他形式的体温行为调节，如向温性（thermotaxis），也存在于幼体。将出生1天的大白鼠置于某一环境温度梯度中，而这一环境温度梯度变化并不十分剧烈，虽然它将出现显著向温性特征，但是并不能移动到避免出现低体温的温度范围内。随着年龄的增加，大白鼠的幼体逐渐主动选择温度较高的范围，从而维持较高的体温。另外在研究幼体的体温调节特征时，还应该考虑到动物心理因素的影响。例如，某些新生幼体的行为体温调节很可能受到剥夺食物等因素的影响，因此在研究中应该给予充分的重视。

沙鼠在出生5天时，主动选择的环境温度最高，可以达到37.9℃，以后则随年龄的增加而降低。在出生后12周龄时，其主动选择的环境温度为30.1℃。小白鼠也具有类似的特征，在出生时选择的环境温度较高，到 4 周时逐渐降低到 32.4℃。仓鼠新生幼体的产热能力相当低，BAT 产热能力低，然而却具有相当完善的行为体温调节能力，补偿 BAT 产热能力的不足。在仓鼠母体离巢时，所有幼体都卷曲在巢的底部，减少散热的总面积。在不同环境温度条件下，仓鼠新生幼体具有相当精细的行为体温调节机制从而进行体温调节。

2. 生理产热调节

在低温环境中，行为体温调节反应对动物热稳态的调节受到一定的限制。因此，新生幼体必须具有生理调节能力。除豚鼠外，其他许多啮齿动物的骨骼肌系统发育程度并不高，因此不能以颤抖性产热的形式产生大量的热量。但是它们对低温和某些药物刺激将出现显著的产热反应。例如，大白鼠在出生后 4h 就对低温刺激出现明显的产热调节反应。小白鼠在出生后 4 天，就对低温和 NE 刺激表现出明显的产热反应。

由于新生幼体不能进行颤抖性产热，因此在大多数啮齿动物的新生幼体阶段，往往具有很强的非颤抖性产热能力。豚鼠、小白鼠、大白鼠、仓鼠等，以及许多野生小型啮齿动物在新生幼体阶段，都具有相当发达的 BAT。小白鼠和大白鼠新生幼体的 BAT 从妊娠 17 天开始就出现非偶联蛋白，妊娠 18 天后，BAT 中的非偶联蛋白含量显著上升。出生前 2 天，BAT 线粒体产热能力就可以达到接近成体的水平。在出生后 0～5 天，小白鼠 BAT 细胞出现明显的形态变化，细胞增大 3 倍，细胞数量显著增加，细胞线粒体体积显著增大，细胞核也显著增大。大白鼠新生幼体在出生后 1 天时，对 NE 刺激的产热反应能力达到最大；但是产热能力增加的幅度则在出生后 4～5 天达到最大。

许多啮齿动物 BAT 的产热能力在出生后第一周变化最为剧烈，并且对环境温度变化最为敏感。出生后 0～5 天，BAT 的重量显著降低，反映了这一阶段中由于产热调节消耗大量脂肪。虽然饲养在 28℃环境温度条件下的新生大白鼠幼体的 BAT 重量比饲养在 16℃条件下的高，但是饲养在低温条件下，BAT 的生化特征，如细胞色素氧化酶活性和 GDP 结合等显著增强。而新生仓鼠 BAT 发育较差，直到出生后 12 天，才具有明显的产热能力。

一般来说，早成兽颤抖性产热能力的发育与 BAT 发育相平行。仓鼠和大白鼠出生 10 天后，出现明显的颤抖性产热，导致代谢率显著增加。而小白鼠在出生后 5 天就出现明显的颤抖性产热，不过出现颤抖性产热时的体温往往低于 27℃。随着年龄的增加，小白鼠出现颤抖性产热的临界核温也随之上升，到出生后 20 天时，出现颤抖性产热的核温为 37℃。

与其他啮齿动物相比，豚鼠新生幼体的热稳态发育良好。并且在新生幼体阶段，非颤抖性产热仍然是维持热稳态的重要产热形式。豚鼠在妊娠 45 天时，胚胎 BAT 重量突然增加，并且到出生时（妊娠 66 天），BAT 的重量达到最大，然后在出生后 15 天显著降低，这种变化模式反映了动物利用 BAT 内储存的脂肪作为产热的能源。未发育成熟的豚鼠，在出生时并未睁眼、全身裸露无毛、体重只有 34g（只有正常幼体体重的 33%），但是这些幼体却对低温和 NE 刺激具有强烈的产热反应。随着新生幼体年龄的增加，颤抖性产热能力也随之增强，并且在产热调节中的作用也逐渐增强。

关于新生大白鼠体温与产热的行为和生理调节机制方面的研究已有大量的报道（表 6.1）。某些产热调节的重要指标，如热中性区、最大代谢率、行为体温调节反应特征和组织隔热性等，很快达到成年个体的水平。大白鼠在出生 3 周后，

表 6.1　新生大白鼠产热和体温调节特征的发育过程（Thomas and Teresa，1992）

变量、出生时间/天	数值
代谢率/（$ml^{-1}kg^{-1}$）	最低/最高
1	25.2/52.1
3	24.1/53.8
6	24.1/51.8
12	25.2/66.6
20	31.1/83.0
30	33.4/85.3
下临界温度/℃	
1	35.0
6	34.5
10	34.0
12	33.0
14	32.2
18	32.0
30	28.0
隔热/（$℃·cal^{-1}·min^{-1}·cm^{-2}$）	
0.5	25.0
3	28.0
6.5	49.0
9.5	49.0
14.5	68.0
19.5	102.0
在特定环境温度下动物的核温/皮肤温度/℃	温度梯度/℃
4.5	30.5/28.5
6.5	32.5/30.5
8.5	34.5/32.0
10.5	35.5/33.5
12.5	36.0/34.0

由于体重的增加和身体隔热性的发育，下临界温度降低 7℃ 左右；从出生到断奶，热中性区内的静止代谢率迅速增加，同时在出生后 2～20 天，冷诱导的最大耗氧量也从 50kg/min 增加到 85kg/min。不过，下丘脑甲状腺轴必须到 7 周龄后再发育成熟。

啮齿动物的产热和体温调节机能的发育过程受环境温度的影响十分明显。例如，将 2 周龄的大白鼠在 34℃ 饲养 4 天，其抵抗低温的能力比在正常室温下饲养的幼体降低了 66%。将新生豚鼠置于 36℃ 条件下驯化，对其热中性区内的静止代谢率的影响并不显著，但是却导致动物对低温刺激的产热能力显著降低。因此，关于体温和产热调节系统对内源性及外源性刺激的反应特征与机制是今后研究的重要领域。

在出生后第一周，大白鼠开始建立体温昼夜节律（circadian temperature rhythm，CTR）机制。如果将出生后的大白鼠与母体分离，并且饲养在连续光照条件下驯化 3 周，原先体温变化的昼夜节律将逐渐消失（Nuesslein and Schmidt，1990）。因此，幼体出现体温变化的昼夜节律很可能与母体的昼夜节律不一致。其他一些研究结果表明，光照周期对新生大白鼠体温昼夜节律的影响，只有到出生 24 天后才显著，并且到胚后发育 50 天时达到最大反应。不过关于啮齿动物幼体体温昼夜节律变化机制和特征的研究工作并不多。

3. 新生幼体高体温

据估计，人类婴儿由于发热（fever）诱发痉挛（convulsion）的比例大约为 5%。这种热诱导痉挛是影响婴儿发育的重要因素，因此也是小儿科（pediatric）中研究的一个重要问题。所以采用实验动物模型研究发热性痉挛对阐明人类发热性痉挛的机制及其治疗具有重要的意义。

在研究啮齿动物体温和产热调节中，"发热性痉挛"这一术语的含义十分含混。一般认为引起动物出现发热性痉挛的主要原因有几种。例如，外源性热胁迫和某些热素的作用等，前者为外源性因素迫使体温升高，后者是内源性因素导致体温上升。因此，更准确地讲，诱发痉挛是指高体温诱导性痉挛（hyperthermia-induced），而并非是典型的发热（febrile）。

七、年龄与产热调节

一般来说，哺乳动物随着年龄不断增加，许多生理机能包括产热和体温调节功能逐渐减弱。例如，在季节性高温或低温条件下，老年人患病或死亡的比例也随之增加，这种变化也许与人类产热和体温调节机能随年龄的增加而逐渐减弱有关。由于哺乳动物的许多生理特征都随年龄的变化而变化，因此，在研究衰老机制中广泛使用实验啮齿动物作为研究对象和材料。产热和体温调节机能的变化很可能也反映在动物的产热和体温调节特征变化。因此实验啮齿动物在该领域研究中具有重要的意义。例如，Morris 游泳实验是研究年龄变化对动物生理机能变化的重要方法，这一方法首先用以研究老年啮齿动物的机能变化（Linder and Gribkoff，1991）。但是典型 Morris 实验主要是在低温环境中进行的，此时老年啮齿动物出现明显的低体温现象。在环境温度高于啮齿动物出现低体温的环境温度时，体温调节障碍的老年大白鼠的体温调节能量显著增强（Linder and Gribkoff，1991）。的确，产热和体温调节系统的功能状态显著影响老年啮齿动物许多重要的生理和行为机能，而在正常条件下，这些生理和行为机能并不受温度的影响。

实验啮齿动物，尤其是大白鼠，很可能是研究由于年龄的不断增加而出现的产热和体温调节机能障碍的重要实验动物模型。另外实验啮齿动物的寿命相对较短，一般 2～3 年，因此年龄对其主要生理机能的影响可以在较短的时间内反映出来。目前许多关于年龄对哺乳动物生理机能、中枢神经系统调节机制、基础产热特征等，均是在实验啮齿动物冷驯化条件下进行的。

1. 年龄对中枢神经系统的影响

当大白鼠的年龄达到 24 个月以后，其产热和体温调节能力，包括行为和生理调节能力，逐渐降低。体温调节能力障碍可能不仅与中枢神经系统机能降低有关，而且可能与运动机能减弱有关。例如，15～18 月龄的老年大白鼠对注射某些神经递质，如多巴胺、前列腺素和氨基甲酰胆碱（carbachol）等的反应能力显著降低。虽然这些药物对老年大白鼠的行为体温调节特征影响并不显著，但是老年大白鼠在冷驯化过程中，主动选择温度较低的环境条件与其出现低体温显著相关。并且也有证据表明老年大白鼠体温调节障碍可能出现在中枢神经部位。显然，中枢神经系统可能是决定老年性体温调节障碍的重要部位（Thomas and Teresa，1992）。

2. 基础产热

基础代谢率或静止代谢率随年龄的增加而降低；但是，这种变化在很大程度上与老年动物的体重显著增加有关。3～24 月龄的大白鼠在热中性区内的核温比对照组降低了 0.8℃（Balmagiya and Rozovski，1983）。在 22℃ 条件下，24 月龄的小白鼠同样也出现了核温主动降低的现象（Talan，1984）。然而，小白鼠死亡时间与核温呈负相关关系，因此，体温调节能力减弱与老年个体出现的病态（morbidity）显著相关。另外，在 23℃ 环境条件下，20～24 月龄的小白鼠的核温可能上升（Kiang-Ulrich and Horvath，1985）。当环境温度高于热中性区时，小白鼠和大白鼠体温调节的稳定性也显著受到影响，并且出现体温调节障碍（Talan and

Ingram，1986）。

3. 调节性产热

老年大白鼠在冷暴露条件下，调节性产热能力显著降低（Hoffman-Goetzand Keir，1984）。在低温下大白鼠维持体温恒定的主要热源是颤抖性产热和非颤抖性产热。老年大白鼠 BAT 产热能力显著降低（表 6.2）；但是，年龄对 BAT 产热能力的影响具有明显的性二态现象，其中雄性 BAT 产热能力的降低比雌性显著（McDonald，1989）。老年雄性大白鼠 BAT 重量和 GDP 结合显著降低，而雌性 BAT 重量增加，GDP 结合的数量维持稳定。不过，锻炼可以显著增强老年大白鼠在冷暴露下的产热能力，但并不能改变 BAT 的产热能力。因此，大白鼠抵抗低温胁迫的能力可能主要与颤抖性产热能力有关。另外，锻炼也可以显著增强老年小白鼠抵抗低温的能力（Talan and Ingram，1986）。

表 6.2 幼年大白鼠和老年大白鼠产热能力的比较（McDonald，1989）

特征	幼年大白鼠	老年大白鼠
BAT 重量		
mg	630±29.5	433±63.9
g/kg 体重	1.72±0.08	1.16±0.16
BAT 蛋白质含量		
mg	94.3±4.3	70.4±4.2
mg/g BAT	154±10.7	145±12.3
BAT 线粒体蛋白含量		
mg	1.74±0.06	1.02±0.12
GDP 结合		
nmol/mg 线粒体蛋白	0.286±0.03	0.194±0.036
pmol（kg 体重）$^{-0.67}$	9.6±0.8	3.9±1.2

老年个体代谢率逐渐降低很可能与老年个体在冷暴露下死亡率逐渐增高有密切关系（Kiang-Ulrich and Horvath，1985）。其他一些研究结果也表明，在连续低温（4～5℃）暴露环境条件下，18 月龄的大白鼠的存活率显著低于 6 月龄的个体。老年个体往往具有较大的体重，因此在低温环境条件下可以通过降低体表面积而减少热丧失。所以随年龄的增大，在一定范围内对增强个体抵抗低温胁迫能力有利。很明显，年龄增加对调节性产热能力有显著影响。

参 考 文 献

Adolph EF. 1957. Ontogeny of physiological regulations in the rat. Quarterly Review of Biology, 32(2): 89-137.

Balmagiya T, Rozovski SJ. 1983. Age-related changes in thermoregulation in male albino rats. Experimental Gerontology, 18: 199-210.

Bronson FH. 1985. Mammalian reproduction: an ecological perspective. Biology of Reproduction, 32: 1-26.

Brooks GA, Brauner KE, Cassens RG. 1973. Glycogen synthesis and metabolism of lactic acid after exercise. American Journal of Physiology, 224: 1162-1166.

Case TJ. 1978. On the evolution and adaptive significance of postnatal growth rates in the terrestrial vertebrates. Quarterly Review of Biology, 53(53): 243-282.

Day CS, Galef BG. 1977. Pup cannibalism: one aspect of maternal behavior in golden hamsters. Journal of Comparative and Physiological Psychology, 91: 1179.

Germain MA, Webster WS, Edwards MJ. 1985. Hyperthermia as a teratogen: parameters determining hyperthermia—induced head defects in the rat. Teratology, 31: 265-272.

Greenstein JP, Birnbaum SM, Winitz M, et al. 1957. Quantitative nutritional studies with water-soluble, chemically defined diets. I . Growth, reproduction and lactation in rats. Archives of Biochemistry and Biophysics, 72: 396-416.

Harri MNE. 1976. Amphetamine toxicity in temperature-acclimatised mice. Acta Pharmacologica et Toxicologica, 38: 1-9.

Hill RM. 1947. The control of body-temperature in white rats. American Journal of Physiology, 149: 650-656.

Hill RW. 1975. Daily torpor in *Peromyscus leucopus* on an adequate diet. Comparative Biochemistry and Physiology, 51: 413-423.

Hoffman-Goetz L, Keir R. 1984. Body temperature responses of aged mice to ambient temperature and humidity stress. Journal of Gerontology, 39: 547-551.

Hopson JA. 1973. Endothermy, small size, and the origin of mammalian reproduction. American Naturalist, 107(955): 446-452.

Kiang-Ulrich M, Horvath SM. 1985. Age-related differences in food intake, body weight, and survival of male F344 rats in 5 C cold. Experimental Gerontology, 20: 107-117.

Kaufman DW, Kaufman GA. 1987. Reproduction by *Peromyscus polionotus*: number, size, and survival of offspring. Journal of Mammalogy, 68: 275-280.

Kaplanski J. 1988. Pregnancy outcome in heat-exposed hamsters; the involvement of the pineal. Journal of Neural Transmission, 73: 57-63.

Lindner MD, Gribkoff VK. 1991. Relationship between performance in the Morris water task, visual acuity, and thermoregulatory function in aged F-344 rats. Behavioural Brain Research, 45: 45-55.

Lynch GR, Heath HW, Johnston CM. 1981. Effect of geographical origin on the photoperiodic control of reproduction in the white-footed mouse, *Peromyscus leucopus*. Biology of Reproduction, 25: 475-480.

Magal E, Kaplanski J, Sod-Moriah UA, et al. 1981. Role of the pineal gland in male rats chronically exposed to increased temperature. Journal of Neural Transmission, 50: 267-273.

Merritt JF. 1995. Seasonal thermogenesis and changes in body mass of masked shrews, *Sorex cinereus*. Journal of Mammalogy, 76: 1020-1035.

McClure PA, Randolph JC. 1980. Relative allocation of energy to growth and development of homeothermy in the eastern wood rat(*Neotoma floridana*)and hispid cotton rat(*Sigmodon hispidus*). Ecological Monographs, 50(2): 13-17.

McDonald DB. 1989. Cooperation under sexual selection: age-graded changes in a lekking bird. American Naturalist, 134(5): 709-730.

Millar JS. 1978. Energetics of reproduction in *Peromyscus leucopus*: the cost of lactation. Ecology, 59(5): 1055-1061.

Myers P, Master LL. 1983. Reproduction by *Peromyscus maniculatus*: size and compromise. Journal of Mammalogy, 64: 1-18.

Nuesslein B, Schmidt I. 1990. Development of circadian cycle of core temperature in juvenile rats. American Journal of Physiology, 259: 270-276.

Randolph PA, Randolph JC, Mattingly K, et al. 1977. Energy costs of reproduction in the cotton rat, *Sigmodon hispidus*. Ecology, 31-45.

Reite RJ. 1968. Changes in the reproductive organs of cold-exposed and light-deprived female hamsters(*Mesocricetus auratus*). Journal of Reproduction and Fertility, 16: 217-222.

Shido O, Sakurada S, Nagasaka T. 1991. Effect of heat acclimation on diurnal changes in body temperature and locomotor activity in rats. The Journal of Physiology, 433: 59-71.

Sod-Moriah UA, Goldberg GM, Bedrak E. 1974. Intrascrotal temperature, testicular histology and fertility of heat-acclimatized rats. Journal of Reproduction and Fertility, 37: 263-268.

Stetson MH, Watson-Whitmyre M. 1984. Physiology of the Pineal and Its Hormone Melatonin in Annual Reproduction in Rodents. New York: Raven Press: 109-153.

Steinberg RM, Walker DM, Juenger TE, et al. 2008. Effects of perinatal polychlorinated biphenyls on adult female rat reproduction: development, reproductive physiology, and second generational effects. Biology of Reproduction, 78: 1091-1101.

Talan M. 1984. Body temperature of C57BL/6J mice with age. Experimental Gerontology, 19: 25-29.

Talan MI, Ingram DK. 1986. Age comparisons of body temperature and cold tolerance among different strains of *Mus musculus*. Mechanisms of Ageing and Development, 33: 247-256.

Thomas ET, Teresa HH. 1992. Interdisciplinary Views of Metabolism and Reproduction. London: Cornell University Press.

Weihe WH. 1965. Temperature and humidity climatograms for rats and mice. Laboratory Animal Care, 15: 18-28.

Yamauchi C, Fujita S, Obara T, et al. 1981. Effects of room temperature on reproduction, body and organ weights, food and water intake, and hematology in rats. Laboratory Animal Science, 31: 251-258.

Yamauchi C, Fujita S, Obara T, et al. 1983. Effects of room temperature on reproduction, body and organ weights, food and water intakes, and hematology in mice. Experimental Animals, 32: 1-11.

Wade GN, Schneider JE. 1992. Metabolic fuels and reproduction in female mammals. Neuroscience & Biobehavioral Reviews, 16: 235-272.

第七章　哺乳动物的休眠

哺乳动物为了维持高而恒定的体温必须消耗大量的能量。哺乳动物内温性特征决定了它们的体温不随环境温度的变化而变化。但是这种产热调节特征对于生活于极地地区的种类，尤其是环境温度具有显著季节性变化的种类，产热调节将在很大程度成为动物生存适应的重要挑战。在面临暂时或季节性能量短缺时，许多小型哺乳动物都能够显著降低在体温调节中的能量消耗。例如，在睡眠过程中，产热调节的能量消耗显著降低。然而更重要的适应特征是出现季节性或日休眠。从而显著降低动物在不良环境条件下，体温调节的能量消耗，提高机体的生存适应能力。

哺乳动物的休眠具有相当大的变异，但是基本上可以分为两种类型。许多哺乳动物在食物资源出现短期缺乏时，可能出现休眠现象。如果动物在一天中，由于活动状态不同而出现低体温现象，并且这种低体温持续的时间较短，那么这种代谢特征就称为日休眠（daily torpor）。一般来说，具有日休眠特征的哺乳动物往往一天中可以出现 2～3 次日休眠，每次休眠的时间甚至可以持续 2～3 天。不过具有日休眠的种类往往可以在全年时间中都具有觅食能力。与日休眠相反的一种休眠是冬眠（hibernation），这种休眠状态可以持续整个冬季，即这种休眠形式必须要求动物具有足够的能量储备，以满足季节性休眠的能量需要。一般来说，季节性休眠往往持续的时间较长，通常动物处于休眠状态的时间都超过一个月，在季节性休眠中最常见的是在寒冷冬季出现的冬眠。某些具有冬眠习性的翼手类，在其活动期内同样也可以进行日休眠，这种现象是冬眠与日休眠之间的一种过渡类型（Davis，1970）。但是这种模式在其他哺乳动物中并不常见。

哺乳动物的休眠可能表示出能量利用效率与降低体温的生态代价之间的利益得失关系。体温降低后再回暖所消耗的能量显著低于保持恒定的内温所需要的能量。体温越低，休眠持续的时间越长，节约的能量就越多。但是，随着体温降低，动物的感觉功能和运动能力也相应降低，处于休眠状态的哺乳动物不仅不能保护领域，或进行繁殖，同时对环境变化的反应能力也降低，并且更容易受到捕食者的攻击，丧失原有的资源。因此，休眠并不是哺乳动物增强生存适应所必需的进化途径。不同哺乳动物的休眠存在相当大的变异。从能量学的观点来看，休眠现象可能是一种对有机体生存适应有利的特征。本章将对季节过程中能量利用特征和调节机制及适应特征进行较详细的介绍。不过季节休眠的能量利用模式也适用于日休眠。

哺乳动物在季节性休眠过程中的能量消耗主要取决于休眠持续的时间长短，以及体温调节代价的大小。体温调节价可能主要与几个因素有关（图 7.1）。由此可见，哺乳动物休眠时期的能量消耗和利用模式不仅受到环境温度的影响，而且也受到动物体身特征的影响，如体重、休眠季节的长短及能量供应状况等。

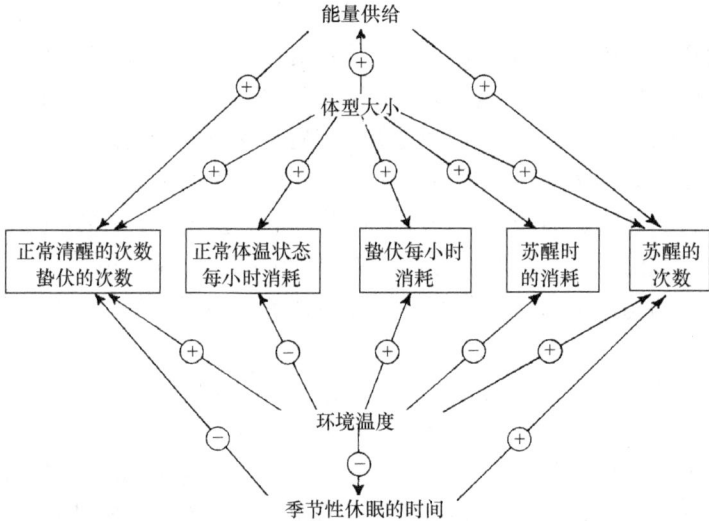

图 7.1　影响哺乳动物季节性休眠的主要因子（Davis，1970）

一、环境温度对哺乳动物季节性休眠的影响

哺乳动物在维持内温状态和休眠时期的代谢率直接与身体及环境之间的温度梯度呈比例。如果环境温度降低，动物与环境之间的温度梯度增加，那么，哺乳动物在单位时间内维持恒温的能量消耗和醒觉所需要的能量与低于热中性区的环境温度负相关（图 7.1）。环境温度与休眠期内的能量消耗之间的关系相当复杂。在休眠期内，如果下丘脑体温调定点（set-point）温度低于环境温度时，动物将降低体温到接近环境温度的水平，此时动物与环境之间的温度梯度也将随之降低，并且降低的幅度与动物的身体大小和产热能力密切相关。在动物产热能力一定的条件下，动物的体温和休眠过程中单位时间内的能量消耗将直接与环境温度相关（图 7.1）。但是，几乎所有具有冬眠习性的哺乳动物，其下丘脑温度调定点温度能够有效地防止动物的体温无限降低。当环境温度降低到某一临界温度时，就会刺激动物的代谢率上升，将体温维持在一个相对稳定的范围内（图 7.1）。因此，在动物处于休眠状态过程仍然具有体温调节能力，此时休眠的能量代价与环境温度呈负相关关系。当环境温度低于调节性休眠所能忍受的温度范围时，调节休眠能有效地防止动物结冰，即可以将体温调节到高于冰点 1～2℃，以防止在低温环境中身体结冰；然而，大多数长期冬眠的动物很少生活在环境温度低于 5～10℃的

环境中，而当环境温度在 10～15℃，并且能量资源短缺时，往往采取日休眠的形式来抵抗环境胁迫的影响。但是具有长期冬眠习性的种类，引起休眠的环境温度往往高于诱导调节性休眠的温度，并且休眠的能量代谢仍然与环境温度呈负相关关系（图 7.1），除非休眠为非调节性休眠。

　　环境温度变化显著影响动物的回暖能量代价时，导致回暖代价显著高于休眠代价（图 7.2），哺乳动物除非增加休眠的时间，否则低温下的能量消耗显著高于在高温下的能量消耗。但是，进行休眠的时间也显著受到环境温度的影响。自然环境温度保持恒定的条件下，休眠阵（bouts of torpor）持续的时间，或者是休眠动物醒觉频率也具有季节性变化。大多数种类的休眠阵（torpor bouts）在进入休眠或休眠后期都较短，而在冬季休眠过程中较长，并且相对稳定。因此，Twente JW 和 Twente JA（1967）将哺乳动物的冬眠分为秋季、冬季和春季等 3 个不同的时期。不同时期的长短显著受到环境温度的影响。休眠持续的最长时间也显著与环境温度呈负相关。随着环境温度的升高，醒觉次数和处于醒觉状态的时间显著增加（图 7.1）。在冬季哺乳动物处于深度休眠状态时（即非调节性休眠），醒觉频率和代谢率的变化与体温的变化相似，在冬眠过程中，某些代谢因素可能显著影响动物的醒觉。如果动物在休眠期内能够进行体温调节，则休眠时间将趋于缩短。

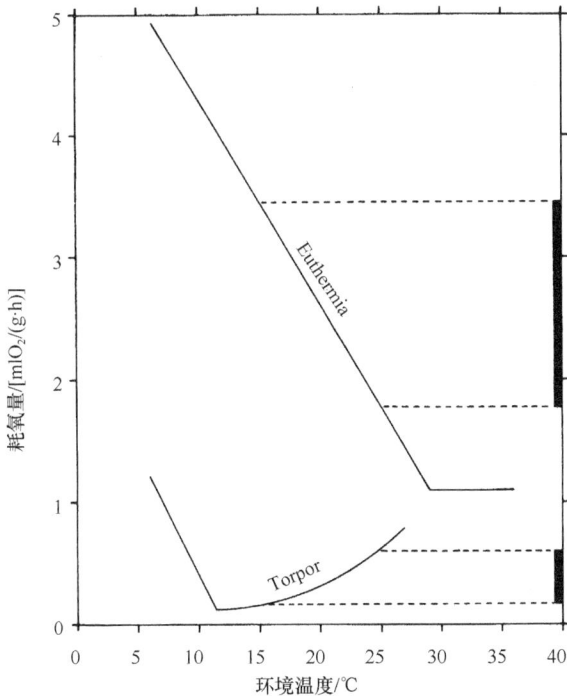

图 7.2　东澳袋跳鼩（*Antechinomys laniger*）在休眠和醒觉时，环境温度与耗氧量之间的关系（Geiser，1986）

随着环境温度从 27℃降低到 12℃,休眠时的体温也降低到接近环境温度的水平,同时代谢率也显著降低。在环境温度高于 12℃时,动物可以进行体温调节,但是当环境温度低于 12℃时,代谢率显著增加。注意,随环境温度的降低,醒觉消耗的能量显著增加

由于温度–醒觉的定时过程和机制具有相当大的种间变异,因此关于哺乳动物冬眠期的最佳能量利用模式现在还不清楚。例如,刺猬进入浅度冬眠,或调节性休眠的时间为 2~3 个月,此时的总能量消耗与洞穴温度呈显著的负相关关系。以深度休眠为主的冬眠种类,正好与此相反。例如,落基林跳鼠(*Zapus princeps*),在环境温度为 15℃时的脂肪沉积大约为 4.6℃时的 2 倍。随着环境温度的降低,休眠节约的能量增加,并且对阵发性醒觉所导致的能量消耗增加起到重要的补偿作用。因此从能量学的观点来看,冬眠时的最佳环境温度似乎是允许阵发性醒觉持续时间最长的环境温度。也就是冬眠动物能够开始进行体温调节时的最低环境温度(Cranford,1978)。

大多数在洞穴内越冬的冬眠哺乳动物由于它们生存环境的限制,往往不可能具有多种冬眠对策。比较成功的冬眠动物通常都具有较深的巢穴,避免冻结。但是,由于地面冻结的深度具有年度变化,以及动物营巢习性的保守性,因此它们通常都在比较固定的区域营巢。动物进行冬眠的洞穴深度决定了动物休眠持续的时间和进行休眠的安全性之间的平衡关系。由于休眠消耗的能量往往取决于高于进行调节性休眠的条件下的最低环境温度,因此在相对较浅洞穴进行冬眠的动物可以将体温降低到接近 0℃的水平。但是栖息于接近地表,可能导致结冰或被捕食者发现的可能性增加。上述这些平衡关系可能在整个冬眠期间出现明显的变化,不过详细机制仍然不清楚。并且对大多数穴居冬眠哺乳动物在休眠过程中的温度选择性特征和模式还不十分清楚。

另外,许多洞穴生活的翼手类具有良好的温度选择性特征。许多研究结果表明,通常蝙蝠只在洞穴内温度较低而稳定的条件下进行冬眠,并且在冬眠期内,如果小气候条件出现显著变化时,蝙蝠可以在洞穴中活动。同一洞穴中不同区域的蝙蝠往往受到温度差异的分隔。例如,马铁菊头蝠(*Rhinolophus ferrumequinum*)在冬季环境温度不太低时,仍然能够捕食昆虫。在洞外环境温度高于 15℃时,这种蝙蝠可以从冬眠状态觉醒,并捕食昆虫,返回洞穴后,它们选择温度相对较高的区域继续冬眠。结果在进行冬眠过程中,这种蝙蝠可以在 1~2 天觉醒并且进行捕食活动。相反,如果在冬眠过程中,不能捕食,它们就选择洞内较冷的区域进行冬眠,并且冬眠时间维持较长,往往休眠一周时才醒觉一次。因此,动物对温度的选择特征的变化显著影响冬眠醒觉频率(Park et al.,2000)。

二、身 体 大 小

虽然在醒觉和深度冬眠时,哺乳动物的代谢率都显著受到体重的影响,但是,

不论环境温度如何变化，大型动物的绝对代谢率都显著高于小型哺乳动物。在醒觉条件下，哺乳动物的热传导与体重的关系为 $W^{0.5}$，并且在低温条件下，哺乳动物的静止代谢率显著高于基础代谢率。一些研究结果表明哺乳动物在深度休眠状态下，代谢率与体重之间的关系为 $W^{1.0}$，但是这一指数关系尚待进行详细研究。因为动物在醒觉时具有较高的代谢率，在深度休眠条件下，大型动物节约能量的绝对值显著高于小型动物，但是由于体重与代谢率之间的异速关系的影响，因此小型哺乳动物在冬眠过程中节约的能量相对比例则显著高于大型哺乳动物。出现这种差异的主要原因有：① 在冬眠时身体与环境之间的温度梯度与体重呈正相关；②在进入休眠时体温状况显著影响动物的代谢率（如 Q_{10} 规律），并且与体重呈负相关关系。还句话说，在低温条件下，体温度每下降 1℃，小型哺乳动物代谢率下降的幅度大于大型哺乳动物，并且比大型动物更容易达到更低的体温。

大型冬眠动物能够通过储存更多的能量来补偿代谢率升高。此外，在休眠期体重与能量需要之间的关系见图 7.1。在休眠初期，低温时体内的脂肪含量并不随体重的变化而变化。表明脂肪含量与体重的关系为 $W^{1.0}$。相反，在寒冷条件下，动物醒觉过程中的代谢率与体重的关系为 $W^{0.5}$。因此，动物以脂肪形式储存能量的能力随体重增加而增加的速度显著高于它在醒觉过程中消耗能量增加的速度。如果大型和小型冬眠哺乳动物的脂肪储存比例相同时，那么大型哺乳动物能够快速觉醒所需要的时间显著比小型动物长。由于小型哺乳动物可以进行蛰伏，一般在觉醒过程中，可以通过蛰伏耐受数天的饥饿；但是大型哺乳动物则进行休眠几个月后仍然可以回暖。实际上，虽然许多大型哺乳动物都具有较长的季节性休眠期，但是没有一种体重超过 5kg 的种类能进行真正的深度休眠。而且，冬眠哺乳动物身体越小，它们在休眠过程中经历低温的时间就越长。

大型冬眠动物似乎具有小型冬眠动物所具有的所有优势。如果大型动物在休眠过程中维持较高体温的时间比小型动物长，那么它们就不需要进行较长的冬眠期或沉积更多的脂肪。长期维持在 5℃ 条件下休眠的大型动物的觉醒频率与体重的关系为 $W^{1.0}$，而且每次觉醒持续的时间与体重的关系为 $W^{0.38}$。在休眠期中能量利用的异速关系受到觉醒时间间隔、觉醒时间和休眠阵等因素的影响。这些参数都与代谢率和产热调节特征显著相关。在低于热中性区时，动物觉醒时的代谢率与体重的关系为 $W^{0.5}$；随觉醒过程的进行，体温升高，最大持续代谢率可能达到标准代谢率的数倍，并且此时代谢率与体重的关系为 $W^{0.72}$。在哺乳动物处于深度休眠时，其代谢率与体重的关系为 $W^{1.0}$。在觉醒间隔期、觉醒期和阵发性休眠期，代谢率与体重的关系分别为 $W^{0.38}$、$W^{0.40}$ 和 $W^{-0.10}$。因此，觉醒间隔期的能量代价为 $W^{0.88}$（$W^{0.5}\times W^{0.38}$），觉醒的能量代价为 $W^{1.12}$（$W^{0.72}\times W^{0.40}$），而休眠阵期的能量代价为 $W^{0.90}$（$W^{1.0}\times W^{-0.10}$）。虽然这些表示能量利用的参数都是近似值，但是它们都与动物能量储存的异速关系相接近（$W^{1.0}$）。因此，具有相同脂肪储存比例的大型和小型哺乳动物的冬眠期基本相同。

大多数冬眠动物在春季休眠期，觉醒时间和休眠时间的比例增加，但是增加的幅度随体重的增加而增大。冬眠动物处于高体温的时间增加，使动物对环境条件的预测能力增强，进而能更精确地确定觉醒的时间。完全停止休眠，可有利于提早进行繁殖。一般来说，大型冬眠动物生态特征相类似的小型冬眠动物觉醒时间提前，并在早春进行繁殖。具有较长休眠季节的种类，繁殖时间相对较短，从而为进行下一次休眠做准备。由于妊娠时间随动物体重的增加而延长，因此上述各种时间限制性影响往往在大型冬眠动物中较为明显。但是这种提早觉醒可能受到食物短缺的影响。由于大型冬眠动物必须具有足够的时间进行繁殖，因此必须提早觉醒。

在种群中不同性别和年龄组之间可能存在不同的能量利用对策或繁殖模式，因此春季觉醒的能量利用效率也具有明显的种内差异。身体较大的成年黄腹旱獭（*Marmota flaviventris*）在春季几乎同时停止冬眠，并且在食物资源充足前即开始繁殖。而身体较小的个体并不能进入繁殖，它们往往在出眠后一个月左右食物条件丰富时才进入繁殖。小型刺猬在早春增加觉醒的频率，直到食物丰富时才停止冬眠。类似的情况也见于各种地松鼠（如 *Spermophilus beldingi* 和 *S. lateralis*），只有体型最大的雄性才在早春停止冬眠。体型较小的雄性在停止冬眠后并不能立即进入繁殖状态，同时雌性也大多数在食物丰富时才停止冬眠。身体较大的地松鼠在停止冬眠后并不能立即产生正常的精子，并且直到它们具有繁殖能力时，才能够维持高而稳定的体温。在笼养条件下，地松鼠 *S. beldingi* 到接近休眠结束时，能量利用加速。因此地松鼠可能也存在类似的情况（Frank，1991）。另外，落基林跳鼠的雄性出眠时间也早于雌性，并且出眠前觉醒频率也显著增加（Stebbins，1983）。

三、休眠持续的时间

由于气候条件存在着显著的年度变化，因此冬眠动物出眠的时间也具有明显的年度变化。不同物种冬眠持续的时间差异相当大，如刺猬（*Taxidea taxus*），一年中休眠期为 2~3 个月，并且在休眠期内往往浅度休眠所占的比例较大；而旱獭的休眠模式与此显著不同，后者一年中深度休眠所占的时间可以达到 8 个月。而且，具有较短休眠时间的种类体内储存脂肪的量较少、觉醒也较早，而与其身体大小相近的深度冬眠的种类，体内脂肪储存较多、觉醒时间也较晚，即具有较长的冬眠期（Harlow，1981）。

四、休眠期内的能量消耗

从本质上来看，哺乳动物冬眠时的能量消耗模式，尤其是产热调节特征和模式很可能是物种重要的遗传特征。但是，也存在显著的个体差异，主要表现在个体能量储存和休眠时间的长短等方面，不同的物种往往出现由于储存脂肪量的不同而导致休眠时间出现显著不同。例如，身体较瘦的地松鼠可能会在冬眠期中自发地停止休眠，而身体较胖的个体则并不出现由于体内储存能量的不足而诱导的自发性停止休眠。由此可见，在能量利用和休眠状态之间存在着明显的负反馈调节。例如，春季地松鼠的休眠时间与体内脂肪储存利用之间确实存在明显的负反馈调节关系；地松鼠体内脂肪减少，导致春季休眠时间缩短。随着地松鼠脂肪消耗增加，休眠的时间再次延长。这种变化与动物在休眠前脂肪沉积量相关（Frank，1991）。

在休眠期内，体重对能量消耗的抑制作用主要与不同物种储存食物能力有关，而与脂肪储存无关。一般来说，动物储存食物中含有大量的能量，因此具有储存食物习性的种类的休眠期往往比单纯依靠体内脂肪组织为能量的种类的休眠期要短得多。例如，囊鼠（*Perognathus*）中许多种类都具有季节性休眠的特征，有的休眠期可以长达 10 个月。它们在休眠期内至少苏醒 100 次以上，每次苏醒时间可以持续数小时，相反，与囊鼠体重相似的蝙蝠，在休眠期苏醒的次数可能只有 20 多次，而且每次苏醒的时间仅为 1～2h。囊鼠在两次苏醒之间的间隔时间最长也短于 1 周，而蝙蝠可以超过 1 个月。囊鼠持续休眠的时间短于 1 周的主要原因可能与储存食物有关，如花鼠和仓鼠（French，1989）。

具有储存食物的冬眠种类对能量需要的反应似乎比储存脂肪的种类更为敏感。在 5℃条件下，囊鼠（*P. inornatus*）和花鼠（*Tamias striatus*）的休眠阵的季节性变化与储存脂肪的冬眠种类十分相似。换句话说，这两个物种在春季到来之前，主要依靠消耗身体内的脂肪组织为代价，来维持体温调节所需要的能量（Wang and Hudson，1971）。因此，体重的季节性变化的幅度显著与动物开始冬眠时的体重相关。在开始冬眠时囊鼠的体重为 400g，经过冬季和春季冬眠后，体重降低了 1/3～1/2，即只有 300g 或 200g。花鼠也表现出休眠时间与能量利用之间呈负相关关系的特征。随着食物供应的增加，花鼠春季停止休眠的比例也随之增加。但是，当春季能量供应超过它们利用能量的限制后，这两种动物的能量消耗水平也随之显著增加。另外，冬眠哺乳动物为了减少体温调节所消耗的能量，因此体温显著降低。

哺乳动物在休眠时期中一般处于不活动状态，并且许多生理特征和机能都处于相对不活动状态。从能量学的角度来看，在休眠时期的哺乳动物节约能量的水平往往取决于体温调节状况。虽然不同种类的休眠特征不尽相同，但一般可以将哺乳动物的休眠分为两种显著不同的适应模式：①休眠是一种对环境中能量资源短缺的生存适应对策；②季节性休眠，利用休眠减少体内脂肪消耗，避免再出现能量供应短缺。

降低体温达到节约能量的目的，可能是所有真兽类节约能量的一种有效途径，这种途径在冬眠哺乳动物中表现得尤为明显。

参 考 文 献

Cranford JA. 1978. Hibernation in the western jumping mouse(*Zapus princeps*). Journal of Mammalogy, 59: 496-509.

Davis WH. 1970. Hibernation: ecology and physiological ecology. Biology of Bats, 1: 265-300.

Frank CL. 1991. Adaptations for hibernation in the depot fats of a ground squirrel(*Spermophilus beldingi*). Canadian Journal of Zoology, 69: 2707-2711.

French AR. 1989. The impact of variations in energy availability on the time spent torpid during the hibernation season. Living in the Cold, 2: 129-136.

Geiser F. 1986. Thermoregulation and torpor in the kultarr, *Antechinomys laniger*(Marsupialia: Dasyuridae). Journal of Comparative Physiology, 156: 751-757.

Harlow HJ. 1981. Torpor and other physiological adaptations of the badger(*Taxidea taxus*)to cold environments. Physiological Zoology, 54: 267-275.

Park KJ, Jones G, Ransome RD. 2000. Torpor, arousal and activity of hibernating greater horseshoe bats(*Rhinolophus ferrumequinum*). Functional Ecology, 14: 580-588.

Stebbins LL. 1983. Activity patterns of *Zapus princeps* prior to hibernation. Acta Theriologica, 28: 321-323.

Twente JW, Twente JA. 1968. Progressive irritability of hibernating *Citellus lateralis*. Comparative Biochemistry and Physiology, 25: 467-474.

Wang LCH, Hudson JW. 1971. Temperature regulation in normothermic and hibernating eastern chipmunk, *Tamias striatus*. Comparative Biochemistry and Physiology, 38: 59-90.

第八章　鸟类和哺乳动物恒温性的进化

在环境温度剧烈变化的条件下，通过不断的代谢产热维持高而稳定的体温，这是鸟类和哺乳动物最显著的特征。这两类温血动物或者更准确地说是内热源动物能维持高而稳定的体温，其原因在于它们具有较高水平的代谢率，体内几乎所有组织器官都具有较高水平的代谢产热能力，一般都可以达到爬行动物的 5～10倍。同时，鸟类和哺乳类还具有发育良好的隔热机制，能有效地防止体内热量丧失。因此，这两类动物可以在环境温度剧烈变化的条件保持机体内的生理过程和功能稳定。

与此相反，其他动物并不能进行有效的内源性产热，保持体温稳定。这些动物的内源性产热能力不能满足维持体温稳定所需要的能量，它们维持体温的能量主要来自环境中的外源性热量（即外热源性变温动物，ectothermic poikilothermy），可将其称为温度顺应者，体温随环境温度的变化而变化。在温度条件比较均一的环境中（如海洋或淡水生态系统中），温度顺应者的生理机能并不出现紊乱，因为遗传适应和/或其他许多生化特征在环境温度变化过程中出现的驯化作用，可显著改善有机体对环境温度变化的适应能力，如可能在酶功能（Somero，1995）和生物膜结构（Hazel，1995）等方面出现适应性变化。

空气是热的不良导体，在大多数情况下，外热源动物可以通过改变身体与太阳的相对位置（接受太阳辐射）和选择适合的小生境等行为热调节进行体温调节。虽然夜间这些动物仍然是典型的温度顺应者，但是在不同季节许多蜥蜴白天仍然可在很大程度上维持体温相对稳定，并且维持体温显著高于环境温度，表现出许多内温动物的体温调节特征（Avery et al.，1982）。例如，某些热带大型蜥蜴科摩多巨蜥（*Varanus konodoensis*）等，可以通过改变体表面积与体积之比，以及增加内源性产热来维持夜间体温保持稳定，从而使体温维持在接近恒温动物的水平（McNab and Auffenberg，1976）。很可能最早的爬行动物在白天也能维持与鸟类和哺乳类相似的体温。

鸟类和哺乳类能维持体温稳定，主要取决于以下几个因素：①身体表面存在毛和羽，可显著降低热传导；皮下脂肪增加也可显著降低体表的热传导，而爬行动物的脂肪主要沉积在体内。②维持较高水平的代谢产热能力，使其产热与散热相平衡。在低温胁迫下，耗氧量增加，增强代谢产热能力，从而维持体温保持稳定。内温动物在一定环境温度范围内，内源性产热最小（即基础代谢率 BMR），并且保持不变。

在低温环境中，鸟类增加产热的主要形式是颤抖性产热（shivering thermogenesis，ST），鸟类进行 ST 的主要部位是飞翔肌中拮抗肌群的等张收缩（isometric contraction）（West，1965）。而在急性冷暴露时，大多数哺乳动物则通过增加非颤抖性产热（nonshivering thermogenesis，NST）来增加代谢产热（Heldmaier et al.，1989）。NST 增加与许多内分泌激素的分泌状态有关。通常 NST 可以达到 BMR 的 2～4 倍（Feist and White，1989）。许多真兽类的褐色脂肪组织（brown adipose tissue，BAT）是进行 NST 的主要部位，尤其是具有冬眠习性和/或冷适应的种类，以及幼体时期，BAT 的产热能力显著增强（Himms-Hagen，1990）。

少数几种爬行动物，如蟒蛇 *Python*，几种体型较大的鱼类，如角旗鱼、鲑鱼、虎鲨等，也能维持体温或身体深部的温度稍微高于环境温度（van Mierop and Barnard，1978）。雌蟒在孵卵过程中，伴随着肌肉强有力的阵发性收缩，产生大量的热量，可显著提高卵的温度。某些鱼类则表现出具有较高的活动能力和发育良好的血管逆流热交换系统。某些鱼类甚至具有热细胞（heater cell），并通过热细胞来提高中枢神经系统的温度。

然而，以上这些动物并没有形成与鸟类和哺乳类相同的内温性。因为这些种类在缺少骨骼肌强有力收缩的条件下，不可能具有有效的产热机制来满足整体高而稳定的体温所需的能量。另外，不论环境温度如何，这些种类都不可能将体温维持在高于环境温度 10～25℃的程度。所以在动物界中，只有鸟类和哺乳类才属于真正的内热源动物。

虽然有证据表明鸟类和哺乳类的内温性可能是相互独立进化而来的（Ruben，1996），然而在进化历史上，可能出现了某些特殊因素对鸟类和哺乳类的内温性起源起着重要的作用，但是目前对这些因素仍然不清楚。一般认为，导致鸟类和哺乳类出现内温性的选择因子可能包括以下几种因素：① 大脑体积增加（Ruben，1995）；②改善活动能力（Carrier，1987）；③增强体温调节能力（Crompton et al.，1978）；④增强有氧代谢能力（Bennett and Ruben，1979）。其中接受③和④观点的学者最多。按照传统的体温调节理论，哺乳动物向具有较高水平代谢率方向进化的原因主要与中生代早期，哺乳动物的祖先兽齿兽孔类爬行动物（cynodont therapsid reptile）提高体温调节能力有关。进化选择假说则认为，动物具有高而稳定的体温可以使有机体内各种重要的生理生化反应和过程受环境温度的影响降低到最低限度，从而导致动物的生态位扩展，提高动物在热带的活动能力和/或在寒冷环境中的生存能力。人们根据各种不同外温动物和内温动物最大耗氧量与最低耗氧量之比为一常数的研究结果，提出了有氧代谢模型（the aerobic capacity model），该模型认为，鸟类和哺乳类具有高水平静止代谢率的主要原因与增强有氧能力和活动能力有关。根据这一假说，鸟类和哺乳类代谢率增加的最初原因是增强活动能力。所以，最初动物提高有氧代谢能力与增加静止代谢率或体温调节能力无关。但是，在长期的进化过程中，由于有氧代谢能力显著增强，活动能力也随之增强，同时也导致静止代谢率显著增加。实际上，为了满足内温性能量消耗增加，鸟类和哺乳类的静止代谢率必须显著增加。

一、鸟类和哺乳类内温性进化的生理学基础

1. 鸟类和哺乳类的热传导

早在 2 亿年以前，就出现了哺乳动物，这时的哺乳动物与爬行动物十分相似，它们身体较小（体重大约只有 50g），具有毛被（Crompton et al.，1978）。可以形象地将它们看作蜥蜴体外增加了一层隔热保护层的动物（Cowles，1958）。古生物学研究结果也表明，早期的哺乳动物确实与爬行动物十分相似，可能并不具有真正的恒温性。但是，现生鸟类和哺乳类为了在不同环境温度下维持体温恒定，都具有有效的隔热层，减少热量丧失。与爬行动物相比较，大多数哺乳动物和鸟类不仅具有发育良好的毛和羽所构成的皮被，而且具有发达的皮下脂肪组织，能够有效地防止体内热量丧失。对于体重超过 10kg 的种类，热传导显著低于爬行动物的热传导。然而由于体表面积与体积之比随身体增大反而减小，大型爬行动物（体重为 20～30kg）的热传导很可能接近大型哺乳动物的水平（Quinn et al.，2007）。另外，小型爬行动物和类似哺乳动物的爬行动物，由于没有有效的隔热机制，因此不可能具有与现代内温动物相似的体温调节模式和特征（Spotila et al.，1991）。

2. 温度调定点（temperature set point）和静止代谢率

虽然并非是所有的鸟类和哺乳类都具有较高的体温，但是大多数鸟类和哺乳类的体温都较高，通常达到 37～42℃。不过也有一些种类体温较低，如单孔类中的针鼹（*Bradypus*）、鸭嘴兽（*Ornithorhynchus*）等，它们的体温仅能维持在 30～32℃（Schmidt-Nielsen et al.，1966），显著低于其他真兽类、有袋类（35℃）和鸟类（37～42℃）的体温。这种体温调节特征上的差异很可能与它们的进化地位不同有关。进化地位较低的单孔类体温最低，有袋类则介于真兽类和单孔类之间。但是，没有理由认为体温较低就意味着进化地位较低或原始。现在也发现某些真兽类的体温与单孔类相似，如贫齿类和食虫类等。另外在急性冷暴露过程中，针鼹和鸭嘴兽都具有良好的体温调节能力，即使在冰点以下的环境温度下，也能通过增加产热来调节体温。

哺乳动物代谢产热能力显著受到营养状态（Izraely et al.，1989）、食性（McNab，1980）的影响。但是单孔类的基础代谢率显著低于其他哺乳动物的基础代谢率（Dawson and Hulbert，1970）。例如，采用温度校正后，针鼹的基础代谢率只有真兽类或鸟类的 5%（Schmidt-Nielson，1964）。相反，几乎所有爬行动物的静止代

谢率都可达到内温动物的 10%～20%（Bennett，1980）。某些身体较大的龟鳖类（Paladino et al.，1990）也具有中等大小的静止代谢率。在真兽类中，某些食虫类（如刺猬 *Erinacea*、鼩猬等）也具有类似于爬行动物的能学特征（Crompton et al.，1978）。但是它们的基础代谢率却比身体大小相似的爬行动物高大约 5 倍（McNab，1980）。因此，如果中生代存在具有内温特性的"鸟类"和"哺乳类"的话，那么它们的静止代谢率必然高于典型的爬行动物。

爬行动物的低水平静止代谢率与其体温较低或体温调节机制简单之间没有必然的联系。与内温动物相似，爬行动物体温调节中枢也位于下丘脑（Bartholomew，1982），并且许多蜥蜴在白天能通过行为机制调节体温保持相对稳定状态（Avery et al.，1982）。哺乳动物、鸟类和许多爬行动物都具有相同的发热（fever）反应，即通过内源性或外源性刺激下丘脑，改变体温调制点，从而导致体温上升，出现发热现象。例如，沙漠鬣蜥在发热时，体温可以升高到37.4～39.6℃（Mahapatra et al.，1989）。因此，鸟类和哺乳类由于改变温度调制点特征所引起的生理反应与爬行动物相似。从而表明它们具有相似的体温调节机制。

现在还不清楚原始哺乳动物体温调制点特征，因此中生代"前哺乳动物"是否具有内温性，或是接近内温性，现在还没有定论。如果将单孔类暴露在低温（10℃）环境中，并且限制活动，那么它们就不能维持体温恒定。此外，一些现生原始的真兽类哺乳动物即便是在活动状态下，也不能维持体温恒定（Dawson and Grant，1980）。鸟类和哺乳类的冬眠、夏眠和日休眠等（即允许体温降低到显著低于正常体温水平以下），很可能是对季节性低温、干旱的一种适应，而并不是原始外温性和体温调节的表现（Ruben，1996）。

3. 爬行动物、鸟类和哺乳类的活动代谢

大多数哺乳动物和鸟类的基础代谢率都显著低于活动代谢率，基础代谢率一般仅能维持动物的机体能量消耗。随着动物活动水平的增强，为了满足由于活动水平增强而对 ATP 需要增加，动物必须增强代谢能力，耗氧量也随之增加。当动物活动所需的能量超过动物有氧能力时，就必须通过无氧代谢提供能量，从而产生大量的乳酸。一般来说，外温动物的最大耗氧量和有氧能力都显著低于内温动物（Bennett，1980）。在动物处于最大活动状态时，爬行动物的最大耗氧量可以达到同一温度条件下静止代谢率的 10 倍，并且此时的最大耗氧量与内温动物相似（Bartholomew，1982）。不过在剧烈运动时，哺乳动物和鸟类的最大耗氧量也可以增加 10 倍以上（Hohtola，1981）。内温动物有氧代谢能力显著高于爬行动物，例如，在 35℃时体重 1kg 的蛇 *Masticophis*，其活动代谢率和静止代谢率分别为 $16mlO_2/min$ 和 $1.7mlO_2/min$，而体重为 1kg 的哺乳动物 *Potorous* 则分别为 $130mlO_2/min$ 和 $10mlO_2/min$（Ruben，1996）。虽然它们的最大代谢率与静止代谢

率之比相同，但是内温动物用于支持活动的有氧代谢能力显著高于爬行动物（Bennett and Ruben，1979）。

爬行动物、哺乳动物和鸟类活动模式的差异也反映出它们的活动代谢率之间的差异。如果以有氧代谢能力作为衡量动物活动代价，则陆生内温动物活动代价最高，快速活动的外温动物介于典型的内温动物和外温动物之间。无氧代谢能力可以显著降低有氧代谢能力；具有较高水平的无氧代谢能力的种类，其有氧代谢能力显著降低，这种生理代谢模式对那些要求在较短时间内出现高水平运动特征的种类有利。因此，陆生外温动物缺乏持久力，能量消耗速度很快，并且需要数小时才能恢复（Bennett and Ruben，1979）。

在鸟类和哺乳动物的进化过程中，这种外温动物典型的运动生理模式发生了显著变化。由于活动水平增强，持久力和耐受能力也显著增强，有氧代谢能力也随之增强。与大多数爬行动物相比较，鸟类和哺乳动物出现耐受能力增强的氧化性骨骼肌（Hohtola，2004）。哺乳动物骨骼肌收缩速率比身体大小相似的爬行动物快 6~7 倍，并且远远超过现代爬行动物的代谢能力（Bennett and Ruben，1979）。

很明显，内温性进化并非是由于在阵发性运动所出现的总最大代谢率（有氧能力+无氧能力）的基础上进化而来的（Ruben，1996）。哺乳动物和爬行动物最大间断奔跑速度基本相似，但是几乎所有动物在快速奔跑时耗氧量都达到最大，无氧代谢能力能够提供超过有氧代谢能力以外的能量。外温动物在阵发性运动过程中，乳酸发酵产生的能量比内温动物高，此外，有氧代谢条件下哺乳动物的最大运动速度大约为爬行动物的两倍，而无氧代谢条件下爬行动物的运动速度为哺乳类的 10~30 倍（Bennett and Ruben，1979）。很明显，无氧代谢能力在低等脊椎动物活动中的作用显著高于鸟类和哺乳动物。

4. 鸟类和哺乳动物的氧运输系统

鸟类和哺乳动物的有氧代谢能力水平显著超过了爬行动物的氧运输系统能够承受的能力。内温动物的进化很可能与肺呼吸机能和心血管系统的进化密切相关。另外，与爬行动物相比较，鸟类和哺乳动物肺通气量（vascularization）潮式呼吸（ventlation）显著增加，同时血液携氧能力、组织中毛细血管的分布、肌红蛋白含量和氧吸收率等都显著增加（Tøien，1993）。但是鸟类和哺乳动物之间也存在很大的差异，表明它们内温特征的起源很可能不同。例如，① 鸟类肺从空气中吸收氧气的速度是哺乳动物的 2 倍（前者为 40%，后者为 20%），而且鸟类在静止时的呼吸频率为与其身体大小相同的哺乳动物的 30%~50%。两者最大差异表现鸟类潮式呼吸的总体积（空气体积/呼吸频率）显著大于哺乳动物，同时鸟类肺部血管分布较少（Marjoniemi and Hohtola，1999），在整个呼吸周期中，鸟类肺的体积基本上保持不变，空气沿一个方向流动，气体交换过程在呼吸支气管中完成（Lowell and Spiegelman，2000）。哺乳动物的换气过程主要通过膈肌的活动完成，即通过膈肌的收缩与舒张，改变肺的体积，产生双向流动的气流，在气体交换表面完成（Tøien，1993）。②与哺乳动物不同，鸟类心脏右侧具有由普肯野纤维构成的房室环（atrioventricular ring），该结构在心脏搏动时可以形成房室瓣（atrioventricular valve）（Ruben，1996）；另外，鸟类的心脏体积、每搏输出量和动脉血压等均显著高于哺乳动物（Clark et al.，2000）。③鸟类红细胞具有细胞核，体积较大；哺乳动物的红细胞不具有细胞核体、积较也小。④哺乳动物只具有左体动脉弓，而鸟类则只具有右体动脉弓。

　　哺乳动物增强运输氧气能力的进化与其运动能力的进化密切相关，而并非是单纯提高静止代谢率的结果。例如，在剧烈运动时，膈肌对增加氧气供应起着重要的作用，但是对维持基础代谢率和内温性似乎并不重要（Ruben，1995）。另外，大多数活动能力较强的蜥蜴 Varanus 的有氧氧化能力与许多哺乳动物的静止代谢率接近（Bartholomew，1982）。所以中生代的鸟类或哺乳动物的祖先很可能利用并改进了当时爬行动物的氧气运输系统来提高静止代谢率，使其达到维持内温性能量消耗增加的要求。

5. 器官和组织的内温特征

　　人体在静止时内脏器官的产热大约占总热量的 70%，其中包括肝脏、肾脏、脑、心脏和小肠等。尽管这些器官仅占体重的 8% 左右（Cannon and Nedergaard，2004）。影响哺乳动物和爬行动物静止代谢率的两个重要因素是：① 哺乳动物的内脏器官重量比爬行动物重；②哺乳动物单位体重或单位内脏器官重量的代谢也显著高于爬行动物。

　　蜥蜴 Amphibolurus 主要内脏器官（包括肝脏、肾脏、心脏和脑等）的重量仅占体重的 3.3%，显著低于典型实验啮齿动物的重量（如 Mus 为 10%）。哺乳动物内脏器官重量与体重之间的关系为 $0.18M^{0.83}$，而爬行动物仅为 $0.14M^{0.75}$（M 为体重，单位克）。结果，哺乳动物体重增加导致内脏器官重量增加的速度显著高于爬行动物，即爬行动物体重增加一倍时，内脏器官增加 54%，而哺乳动物体重增加一倍，内脏器官重量增加 68%。这一比例与两类动物体重均增加一倍，代谢率增加的比例相似（体重增加一倍，爬行动物代谢率增加 54%，哺乳动物则增加 71%）（Hulbert and Williams，1988）。鸟类心脏、肾脏和静止代谢率的关系也与体重和静止代谢率之间的关系相类似（Clark et al.，2000）。

　　外温动物静止代谢率的变异也反映出内脏器官的细胞耗氧量之间的差异。在类似条件（37℃）下，大白鼠 Rattus 肝脏、肾脏和脑组织的单位重量的耗氧量大约为蜥蜴 Amphibolurus 的 4.3 倍、3.8 倍和 1.6 倍（Brand，2000）。

6. 内温动物细胞生理学

动物细胞氧化底物的主要功能是通过线粒体合成 ATP。代谢产热仅是合成或利用 ATP 过程中的副产物。外温动物和内温动物不同组织器官中，细胞线粒体内膜表面积存在着巨大的差异，是两类动物代谢差异的重要细胞和亚细胞证据。

线粒体内膜上具有许多与氧化代谢密切相关的酶系统（如细胞色素氧化酶，该酶的数量和活性决定了细胞的耗氧量），线粒体内膜表面积增加，导致各种呼吸酶数量增加，代谢率随之增强。电子显微镜观察结果表明，大白鼠肝脏、肾脏和脑细胞中，线粒体内膜表面大约为蜥蜴的 4 倍（Hulbert and Williams，1988）。这种差异的主要原因之一与两者器官重量密切相关；同时也与哺乳动物这些器官中线粒体密度大于爬行动物有关。另外，内温动物线粒体中的细胞色素氧化酶活性（$molO_2/$（mg·min））平均比爬行动物高 2 倍（Altringham and Block，2000）。因此，内温动物和外温动物静止代谢率之间的差异与决定静止代谢率的主要内脏器官中线粒体内膜表面积和氧化酶活性之间的差异相类似。

以上研究结果从细胞和亚细胞水平上阐明了内温动物静止代谢率增高的能量学机制。同时也为阐明从外温动物向内温动物转变时，代谢率出现的变化提供了证据。内温动物内脏组织中线粒体内膜总面积、线粒体密度和单位线粒体重量氧化酶活性等均为外温动物的两倍。但是就单个线粒体而言，外温动物与内温动物之间没有本质差异。至少两者的线粒体特殊代谢率基本相同。这一事实很可能表明在古生代和/或中生代时期，哺乳动物，也包括鸟类的静止代谢率进化途径仅仅表现为简单地通过增加内脏器官的线粒体数量而实现。现生哺乳动物的个体发育中，内温性的发育过程似乎重现了上述系统发育过程，如袋鼠 *Macropus* 出生后静止代谢率增加（从外温性动物逐渐发育为内温性动物）与内脏器官线粒体内膜表面积增加呈比例（Hulbert and Else，2000）。

动物的最大代谢率在很大程度上取决于骨骼肌和心肌特征。与爬行动物相比较，小型和中型的哺乳动物骨骼肌和心肌重量大约比体重相类似的爬行动物分别大 30%和 65%，而哺乳动物骨骼肌和心肌线粒体内膜总面积大约比爬行动物高220%和 290%。虽然这一差异较两者器官重量的差异小，但是哺乳动物骨骼肌细胞线粒体内膜酶活性比爬行动物高两倍。因此，与内脏器官线粒体主要决定动物的静止代谢率不同，尽管内温动物骨骼肌细胞线粒体总内膜表面积比外温动物高两倍，但是单位线粒体内膜面积上所能产生的代谢能却为内脏线粒体的最大代谢率的 2 倍。由此可见，骨骼肌细胞中线粒体总内膜面积和酶活性等特征为内温动物活动能力增强提供了能量保证。

内温动物骨骼肌线粒体输出代谢能与内脏线粒体内膜之间的差异可能预示着两类线粒体在进化上存在着巨大的差异。外温动物和内温动物横纹肌不仅肌纤维直径大小不同，而且肌纤维结构特征也表现出明显的保守性（Lowell and Spiegelman，2000）。这种保守性与限制气体和营养物质扩散到肌细胞的最佳距离有关，尤其是红肌细胞最为明显；同时也与肌细胞内收缩蛋白的功能有关。另外，典型显微镜研究结果表明，骨骼肌细胞线粒体对脂肪氧化的速率与单个线粒体和细胞质中脂肪颗粒接触面积有关（Brand，2000）。综上所述，在鸟类和哺乳动物恒温机制的进化过程中，线粒体内膜面积增加起着重要的作用。很可能出现骨骼肌细胞内线粒体数量减少，但线粒体能量输出效率增加。因此，骨骼肌细胞中线粒体变化也许与肝脏、肾脏和脑等组织中线粒体的进化趋势不同，后者主要表现为增加与外温动物相同的线粒体，达到增加线粒体代谢能输出的目的。

单个线粒体的能量输出增加或净线粒体内膜面积增加，都有利于维持内温性对能量消耗增加的需要。然而，并没有显示出由于能量代谢增加导致哺乳动物和鸟类所出现的生理特征及其变化模式。哺乳动物和鸟类质膜和质膜维持的 Na^+ 和 K^+ 梯度特征，可能为上述结论提供部分解释。质膜维持 Na^+ 和 K^+ 梯度主要与 Na^+-K^+-ATP 酶的活性有关。Na^+、K^+ 梯度的维持对各种生理功能都是必需的。这些生理功能包括势能的产生和维持、激活细胞摄取营养物质（如氨基酸、糖类等）及蛋白质合成（Brand，2000）。与蜥蜴相比较，鸽和大白鼠肝脏、肾脏等细胞的质膜对 Na^+ 和 K^+ 的通透性均较高。因此，为了维持正常的离子梯度，离子通透性增强，必然导致代谢能增加（Hulbert and Else，2000）。

哺乳动物细胞质膜离子泄漏增强与组织中蛋白质和磷脂浓度高有密切关系。与爬行动物相比较，哺乳动物质膜中，磷脂含量的变化最为明显。虽然哺乳动物质膜中总不饱和脂肪酸含量显著降低，但是不饱和脂肪酸指数（unsaturated index）显著增加，可达到35%左右。另外，某些长链不饱和脂肪酸，尤其是花生四烯酸（arachidonic acid）、二十二碳六烯酸（decosahexanoic acid）、20-和 22-碳磷脂等的含量显著增加。而亚油酸（linoleic acid）（18 碳）的含量少于爬行动物（Hulbert and Else，2000）。

脂蛋白和磷脂含量的变化很可能是导致内温动物细胞质膜离子渗透性增强的主要原因，从而导致内温动物维持细胞离子梯度的能量消耗增加的重要原因。与爬行动物相比较，哺乳动物对甲状腺激素刺激的代谢反应增强，甲状腺激素可显著刺激哺乳动物肝细胞代谢增强、线粒体内膜表面积增大、质膜中不饱和脂肪酸含量增加，以及肝细胞膜转运 Na^+-K^+ 显著增强（Brand，2000）。另外，体重、体重特殊代谢率与心脏细胞膜中二十二碳六烯酸含量呈显著的负相关关系。而哺乳动物肝细胞和肾细胞中磷脂的含量也显著增加（Duchamp et al.，1999）。

内温动物质膜的离子泄漏不仅提高了单位质膜面积的做功能力，而且是增加内温动物产热能力所必需的（Hulbert and Eles，2000）。因此，专性产热假说（thermogenesis-dedicated）认为，鸟类和哺乳动物线粒体内膜离子渗透性增强，导致细胞产热能力增强的主要原因是由于质子无效循环作用增强（Brand，2000）。与体重特殊代谢率相似，哺乳动物线粒体重量特殊离子渗透性随体重的增加而降低。另外，质子泄漏导致的产热能力的变异很可能决定了哺乳动物体重特殊静止代谢率的变化（即"鼩鼱-大象"代谢曲线）（Cannon and Nedergaard，2004）。但是，这一假说并不能对所有内温动物代谢率与体重之间的变异关系作出解释（Heldmaier et al.，1989），动物产热能力的差异不可能完全反映出不同动物的系统分类地位。

如果质膜或线粒体内膜渗透性增强是内温动物内源性产热增加的主要原因，那么，与爬行动物相比较，哺乳动物和鸟类细胞总代谢能力也应该与质膜的渗透性相关。在脊椎动物的各种组织器官中，特化产热的器官组织，维持质膜离子梯度的能量应该占总细胞代谢能量的比例增加。例如，哺乳动物的褐色脂肪组织（BAT）（Himms-Hagen，1990）和鱼类的脑加热器官（Block，1994）。但是，对外温动物和内温动物肝脏和肾脏细胞的体外研究结果表明，这些细胞的耗氧量占总组织耗氧量的比例与维持质膜离子梯度所消耗的能量相似（25%～35%）（Brand，2000）。质膜离子泄漏在决定内温动物静止代谢率中的作用很可能比在外温动物中的作用更为重要。的确，内温动物维持质膜的离子泄漏可显著导致静止代谢率增加，不过，几乎内温动物所有细胞的功能都以大致相同的幅度增强。

以上这些研究结果表明，内温性进化过程不仅可以从细胞生理学上进行定性研究，而且可以进行定量研究。内温动物质膜-非质膜结构的对称性（symmetry）占静止代谢能的比例与外温动物和内温动物细胞产生 ATP 的能力相符。也许在细胞和亚细胞水平上，内温性进化在很大程度上与增强细胞代谢功能有关。而这些特征也与内温动物的祖先十分相似。与细胞 ATP 产生能力增强相适应，可能通过增加未分化的线粒体，以增强对底物的氧化作用，增加 ATP 的合成。

内温动物具有相当高的能量消耗水平，不仅与细胞代谢速率增加有关，而且与细胞总能耗增加有关。上面所讨论的生理学模式表明，由于内温性的出现而导致代谢能量消耗增加不可能完全用于内源性产热调节。另外，最初出现具有的内温性特征的原始哺乳动物［二叠纪后期，距今大约 2 亿 5 千万年；兽齿类动物（theriodont therapsids）］很可能栖息于亚热带地区。这些动物的活动能力较低，并且由于体温调节导致内源性产热能力增强所获得的利益与代谢消耗增加之间并不平衡（McNab，1980）。

内温性代谢率显著高于外温性代谢率的重要原因与其机体内分子周转和合成速率加快密切相关。在哺乳动物中，蛋白质周转速率和代谢尺度（metabolism scale）与体重增加的尺度相同；与爬行动物相比较，哺乳动物组织中蛋白质和磷脂含量增加了 50%，这些化合物的周转率和合成速率也增加，因此就必须具有高水平的有氧代谢能力和 ATP 合成能力。内温动物质膜的泄漏特征确实与代谢增强密切相关。增强 Na^+-K^+ 泵的活性能够显著增强质膜运输各种物质的能力，包括各种营养物质和生物合成所需的各种氨基酸（Bozinovic，1992）。

哺乳动物和鸟类生理机能要求必须具备较高的分子周转率和合成速率吗？大

白鼠、鲑鱼（*Oncorhynchus*）和螃蟹（*Cyprinus*）体内氧化型肌纤维含量较高，这种肌纤维与大多数哺乳动物和鸟类体内占优势的氧化型骨骼肌纤维相似，不仅蛋白质周转速率高，而且合成速率也较快；相反，与爬行动物白肌纤维类似的肌纤维含量较低（Hohtola and Stevens，1986）。蛋白质周转速率加快可显著增加单位时间内肌肉活动速率（Hohtola，2004）。也许鸟类和哺乳动物内温性起源可能涉及由高浓度、高耐受性的氧化性骨骼肌纤维所支持的运动活性增强。因此，由于机体对 ATP 需要增加，从而增强了 ATP 的生产能力，内温动物祖先的静止代谢率显著增加，与此相联系，内脏系统对 ATP 合成增加的功能也显著增强。内脏功能的增强，可能导致氨基酸和蛋白质合成作用增强、尿产生和排泄增加、对营养物质的消耗吸收功能也显著增强，同时，处理乙酸的能力也增强。

一些学者认为，某些已灭绝的种类很可能已具有一定程度的内温特征，即在生活史的早期具有明显的内温特征，而在发育成熟后变为外温性动物（Horner and Lessem，1993）；另一些学者则认为，早期哺乳动物的内温性与外温性具有明显的季节性变化（Lord and Farlow，1990）。与此相类似，在大约 2 亿年的进化历史中，鳄鱼可能经历了由典型的外温动物演化为内温动物，最后又恢复为典型的外温动物的演化过程（Brand，2000）。不过应该注意到，虽然在进化过程中内温性进化速度较快，但是，与外温动物相比较，内温动物的生理机能特征极为复杂，并且表现在分子、细胞和器官系统等不同水平上都具有高度的复杂性。例如，质膜中不饱和脂肪酸、磷脂含量显著增加，肌肉线粒体氧化效率提高，组织中蛋白质和磷脂含量增加，肺呼吸结构和心血管系统的特化等。目前，还没有发现一种现生的内温动物能完全转变为真正的外温动物。

二、哺乳动物、鸟类及其祖先内温性的化石记录

1. 内温性的化石记录

关于现存动物保持内温性的机制，已从生理学研究中得到了大量重要研究结果。但是，生理学研究不可能提供关于古代环境条件下动物维持内温性的代谢特征，以及与四足类内温性起源相关类群祖先的生理机能特征状况。这两方面的研究结果对阐明鸟类和哺乳动物代谢特征起源和演化，以及与其进化相关的自然选择因素等都具有重要意义。所以古生物学研究在阐明内温动物的起源与演化中占有极为重要的地位。虽然许多维持内温性的重要生理特征，如血液运输氧气的能力、肺的结构、线粒体密度等，并不能从化石记录中直接得到相应的证据，但是，所有关于现在已灭绝的种类代谢特征的各种假说都缺乏强有力的直接证据，这些研究主要集中于捕食者与猎物的关系、形成化石的机制、化石中同位素测定及古气候对动物的影响等；或者是动物的活动模式、脑的相对重量、骨骼化石形成的

过程等。不过这些研究都不能直接得到古代动物保持内温性的基本特征（Bennett and Ruben，1979）。此外，过去采用的形态学研究结果，包括骨骼的组织学特征等，都是建立在物种形态类似的基础上进行的，并没有将内温性包括在内（Bennett，1980）。

目前，仍然没有直接证据表明在化石记录中所保存下来的结构特征与内温性特征之间存在着必然的联系。但是，哺乳动物鼻甲骨（turbinate）的结构特征表明，由于哺乳动物具有这种类型的鼻甲骨，可以导致通气效率显著提高，这一特征很可能对内温性发育有着密切的关系（Hillenius，1992）。当然，对灭绝种类的化石发掘，是提供这类证据的重要手段，从而确定动物内温性起源的确切时间和进化途径。

2. 哺乳动物和似哺乳动物内温性进化

现存的哺乳动物，包括原兽亚纲和真兽亚纲的种类，都是从 1 亿 6 千万年前的共同祖先演化而来的。不论体重大小，所有现存的哺乳动物体温和代谢率之间的关系都相同，并且在维持内温特征方面都具有类似的生理过程和解剖结构，如毛、红细胞无细胞核、具有肺泡、血液运输氧气的能力、具有膈肌、汗腺等。因此，最有说服力的假说是认为在中生代时，哺乳动物的祖先很可能具有与内温性相适应的呼吸特征（Bennett and Ruben，1979）。

关于古代哺乳动物或似哺乳动物的生理机能特征，通常只有通过对其化石形态特征的研究结果来推测。通常认为，现生哺乳动物是由三叠纪时期，一种类似于哺乳动物的爬行动物——尖齿兽（cynodont therapsid）演化而来的，这种动物已接近现代哺乳动物的内温性特征。从呼吸特征来，许多三叠纪尖齿类动物都具有半直立（semi-upright）的特征，因此这些动物可能具有现代哺乳动物的代谢特征，如古生代的祖龙类（archosaurs）、早期的鳄类、喙头龙（rhynchosaurs）（与现生喙蜥亲缘关系密切、生活在三叠纪的动物）、翼龙类（pterosaurs）和各种恐龙（dinosaur）。在直立时，许多典型爬行的、类似于蜥蜴的种类，不可能同时具有运动和呼吸能力。如果三叠纪后期的尖齿类能够显著增加肺通气量，那么它们很可能具有与现生哺乳动物相似的内温性特征。但是，这种假说与蜥蜴在奔跑过程中的运动特征不一致：①蜥蜴的耗氧量随运动速度的增加而显著增加，并且可以维持在最大运动速度时耗氧量的 300%；②血液中氧气的浓度和组织吸收氧气的能力可以维持在最大运动速度时的水平，并且也与蜥蜴在运动时的无氧呼吸特征不相符合。所以，支持这一假说的实验依据十分有限，而且也过于简单。因此，关于内温性的起源仍然需要进行大量的研究工作（Bennett，1980）。

有大量的证据表明，现生哺乳动物的鼻甲骨和颌鼻甲骨（maxilloturbinates）与内温性的维持有着密切的关系。这些位于鼻腔前部、结构复杂的骨片可以通过逆流交换机制加热并使外界干燥的空气湿润。外界冷空气进入呼吸道时，首先受到鼻甲骨加热和湿润，对防止肺部水分蒸发极为有利。同时，沿鼻甲骨表面与鼻甲骨深部形成一个温度梯度。在呼气时，从肺部呼出的气体温度较高，相对湿度达到饱和状态的空气在鼻腔内冷却，使呼出的气体成为超饱和气体，从而使呼吸丧失的水分减少到最低限度（Hillenius，1992）。

关于哺乳动物呼吸节水机制已在各种现生哺乳动物中得到证实，这些种类包括分布于典型干旱地区和湿润地区的种类。在封闭颌鼻甲骨时，哺乳动物呼吸水分丧失显著高于正常水平。此外，鸟类也具有结构复杂的鼻甲骨，然而现生爬行动物，包括生活在干旱地区的种类，缺少与哺乳动物或鸟类相似的鼻甲骨系统（Hillenius，1994）。因此，鼻甲骨系统很可能与高水平的肺通气相联系的结构系统，是内温动物特有的结构。鸟类和哺乳类由于具有高水平的肺通气效率，从而出现典型的内温性特征。即便在静止状态下，鸟类和哺乳类的肺通气也比体形相似的爬行动物高 3.5～5 倍（Bennett，1980）。由于哺乳动物和鸟类的肺通气显著高于爬行动物，因此在提高肺通气的同时，鼻甲骨系统能有效地降低呼吸水分的丧失。

现生爬行动物中，没有与哺乳动物颌鼻甲骨系统同源的结构。在现生爬行动物中，鼻腔的 1/3 部分为结构简单的半球形结构，形成结构特殊的嗅觉器官。与哺乳动物的鼻突（naso）和筛骨甲（ethmoturbinate）相似，爬行动物这两个结构位于鼻腔嗅囊的后部。在爬行动物鼻腔中没有防止呼吸水分蒸发的特殊结构。因此，可以认为颌鼻甲骨系统的出现是与哺乳动物内温性出现、肺通气量和呼吸水分丧失增加的一种补偿性适应特征（Hillenius，1992）。

在化石哺乳动物和似哺乳类爬行动物中，由鼻腔内壁形成的骨质嵴突形成明显的鼻甲骨。附着在嗅球内的鼻甲骨位于鼻腔的后半部分，呼吸气流主要从该部位通过。另外，颌鼻甲骨系统则位于鼻腔的前半部分，是呼吸气体主要通过的通道。几乎在所有似哺乳类爬行动物的嗅球中都发现有鼻甲骨的存在，包括早期的盘龙类（pelycosaur）。但是，古生代晚期的兽齿类（theriodonts），如 *Glanosuchus* 等，其鼻腔的前侧还未形成鼻甲骨或颌鼻甲骨系统。根据这些研究结果，类似于哺乳动物耗氧量增加的进化很可能出现在二叠纪晚期（Permian）（距今大约 2.5 亿年），也就是在哺乳动物出现前 4000 万～5000 万年。三叠纪晚期，尖齿兽类（如 *Thrinaxodon*、*Massetognathus* 等）和出现最早的哺乳动物（如 *Morganucodon*）似乎已经具有与现代哺乳动物相似的颌鼻甲骨系统，因此它们很可能也具有有效地防止水分丧失的能力。这些证据表明，最早出现的哺乳动物和某些后出现的似哺乳类爬行动物，其肺通气率和代谢率与现生哺乳动物相似（Hillenius，1994）。

在兽头类（therocephalias）中，很可能过高地估计了颌鼻甲骨系统的作用。如果哺乳动物代谢率增加的进化出现在进化的最初阶段，那么哺乳动物内温性体温调节模型就不能成立。因为大多数兽头类种类都是与狗、熊或狮相似的大型食肉类动物（体重往往在 20～100kg），它们均栖息于热带、亚热带地区，毛被较厚、体型较大，其热传导率与现生大型哺乳动物相似（McNab and Auffenberg，1976）。因此，它们很可能就是早期的恒温动物，而且它们并不需要增加在体温调节中消耗更多的能量（McNab，1980）。

3. 鸟类和恐龙的代谢特征

鸟类是典型的内温动物，许多种类（尤其是鸣禽类）往往具有比任何四足类都高的体温。化石记录表明，现生鸟类中的各个目早在 6000 万年前就出现了（Carroll，1988），因此鸟类的内温性很可能早在白垩纪（cretaceous）晚期的新近纪就出现了。

由于鸟类的起源是单系群（monophyletic group），在现存的鸟类中没有一个姐妹群是从新生代（cenozoic）早期直接发育而来的。现在已知最早的鸟类是著名的始祖鸟 Archaeopteryx lithographica，体外被羽，属于侏罗纪（距今 1 亿 4 千万年）古鸟亚纲的种类，其骨骼系统显著与当时的某些食肉类恐龙相似。最近的研究结果表明，Archaeopteryx 可能是典型的外温动物（Ruben，1996）。然而，由于 Archaeopteryx 具有发育良好的羽被，可以有效地反射环境辐射，显著与外温动物不同，因此传统上认为它是一种典型的内温动物。但是，中生代（mesozoic era）那些现生鸟类的祖先具有的发育良好的羽被并不是内温性的主要条件。与现代爬行动物相似，某些现生的鸟类主要通过行为进行体温调节，即通过被羽的皮肤吸收太阳辐射来进行体温调节。在夜间环境温度降低时，体温也随之降低，如走鹃 Geococcyx californianus 在夜间环境温度降低时，其体温也降低大约 4℃。在天亮后，走鹃可背对太阳，吸收更多的太阳辐射，以外热源使体温升高到正常水平。另外，许多现生被羽的鸟类也能有效地利用太阳辐射能作为体温调节的热源。一般认为具有外温性的 Archaeopteryx 也主要分布于气候温暖的地区，它们很容易采取行为机制进行体温调节。完全被羽的 Archaeopteryx 很可能要么属于完全的外温动物，要么属于典型的内温动物，并且发育良好的羽被是对飞行生活的进化适应，而不是形成产热调节模式所必需的特征（Ruben，1995）。

某些四足类兽脚类（theropod）的解剖结构与 Archaeopteryx 十分相似。表明兽脚类（如 Velociraptor、Deinonychus 等）与原始的鸟类之间具有较为密切的亲缘关系，并且有理由认为侏罗纪早期或中期存在一种奔龙（dromaeosaurid），这种动物很可能就是各种始祖鸟及后来鸟类的祖先（Ostrom，1976）。如果 dromaeosaurid 是一种内温动物，那么该类群内温动物的代谢率很可能就代表了鸟类起源的特征。在过去 20 多年中，关于这类恐龙是否具有内温性特征出现了剧烈的争论。例如，有的学者根据恐龙的姿势、捕食关系、脑的大小、化石与骨骼中同位素的比率等，认为恐龙是一种内温动物。确实，许多大型恐龙很可能具有典型的热惰性，从而在一定程度上表现出恒温动物的特征，但是迄今为止仍然没有确切的证据表明恐龙属于典型的内温动物（Bennett and Ruben，1979）。

目前认为恐龙属于典型内温动物的主要依据是外温动物和内温动物骨骼组织学特征与生长率之间的关系。现生脊椎动物的致密骨骼（compact bone）可以分类两种不同的类型，即薄片带状骨（lamellar zonal bone）和纤维薄片状骨（fibro-lamellar bone），这两种类型骨骼纤维组织和血管供应状况显著不同。现生两栖爬行动物的骨骼主要为薄片带状骨。所谓致密骨骼主要是指在骨骼形成过程中，初级骨单位（primary osteon）非常少，主要为膜成骨（periosteal）。从组织学上来看，薄片状骨位于表面，其上可出现生长线，内部血管供应较少。而大多数鸟类、哺乳类和恐龙的致密骨骼主要由纤维状骨构成，这种骨骼的基质中含有大量的初级骨单位，其表面由纤维状物质构成，其中有丰富的血管供应（Chinsamy，1994）。

薄片带状骨通常见于外温动物，而纤维薄片状骨则主要见于内温动物。具有纤维薄片状骨的种类通常具有较高的生长率，同时骨骼中钙盐的沉积速度较快。这种骨骼生长迅速通常与内温动物具有较高的代谢率相关，从而体现了骨骼系统与生长率之间的关系。此外，现生内温动物的生长率均显著高于外温动物。如果恐龙的骨骼主要为纤维薄片状骨，那么它们应该具有与鸟类和哺乳类相似的生长率。从这一点上来看，恐龙应该与鸟类和哺乳类相似，也属于典型的内温动物（Chinsamy，1994）。

从古生物学和生物学的研究结果来看，与骨骼特征的研究结果并不一致。例如，许多生长迅速的小型内温动物缺少纤维薄片状骨，并且迷齿亚纲（labyrinthodontia）的两栖类及某些具有典型外温性特征的古代爬行动物如杯龙类（cotylosaurs）、盘龙类（pelycosauria）、二齿兽类（dicynodont）和兽孔类（therapsids）等都具有典型的纤维薄片状骨（Chinsamy and Rubidge，1993）。大多数恐龙的骨骼系统同时具有两种硬骨。所以，恐龙具有纤维薄片状骨的组织学特征仅表明它们由于具有较强的热惰性，从而保持比较稳定的体温，但本质上却属于外温动物（McNab，1980），并不表明它们具有较高的代谢能力。在迅速生长的养殖鳄鱼幼体和野生鳄鱼都发现具有纤维薄片状骨（Chinsamy and Elzanowski，2001）。

虽然在骨骼组织学方面内温动物和外温动物确实存在明显的差异，而且也反映在哺乳动物和爬行动物生长率确实不同，尤其鳄类及与鸟类亲缘关系较近的现生爬行动物。许多比较研究结果表明，几乎所有的羊膜动物的最大生长率（g/天）与成体体重呈正相关关系（斜率大约为 0.7），但是爬行动物在 y-轴上的截距大约比其他外温动物高 10%。然而不同学者计算回归方程的方法不尽相同：一般应该采用内温动物达到性成熟时的体重进行计算；而对于外温动物，则应该采用与内温动物性成熟相当的生活史阶段中动物的体重进行计算，从而两类动物的生长方程可以直接比较。然而，美洲鳄（*Alligator mississippiensis*）的成年体重的预测值为 160kg，远远超出了这种动物实际性成熟时的体重（30kg）（Bellairs，1970）。另外，这种鳄鱼的生长率大约为 28g，而不是 42g。如果经过校正后，每天生长率仍然增加，那么不仅成年体重必然高于 30kg，而且它的实际增长率大约可以达到有袋类的 4 倍，而接近于典型的胎盘类哺乳动物的水平。所以，美洲鳄鱼的生长率与双足性兽足类 *Troodon*（bipedal theropod）的估计值相似。

采用 ^{18}O 对大型兽足类 *Tyrannosaurus rex* 骨骼系统的研究结果证实其体表温度与身体深部的体温之差变化幅度很小，表明该属动物很可能为内温动物。根据这一研究结果，学多学者都认为与外温动物不同，内温动物能够将体表温度与深部体温之间的差维持在一个恒定水平。但是，在化石形成过程中，影响硬骨中 ^{18}O 的稳定性的因素还不清楚。然而，大量研究结果表明，现存的鸟类和哺乳动物体表温度与核温之差的变化幅度与外温动物相似，如美洲鳄鱼（Barrick and Showers，1994）。

许多学者认为某些恐龙具有中等程度的代谢率水平，其代谢率水平介于典型的内温动物和外温动物之间（Spotila et al.，1991）。在现生种类中确实也发现一些种类的代谢率介于典型内温动物与外温动物之间，如体重超过 400kg 的海龟（*Dermochelys*），其静止代谢率水平介于爬行动物和哺乳动物之间（Paladino et al.，1990）。但是，最近的研究结果表明，棱皮龟（leatherback）在静止状况下的代谢率与爬行动物体重预期值相似。棱皮龟肌肉中柠檬酸（citrate）合成酶活性也处于爬行动物正常范围之内。

到目前为止，在支持恐龙具有内温性特征的所有特征中，没有一个存在于现生爬行动物中，或者这些特征中没有一个明确地表明恐龙类古爬行动物具有较高水平的代谢率。因此，恐龙类和/或早期的鸟类是否具有内温性特征仍然还不清楚。

三、研究现状与趋势

最早的鸟类和哺乳动物确实具有许多古老原始的特征，影响它们起源的因素可能永远是一个谜。但是，最近生理学和古生物学研究中发现，对影响这两类动物，尤其是哺乳动物内温性起源与进化的年代（chronology）和生物学特征提出了新的观点。化石记录表明，兽孔类哺乳动物肺通气率和代谢率增加是在二叠纪晚期，在大约 4000 万年的时间内，气候温暖地区的兽头类很可能进化出哺乳动物。紧接着，在尖齿兽头类（三叠纪）中，开始出现与哺乳动物或近哺乳动物的代谢率特征的种类为兽孔类。至少在代谢率进化的早期，代谢率增加主要与增加细胞做功能力和有氧代谢能力，产生更多的 ATP 有关，而与体温调节无关。增加组织耗氧量可能主要与增强心肺功能有关，并且在细胞水平上表现为细胞数量增加，而不是细胞代谢质量的增强（如各种氧化酶的活性增强，增加细胞线粒体数量等）。在兽孔类和/或早期哺乳动物物中，内温性代谢特征的出现很可能同时出现了现生哺乳动物的恒温体温调节模式。不过这一假说现在还没有得到证实。后期的兽孔类和/或早期的哺乳动物都具有发育良好的皮被系统，这一特征至少与接近完全发育成熟的内温性恒温特征相一致。

恐龙-鸟类内温性发育的时间过程及其机制，现在还缺乏足够的研究。至少现在对当时的爬行动物和/或早期的鸟类（侏罗纪晚期至白垩纪早期）的代谢率是否出现增加还不清楚。一些间接证据表明，当时的爬行动物和/或早期的鸟类具有外温性特征（如在这些种类中，长骨具有类似与外温动物环状生长的骨环）（Chinsamy，1994），除此之外，生理学和古生物学对嗅囊及鼻甲骨结构与功能的研究结果也显示出这些种类很可能具有典型的外温性特征。尽管对鼻甲骨的研究结果对内温性特征仅仅为间接的证据，但是现代鸟类的鼻甲骨结构特征与现生哺乳动物的颌鼻甲骨系统十分相似，因此现生鸟类的鼻甲骨结构与代谢率增加、肺通气率随之增加有着极为密切的关系。在早期鸟类和/或爬行动物中，鼻甲骨的存在与否，对于阐明这些动物的代谢率特征具有重要的意义。

二叠纪生活在温暖地区、身体较大的兽孔类很可能是最初出现的内温动物，从最近的生理学研究研究结果表明，至少在内温动物起源的早期，增强体温调节的选择压力似乎与哺乳动物内温性进化无关。另外，哺乳动物内温性起源的有氧能力模型似乎又得到下列实验证据的支持：自然选择对二叠纪兽齿兽孔类（theriodont therapsids）有氧能力增强有力，增强主动捕食、逃避捕食能力、交配及维持领域等因素有关（Bennett and Ruben，1979）。很明显，增加有氧代谢能力主要与遗传因素有关。

在几乎所有脊椎动物中，最大有氧代谢能力通常为静止代谢率的 10～15 倍，而在某些土著种（sedentary species）和活动能力较强的种类中可能稍微降低。二叠纪的兽孔类，其最大有氧代谢能力与静止代谢率之间也具有与此类似的关系。二叠纪和三叠纪时的兽孔类由于自然选择的不断作用，有氧代谢能力逐渐增强，从而导致尖齿兽和/或早期哺乳动物有效的内源性产热调节能力增强，静止产热能力增强，从而出现较为典型的内温性特征。

虽然关于有氧代谢能力方面的研究结果与生理学和古生物学的研究结果一致，但是这一模式中某些详细机制尚有待于进一步完善。例如，静止代谢率与最大耗氧量之间的关系仍然并不完全明了，尤其是静止代谢率通常主要与内脏器官的产热能力有关，而最大有氧能力则主要与肌肉的活动有关。但是，就像上面所讨论的那样，鸟类和哺乳动物高水平活动能力必然需要内脏器官提供足够的代谢能量来源，包括消化、氨基酸的合成，以及乙酸和尿的排泄等。另外，就静止代谢率/最大代谢率之比作为表现型特征而进行比较时，种间或种内变异与目和纲等水平上出现的变异是否相似，现在还不清楚。然而，至少在无尾两栖类中，静止代谢率与最大代谢率之间的关系为正相关关系（Chinsamy and Elzanowski，2001）。

参 考 文 献

Altringham JD, Block BA. 1997. Why do tuna maintain elevated slow muscle temperatures? Power output of muscle isolated from endothermic and ectothermic fish. J. Exp. Biol., 200: 2617-2627.

Avery RA, Bedford JD, Newcombe CP. 1982. The role of thermoregulation in lizard biology: predatory efficiency in a temperate diurnal basker. Behavioral Ecology and Sociobiology, 11: 261-267.

Bartholomew GA. 1982. Body temperature and energy metabolism. *In*: Gordon MS, Bartholomew GA, Grinnell AD, et al. Animal Physiology: Principles and Adaptations. 4th ed. New York: Macmillan Publishing Co.

Barrick RE, Showers WJ. 1994. Thermophysiology of *Tyrannosaurus rex*: evidence from oxygen isotopes. Science, 265: 222-224

Bennett AF, Ruben JA. 1979. Endothermy and activity in vertebrates. Science, 206: 649-654.

Bennett AF. 1980. The thermal dependence of lizard behaviour. Animal Behaviour, 28: 752-762.

Bellairs A. 1970. The Life of Reptile. New York: Universe Books.

Block BA. 1994. Thermogenesis in muscle. Annu. Rev. Physiol., 56: 535-577.

Bozinovic F. 1992. Rate of basal metabolism of grazing rodents from different habitats. J. Mammal., 73: 379-384.

Brand MD. 2000. Uncoupling to survive? The role of mitochondrial inefficiency in aging. Exp. Gerontol., 35: 811-820.

Carrier DR. 1987. The evolution of locomotor stamina in tetrapods: circumventing a mechanical constraint. Paleobiology, 13(3)326-341.

Carroll RL. 1988. Vertebrate paleontology and evolution. San Francisco: Freeman.

Clark MG, Rattigan S, Clerk LH, et al. 2000. Nutritive and non-nutritive blood flow: Rest and exercise. Acta. Physiol. Scand., 168: 519-530.

Cannon B, Nedergaard J. 2004. Brown adipose tissue: function and physiological significance. Physiol. Rev., 84: 277-359.

Chinsamy A, Rubidge BS. 1993. Dicynodont(Therapsida)bone histology: phylogenetic and physiological implications. Palaeontol. Afr., 30: 97-102.

Chinsamy A. 1994. Dinosaur bone histology: implications and inferences. *In*: Rosenburg GD, Wolberg DL. Dino Fest. Maryland: Paleontological Society: 213-227.

Chinsamy A, Elzanowski A. 2001. Evolution in the growth patterns of birds. Nature, 412: 402-403.

Cowles RB. 1958. Possible origin of dermal temperature regulation. Evolution, 12: 347-357.

Crompton AW, Taylor CR, Jagger JA. 1978. Evolution of homeothermy in mammals. Nature, 272: 333-336.

Dawson TJ, Hulbert AJ. 1970. Standard metabolism, body temperature, and surface areas of Australian marsupials. American Journal of Physiology, 218: 1233-1238.

Dawson TJ, Grant TR. 1980. Metabolic capabilities of monotremes and the evolution of homeothermy. Comparative physiology: primitive mammals. Cambridge: Cambridge University Press: 140-147.

Duchamp C, Marmonier F, Denjean F, et al. 1999. Regulatory, cellular and molecular aspects of avian muscle nonshivering thermogenesis. Ornis. Fenn., 96: 151-166.

Feist DD, White RG. 1989. Terrestrial Mammals in Cold. Berlin Heidelberg:　Springer: 327-360.

Hazel JR. 1995. Thermal adaptation in biological membranes: is homeoviscous adaptation the explanation? Annual Review of Physiology, 57: 19-42.

Heldmaier G, Klaus S, Wiesinger H, et al. 1989. Cold acclimation and thermogenesis. Living in the Cold II: 347-358.

Hillenius WJ. 1992. The evolution of nasal turbinates and mammalian endothermy. Paleobiology, 18: 17-29.

Hillenius WJ. 1994. Turbinates in therepasids: evidence for late permian origins of mammalian endothermy. Evolution, 48: 207-229.

Himms-Hagen J. 1990. Brown adipose tissue thermogenesis: interdisciplinary studies. The FASEB Journal, 4: 2890-2898.

Hohtola E. 1981. Tonic immobility and shivering in birds: evolutionary implications. Physiol. Behav., 27: 475-480.

Hohtola E, Stevens ED. 1986. The relationship of muscle electrical activity, tremor and heat production to shivering thermogenesis in Japanese quail. J. Exp. Biol., 125: 119-135.

Hohtola E. 2004. Shivering Thermogenesis in Birds and Mammals. Oulu Finlod Deportent of Biological University of Oulu.

Horner JR, Lessem D. 1993. The Complete *T. rex*: How Stunning New Discoveries are Changing Our Understanding of the World's Most Famous Dinosaur. New York: Simon & Schuster: 239

Hulbert AJ, Williams CA. 1988. Thyroid function in a lizard, a tortoise and a crocodile, compared with mammals. Comparative Biochemistry and Physiology, 90: 41-48.

Hulbert AJ, Else PL. 2000. Mechanisms underlying the cost of living in animals. Annu. Rev. Physiol., 62: 207-235.

Izraely H, Choshniak I, Stevens CE, et al. 1989. Energy digestion and nitrogen economy of the domesticated donkey(*Equus asinus asinus*)in relation to food quality. Journal of Arid Environments, 17: 97-101.

Lord J, Farlow DA. 1990. A study of personal empowerment: implications for health promotion. Health Promotion, 29: 2-8.

Lowell BB, Spiegelman BM. 2000. Towards a molecular understanding of adaptive thermogenesis. Nature, 404: 652-660.

Mahapatra MS, Mahata SK, Maiti BR. 1989. Effect of ambient temperature on serotonin, norepinephrine, and epinephrine contents in the pineal-paraphyseal complex of the soft-shelled turtle(*Lissemys punctata punctata*). General and Comparative Endocrinology, 74: 215-220.

Marjoniemi K, Hohtola E. 1999. Shivering thermogenesis in leg and breast muscles of galliform chicks and nestlings of domestic pigeon. Physiol. Biochem. Zool., 72: 484-492.

McNab BK, Auffenberg W. 1976. The effect of large body size on the temperature regulation of the Komodo dragon, *Varanus komodoensis*. Comparative Biochemistry and Physiology, 55: 345-350.

McNab BK. 1980. Food habits, energetics, and the population biology of mammals. American Naturalist, 116(1): 106-124.

McNab BK, Eisenberg JF. 1989. Brain size and its relation to the rate of metabolism in mammals. American Naturalist, 133(2): 157-167.

Ostrom JH. 1976. Archaeopteryx and the origin of birds. Biol. J. Linn. Soc., 8: 91-182.

Paladino FV, O'Connor MP, Spotila JR. 1990. Metabolism of leatherback turtles, gigantothermy, and thermoregulation of dinosaurs. Nature, 344: 858-860.

Quinn AE, Georges A, Sarre SD, et al. 2007. Temperature sex reversal implies sex gene dosage in a reptile. Science, 316: 411.

Ruben J. 1995. The evolution of endothermy in mammals and birds: from physiology to fossils. Annual Review of Physiology, 57: 69-95.

Ruben J. 1996. Evolution of endothermy in mammals, birds and their ancestors. Animals and temperature: phenotypic and evolutionary adaptation, UK: Cambridge university press: 347-376.

Schmidt-Nielsen K. 1984. Scaling: Why is Animal Size So Important?. Cambridge: Cambridge University Press.

Schmidt-Nielsen K, Dawson TJ, Crawford EC. 1966. Temperature regulation in the echidna (*Tachyglossus aculeatus*). Journal of Cellular Physiology, 67: 63-71.

Somero GN. 1995. Proteins and temperature. Annual Review of Physiology, 57: 43-68.

Spotila JR, O'Connor MP, Dodson P, et al. 1991. Hot and cold running dinosaurs: body size, metabolism and migration. Modern Geology, 16: 203-227.

Tøien Ø. 1993. Synchrony between breathing and shivering in three muscles of bantam hens exposed to cold eggs. Am. J. Physiol., 265: 1439-1446.

van Mierop LHS, Barnard SM. 1978. Further observations on thermoregulation in the brooding female *Python molurus bivittatus*(Serpentes: Boidae). Copeia, 4: 615-621.

West GC. 1965. Shivering and heat production in wild birds. Physiological Zoology, 38: 111-120.

第九章 温度驯化

迄今为止,关于哺乳动物产热和体温调节的研究大多数都集中于在短时间内,即将动物暴露在低温或高温胁迫条件下,研究动物产热和体温调节系统所出现的各种反应。在温度胁迫(thermal stress)持续作用下(如暴露时间大于 24h),动物经过各种不同的自主调节和行为适应后,导致抵抗不利环境影响的能力增强。这一章我们主要讨论啮齿动物持续暴露在不利的温度条件下,所出现的自主、行为和其他一些适应机制。

一、术　语

在大量的文献报道中,经常可见到用驯化(acclimation)、气候驯化(acclimatization)和适应(adapation)来描述动物在温度胁迫环境中所出现的各种生理、行为和形态等方面所出现的变化。然而,在研究胁迫因子对产热和体温调节及其相关领域中,上述这些术语的确切含义并不十分清楚,每一个术语的确切含义都与特定的环境条件有关(IUPS,1987)。驯化指在特定的气候状况下,动物在实验室内对实验条件所产生的适应性反应;气候驯化用于描述在特定的自然气候状况下,动物对栖息地自然条件所产生的适应性反应;适应通常用于表示与驯化和气候驯化相联系的、动物机体所出现的反应。按照惯例,有机体能够对一种或几种环境因子及其变化产生适应,即驯化或风土驯化。但是,对许多生物学家而言,适应具有物种基因组成发生变化的含义。因此,更精确地讲,遗传适应(genetic adaptation)表示在某种环境条件下,有机体在遗传上出现对生存有利的变化(IUPS,1987)。令人遗憾的是,有关实验动物产热和体温调节系统的风土驯化和遗化适应方面的研究并不多见,相反,在人类和其他大型哺乳动物的研究较多。本章将主要讨论啮齿动物在温度驯化过程中出现的适应性变化。

二、冷　驯　化

为了在持续低温环境中生存,恒温动物在进化过程中形成了 3 种主要适应对策:①通过增强皮毛隔热性,增强动物的保温性;②出现代谢驯化以高水平的产热;③休眠(torpor)或冬眠(hibernation)。从能量消耗的观点来看,非冬眠种类增强皮毛隔热性是最经济的对策。增强隔热性,降低热传导和下临界温度,降低动物在冷温条件下体温调节的能耗。大型哺乳动物(如牛、羊、狗、狐等)在持续冷暴露过程中，增强皮毛隔热性起着主导作用。这些动物身体较大、热传导相当低、皮毛稠密隔热性强，有利于抵抗低温。相反，小型啮齿动物增加皮毛隔热能力有限。因此，为了能在持续冷暴露中生存，就必须增加代谢产热或进入冬眠或休眠状态。在本书所涉及的啮齿动物中，金仓鼠是唯一进行冬眠的种类，有关该种动物在冬眠时所出现的一些生理特征在第二章中已有论述，同时其他文献也有报道（Heldmaier et al.，1982）。

1. 代谢适应

在低温环境中，为了使产热与失热达到平衡，持续冷暴露的啮齿动物将出现一系列代谢适应性变化。在过去的 40 多年中，为了阐明啮齿动物在冷驯化过程中出现的各种代谢调控机制，热生理学的研究范围已从整体水平深入到分子水平（表 9.1）。

冷驯化的啮齿动物在生化、生理和行为等方面出现的适应性变化，可能直接或间接与 3 个方面的变化有关：①以非颤抖性产热代替颤抖性产热，并成为动物产热的主要热源；②增加基础代谢率；③增加代谢能力的范围增大（Cannon and Nedergaard，2004）。

颤抖（shivering）：在冷暴露早期，啮齿动物主要通过颤抖性产热作为体温调节的主要热源。几天后逐渐成为有规律的颤抖。但是，由于肌肉的颤抖能量转换效率低，不利于肌肉活动功能的正常发挥，破坏了正常的睡眠模式。所以在冷驯化过程中颤抖性产热的增加仅是一种短暂的反应。例如，冷驯化大白鼠第一天肌肉颤抖的活性达到最大，28 天后，降低到热中性区的水平。根据实验估计，颤抖性产热在冷驯化大白鼠整体产热量中所占的比例不超过 10%。在对其他实验啮齿动物冷驯化研究中，也证实了颤抖性产热向非颤抖性产热的转变，这些动物包括小白鼠、沙鼠、仓鼠及豚鼠。但是，应该注意到，虽然颤抖性产热在冷暴露中所起的作用较小，然而骨骼肌的持续产热作用在冷驯化过程中可能起着重要的作用（Klaus et al.，1988）。对此下面还要进一步讨论。

1）基础代谢率（BMR）

基础产热为在热中性区内、吸收后状态下的静止代谢率，是动物维持正常生命活动所必需的最低能量消耗。BMR 除受到身体大小的强烈影响外，还受到食性、系统演化地、生态/行为及昼夜节律变化变化的影响。因此许多动物的 BMR 都表现出明显的季节驯化和温度驯化特征（Bozinovic，1992）。

冷驯化是刺激 BMR 增加的重要因素，这一结论不仅在实验动物中得到证实，如仓鼠（*Mesocricetus auratus*）在冷驯化后 BMR 增加 10%～35%，大白鼠增加大约 20%；豚鼠增加大约 30%，小白鼠增加 8%～50% 等。同时很多野生动物在冷

表 9.1　在冷驯化过程中，实验啮齿动物产热和体温调节系统出现的功能和形态变化（仿 Thomas and Teresa，1992）

水平/效应	文献
神经系统	
1.视上核和室旁核内 AVP 水平升高；对细菌热原（bacterial pyrogen）的反应下降	Merker 等（1989）
2.背侧中缝核对皮肤温度的敏感性发生变化	Hinckel 和 Perschel（1987）
3.丘脑中部刺激增强，BAT 产热反应增强	Thornhill 和 Halvorson（1990）
BAT：组织水平	
1.急性冷暴露或交感神经递质处理后血流量和耗氧量增加	Foster 和 Frydman（1978）
2.BAT 内交感神经末梢密度增加	Himms-Hagen（1986）
细胞膜	
1.β-肾上腺能受体密度下降，α_1-受体密度增加；T_5D'和脂蛋白酶含量增加	Himms-Hagen（1986）
2.神经苷脂 GM3 水平上升	Kuroshima 和 Ohno（1991）
3.线粒体密度、UCP 含量、线粒体总蛋白含量、细胞色素氧化酶活性增加	Himms-Hagen（1986）
白色脂肪组织（WAT）	
1.脂肪含量下降，游离脂肪酸含量增加	Kodama 和 Pace（1964）
2.附睾减小，脂肪细胞含量增加；胰高糖素受体数量增加	Uehara（1986）
3.NE 诱导网膜血流量增加	Hirata 和 Nagasaka（1981）
4.急性冷暴露时，血液中游离脂肪酸含量稍微增加	Kuroshima 等（1982）
骨骼肌	
1.出现颤抖的温度（T_c）下降	Zeisberger 和 Roth（1988）
2.冷暴露期，NST 代替 ST 作为主要的热源	Griggio（1982）
3.NE 诱导的耗氧量增加	Shiota 和 Masumi（1988）
4.四头肌、比目鱼肌、膈肌和心肌中肌红蛋白含量增加	Ohno 和 Kuroshima（1986）
内分泌系统	
肾上腺	
1.血液皮质酮含量上升，并在饥饿时释放增	Ohno 等（1990）
2.对皮质醇和肾上腺素的代谢反应增强	Doi 和 Kuroshima（1984）
3.内脏对 NE 诱导的产热反应增强	Vybiral 和 Andrews（1979）
4.肾上腺增生	Kuroshima 等（1982）
胰腺	
1.急性冷暴露后，BAT 内胰高糖素含量增加	Yahata 和 Kuroshima（1987）
2.血液中胰高糖素含量增加，胰岛素含量下降	Doi 等（1982）
3.骨骼肌、心肌和 WAT 的葡萄糖吸收增加	Vallerand 等（1990）
4.胰高糖素产热增加	Hirata 和 Nagasaka（1981）
甲状腺	
1.血液 T_3、T_4 水平增加	Chaffee 和 Roberts（1971）
2.组织 T_3、T_4 利用率增加	Tomasi 和 Horwitz（1987）

水平/效应	文献
交感神经系统	
1.NE 释放增加：体内周转加快心血管系统	Roth 等（1988）
2.在热性区和冷暴露时，心输出量增加	Schechtman 等（1990）
3.左心室肥大，出现高血压	Schechtman 等（1990）
4.心脏 NE 周转增强	Jones 和 Musacchia（1976）
5.NE 诱导心输出量、每搏输出量和冠状血流量增加	Hirata 和 Nagasaka（1981）
6.尾部血管扩张的临界温度降低	Rand 等（1965）
肾脏	
渴感增强，利尿，尿渗透性降低	Roth 等（1990）
代谢率	
1.BMR 增加：冷诱导产热增强	Chaffee 和 Roberts（1971）
2.最大耗氧量增加	Wang（1990）
行为	
1.压热辐射延迟	Laties 和 Weiss（1960）
2.所选择的环境温度范围缩小	Owen 等（1991）
3.增加取食量，减少取食频率	Laties 和 Weiss（1960）
隔热适应	
1.尾长减小	Chevillard 等（1967）
2.增加皮毛重量和密度	Al-Hilli 和 Wright（1988）

驯化下 BMR 也显著增加。而且发现 BMR 增加的幅度与冷暴露温度和时间呈正相关（Klingenspor et al.，2000）。在 BMR 增加的同时，下临界温度有向低温区扩展的趋势。与此同时，对野生哺乳动物研究也发现，BMR 表现出比较明显的季节驯化，冬季 BMR 显著增加。因此，冷驯化下动物 BMR 增加很可能在动物产热的季节驯化中起着重要的作用，也是动物提高抵抗低温的有效途径之一。这与从热带到极地，陆生哺乳动物的 BMR 主要决定于其身体大小，而对外界环境温度条件并不表现出生理适应性的结论完全不同（Heldmaier and Steinlechner，1981）。

然而也有研究结果表明：某些寒冷地区的种类，其 BMR 并不出现季节性变化，而且有的种类冬季 BMR 反而降低。甚至有的种类 BMR 具有明显的季节变化，但冷驯化下 BMR 降低。因此，Gordon（1993）认为低温并不是导致 BMR 增加的主要原因，而是反映了在冷驯化下 NST 取代 BMR 的过程中所出现的生理变化。冷驯化和季节驯化之间存在许多不同，而且后者在影响动物的 BMR 方面要比前者复杂得多。

增加 BMR 水平来抵抗低温胁迫在能量预算上是极为昂贵的，在自然条件下低温和食物短缺往往同时出现，食物成为限制 BMR 的主要环境因子。不过在食物不受限制的条件下，BMR 很可能在抵抗低温胁迫中起重要的作用（Zhao and

Wang，2007）。

冷驯化并非是导致 BMR 增加的必然原因。但是，在冷驯化过程中，BMR 增加反映了非颤抖性产热取代 ST 成为动物抵抗低胁迫的主要产热的过程中，机体内出现了大量生化变化。冷驯化后，BMR 增加明显是一种代谢能量的浪费。也就是说，冷驯化动物只有在冷暴露时才需要增加产热能力，而在热中性区内，并不需要高水平的产热。所以，最有效的能量利用方式可能是在热中性区内维持正常的 BMR 水平，而在低温胁迫时维持高水平的 NST 能力（Himms-Hagen，1990）。

许多实验证明了在冷驯化后，大白鼠的 BMR 增加了 20%～30%。而与大白鼠相反，其他啮齿动物在冷驯化后，BMR 变化不明显。小白鼠和豚鼠的 BMR 似乎不受冷驯化的影响，Pohl（1965）发现仓鼠在 6℃和 30℃条件下驯化后，其 BMR 没有差异，但其他研究者发现在 4～9℃驯化后，仓鼠的 BMR 增加大约 28%。金仓鼠是啮齿动物中耐寒性较强的一种动物，在冷驯化时 BMR 也增加；同时，它具有较厚的毛被、四肢和尾也较短，利于防止热丧失。此外，金仓鼠对身体冷却后和从低温状态回暖具有较高的代谢率敏感性（Nagy et al.，1995）。

啮齿动物在冷驯化后，BMR 增加和 NST 能力增强是 BAT、骨骼肌和其他器官内各种分解代谢酶活性增强的结果。此外，骨骼肌、肝脏、肾脏和其他器官细胞膜上的 Na^+-K^+泵活性增强也是一个重要的适应。与此相应，细胞对 Na^+和 K^+ 的被动渗透性亦加强，这也可能是哺乳动物组织代谢率高于爬行动物的一个重要原因。很明显，在冷驯化的啮齿动物中，Na^+-K^+泵在增加产热能力方面起着重要的作用（Cannon and Nedergaard，2004）。

冷驯化导致 BMR 显著增加，至少需要一周。例如，有实验表明，在冷驯化（5℃）6 天后，BMR 升高 2.6%；而 15 天后，BMR 增加 18.9%；而且，将冷驯化动物重新放回到热中性条件下时，BMR 仍然维持在高水平下至少 7 天（表 9.2）（Guernsey and Stevens，1977）。在脱冷驯化中，BMR 降低与骨骼肌代谢率降低密切相关，而且骨骼肌代谢率下降与 Na^+-K^+泵活性下降有关（Cannon and Nedergaard，2004）。

甲状腺激素具有刺激骨骼肌和其他器官细胞膜上 Na^+-K^+泵活性增强的功能。冷驯化导致大白鼠和其他动物血液中 T_3、T_4 浓度增加（表 9.1）。有趣的是，尽管最近一些实验结果表明，冷驯化时大白鼠血液中的 T_3、T_4 及 TSH 的浓度仅暂时增加，但是冷驯化的结果与用 T_3 慢性处理的结果相似，出现最低代谢率的环境温度从此 28℃降低到 17.5℃；用甲亢平（carbimazole）诱导动物出现甲状腺机能低下，动物出现最低代谢率的环境温度从 28℃升高到 32.5℃。每天注射 T_3（5μg/天），冷驯化大白鼠生长良好。用药物处理冷驯化动物的研究结果，在临床医学和农业科学研究中具有重要的意义，值得近一步深入研究（Lovegrove，2003）。

表 9.2 在脱冷驯化过程中，大白鼠在不同时间内胸肌耗氧量和 BMR 的
变化情况（Guernsey and Stevens，1977）

参数	时间		
组织耗氧量/［μlO₂/（h·mg 干重）］	18h	7 天	18 天
对照组	1.14	1.26	1.68
冷暴露组	1.57	1.41	1.73
冷暴露组/对照组/%	37.7	12.1	3.3
BMR/［mlO₂/（h·g^{0.75}）］			
对照组	6.78	5.12	6.26
冷暴露组	7.75	5.69	6.20
冷暴露组/对照组/%	14.3	11.1	−0.9

2）非颤抖性产热（NST）

不仅在冷暴露早期，交感神经系统对内温动物维持稳态具有重要的意义，而且在冷驯化过程中 NST 能力的发育也具有极为重要的意义。冷暴露初期，交感神经系统的传出神经末梢释放 NE 增加，同时肾上腺分泌的肾上腺素和皮质类固醇（corticosteroids）也增加。在冷暴露时，动物出现的神经和内分泌反应，形成了产热和体温调节的两条途径：外周血管收缩、血流量下降、减少热丧失；利用物质代谢产生大量的热量（Jansky，1973）。

在急性冷暴露初期，血液中肾上腺素的含量增加，交感神经末梢释放 NE 促进脂肪颗粒中三酰甘油分解作用增强，产生大量的游离脂肪酸（FFA）进入循环血液。大白鼠在冷暴露时，棕榈酸（palmitic acid，16：0）和亚麻酸（linolenicacid，18：2）的释放量增加。随着血液中游离脂酸含量的增加，4 天后呼吸商（RQ）下降，表明动物在冷暴露时主要以脂肪酸作为代谢的燃料（Nakatsuka et al.，1983）。冷保暴露时，BAT 中的脂解作用受到交感神经末梢释放的 NE 和循环血液中的肾上腺素促进。冷驯化早期，BAT 内甘油酯储存的脂肪开始减少，其脂肪既可进入血液循环，亦可在 BAT 中完成分解代谢。在冷暴露最初 10h 内，仓鼠 BAT 的重量显著下降。交感神经-肾上腺系统在调节胰腺的功能方面也起着重要的作用，它可刺激胰高糖素的分泌增加，抑制胰岛素的分泌，从而刺激肝脏和骨骼肌的代谢作用（表 9.1）。

对几种啮齿动物的研究都发现，冷驯化 4 周后，尿液排出的 NE 和其代谢产物增加。例如，仓鼠尿液中 NE 的排出量在冷驯化后增加了 8.2 倍，大白鼠增加了 3.7 倍，豚鼠增加了 6.7 倍。此外，慢性冷暴露也会导致血液中 NE 水平稳定上升。大白鼠在冷暴露第 1 天血液中的肾上腺素水平升高了 4 倍，而第 18 天则下降到正常水平。NE 在冷暴露时显著升高，表明大白鼠在冷驯化时必须经历持续不断的交感神经刺激（Speakman，2007）。从表 9.1 中可见，在冷驯化过程中，动物体内各

种生理系统的功能都出现了巨大的变化。

关于野生小型哺乳动物在冷驯化过程中 BAT 产热能力增强方面的研究，已有大量的文献报道。许多野生种类的 NST 显著与冷驯化温度（T_{AC}）和驯化时间显著相关。例如，大白鼠、小白鼠、鹿鼠、仓鼠等。由于 BAT 是小型哺乳动物在低温下的主要产热部位，因此，冷驯化同样可以刺激 BAT 重量增加。其组织学特征也可能从具有单个大泡状逐渐转变多泡状，同时，BAT 细胞的生化特征也出现相应的变化。不过 BAT 重量变化并不完全与 NST 能力相关。另外，BAT 血管密度在冷驯化后也显著增加（Speakman，2007）。

许多野生小型哺乳动物的 NST 确实具有显著的季节性变化（表 9.3）。例如，草原田鼠、红松鼠冬季 NST 能力最强；白足鼠的 NST 秋季开始增加，冬季达到最大，春季和夏季逐渐降低。这些研究与冷驯化的结果一致（Wang et al.，2006）。

表 9.3　冷驯化或季节驯化对小型哺乳动物 NST 的影响［单位：$mlO_2/(g \cdot h)$］（Speakman，2007）

物种	驯化		季节驯化	
	热驯化	冷驯化	夏季	冬季
红背鼠平	7.4（20℃）	11.5（5℃）	6.8	18.7
白足鼠	4（26℃）	8（5℃）	4	8
黑线毛足鼠	6.5（23℃）	11.5（10℃）	—	13.3
橙腹田鼠	4.1（23℃）	5.8（5℃）	2.6	3.5

不过，其他一些因素也可能显著影响小型哺乳动物 NST 的季节性变化，如光照周期，短光照周期可以显著增强低温刺激 NST 增加。

在持续冷暴露数天后，交感神经系统的作用在 NST 的发育过程中起重要的作用。结果表明，支配 BAT 的交感神经在调节 BAT 的形态和功能方面起着极为重要的作用。切除支配 BAT 的交感神经后，BAT 不仅重量下降，而且某些功能活性也大幅度降低，甚至消失（Park and Himms-Hagen，1988）。BAT 的发育与神经系统和内分泌系统的机能变化具有密切的关系，包括交感神经对 BAT 的控制、甲状腺、肾上腺和胰腺等内分泌腺的功能状态。冷驯化 BAT 出现许多形态和生化方面的适应性变化，如细胞色素 C 氧化酶活性增强、UCP 和三酰甘油含量增加、线粒体密度增加等。详细机制可见 Himms-Hagen（1990）。有趣的是在用一种β-肾上腺能受体拮抗剂——心得安（propranolol）慢性处理冷驯化的大白鼠后，并不影响动物的体温和/或 BAT 的发育及产热功能，这一结果进一步证明了其他肾上腺能受体（如α_1、β_3受体）的神经-内分泌途径在 NST 调节方面起着重要的作用（Scarpace and Metheny，1998）。

3）冷诱导基因表达

在冷驯化时期，BAT 也是能出现各种不同的生理和结构方面的变化。这些变

化可以出现在不同的组织水平，包括亚细胞、细胞和器官水平等，导致产热能力
增强。这些变化虽然在不同的物种可能不同，但总的说来包括以下几个方面。

{
UCP 含量↑
GDP 结合位点↑
细胞色素 C 氧化酶活性↑
线粒体密度↑
游离脂肪酸氧化酶活性（即过氧化酶）↑
BAT 总蛋白含量↑
5′-DII 活性↑
脂蛋白脂酶活性↑
交感神经递质的代谢敏感性（如 NE）↑
冷暴露时 BAT 血流量增加或/和肥大增生↑
}

　　BAT 的一个重要特征是对低温表现出强烈的反应，这一特征与其为体内重要
的产热部位密切相关。在 BAT 受到寒冷等产热因素的刺激后，流经 BAT 的血流
量、耗氧量和产热能力显著增强。产热作用进一步激活相关基因，表达显著增强。
从分子水平上来看，在刺激后数小时内 UCP、UCP 量显著增加，尤其是 UCP mRNA
在冷暴露几小时内可迅速增加 7 倍。其他一些基因，如脂蛋白酯酶等在冷暴露时
表达也显著增强，这种酶的基因表达也受到交感神经的影响。与 BAT 相反，在
WAT 中，冷暴露并不引起脂蛋白酯酶基因表达活性的增强，甚至该酶的表达活性
还降低（Cypess et al.，2009）。

　　冷暴露还可能诱导 BAT 细胞中其他一些基因表达作用增强，如金属蛋白和热
休克蛋白等基因等。金属蛋白是一种富含半胱氨酸的低分子质量（分子质量大约
为 6kDa）蛋白，这种蛋白质在连接金属（包括重金属的脱毒过程中具有重要的作
用）和抗氧化作用中具有重要的作用。最近的研究结果表明，低温显著刺激 BAT
细胞中金属蛋白 1 和金属蛋白 2 基因，表达作用显著增强。低温刺激也显著诱导
肝脏和肾脏细胞中的金属蛋白基因，表达显著增强，但是在这些组织中，冷暴露
的刺激作用较注射锌的作用低。在 WAT 细胞中，低温刺激并不引起金属蛋白基因
表达发生变化，而且 WAT 细胞中金属蛋白基因表达水平也显著低于 BAT、肝脏
和肾脏细胞的表达水平。这些结果表明，金属蛋白在 BAT 细胞中的作用显著不同
于 WAT 中的作用（Galic et al.，2010）。

　　在低温或其他温度刺激下，BAT 细胞中的热休克蛋白基因表达也显著增强，
其中 HSP70 和 HSP60 表达最显著。虽然通常认为高温胁迫是诱导热休克蛋白基
因表达增强的主要原因，但是低温刺激对 BAT 细胞热休克蛋白基因的作用与高温
相似。因此，低温诱导热休克蛋白基因表达增强，也反映出这类蛋白质基因对低
温胁迫具有较强的热反应，热休克蛋白基因表达的变化与金属蛋白基因表达的表
化一致。目前还不清楚冷暴露是否也刺激 WAT 细胞中热休克蛋白基因的表达，并

且功能是否也与其在 BAT 细胞中的作用相似。不过冷暴露并刺激其他器官（如心脏、肺、脑和骨骼肌）细胞中热休克蛋白基因的表达。低温并不刺激 BAT 细胞中所有基因的表达。例如，低温刺激对胰岛素敏感的葡萄糖转运体（GLUT4）基因的表达（GLUT4 mRNA 水平）作用几乎没有影响（Nikami and Saito，1999）。

在冷驯化过程中，心血管系统对交感神经刺激的敏感性也显著增强。由于温带冬季人类心血管系统的发病率明显增加，所谓对冷驯化动物心血管系统的研究在生物医学中占有极为重要的地位。

Fregly 及其同事研究了慢性冷暴露对大白鼠高血压发病率的影响，结果发现当大白鼠暴露在 5℃ 条件下，心脏的收缩压和舒张压都显著增加，心动过速（tachycardia）及左心室肥大。在冷驯化后，血压可升高 30mmHg，心率达到 100 次/分；心血管系统对 α- 和 β- 受体激动剂的反应降低。在冷驯化 4 周后，压力感受器的敏感性（△心率/△血压）也随之降低。注射甲巯丙脯氨酸（captopril，一种降压药物）可以防止冷驯化后出现的高血压症。由于甲巯丙脯氨酸的作用主要是阻断血管紧张肽 I 转变为血管紧张肽 II 的反应。因此血管紧张肽酶原——血管紧张肽（renin-angiotensin）系统在冷驯化血压增高的过程中起着重要的作用。所以，冷驯化的啮齿动物可能为进一步深入研究高血压的发病机制提供良好的动物模型。

NST 的种间差异在将豚鼠和其他啮齿动物的 BAT 功能进行比较时发现，它们之间存在着显著的差别。例如，正常豚鼠 BAT 细胞内的细胞色素氧化酶活性比小白鼠、大白鼠及仓鼠的都低，但冷驯化后增加的比例最高。要使豚鼠 BAT 的形态和功能达到大白鼠冷驯化 3～4 周的水平，那么豚鼠冷驯化的时间要比大白鼠长得多，一般需要几个月的时间。在冷驯化过程中，大白鼠与豚鼠 BAT 的发育模式极为不同。Kuroshima 等在体外研究中发现，冷驯化大白鼠和豚鼠 BAT 对 NE 的反应敏感性显著不同。冷驯化豚鼠 BAT 的产热能力可能被阵发性强迫锻炼增强，这可能与在低温下锻炼可增强交感神经对 BAT 的刺激作用有关。然而，锻炼与冷暴露之间的关系现在还不十分清楚。但是，一些学者认为豚鼠 BAT 的发育模式与人类很接近，是研究人类 BAT 发育特征最适合的动物模型。很明显，在冷驯化条件下，各种动物 BAT 的功能变化及其时间序列，尚需要进一步深入研究。

在估计冷驯化对大白鼠和其他动物 NST 的影响时，一般都采用皮下注射 NE 所诱导的产热反应来进行，详细可见 Jansky（1973）。在热中性区内，正常大白鼠在注射 NE（剂量通常为 0.2～0.4mg/kg）后，代谢率大约增加 1 倍。代谢率的 NE 反应一般都以注射 NE 后，代谢率增加高于 BMR 的百分率来表示。它与 BAT 的重量（占体重的百分比）呈正相关。另外，机体对 NE 的代谢反应与体重相关。诱导最大代谢率出现的 NE 剂量随体重的增加而减少。

在冷驯化期间，出现最大 NST 的时间是一个极为重要的产热调节参数。在冷驯化过程中，动物获得最大 NST 越快，在持续冷暴露条件下生存的机会就越大。

大白鼠对 NE 诱导的产热反应在持续冷驯化 40 天时达到最大，而恢复到正常水平的脱冷驯化时间为 3～8 周。值得注意的是持续冷暴露并非是增加 NE 诱导产热反应的必要条件。例如，间断冷暴露（$T_a=5℃$，每天 2h，4 周）和持续冷暴露（$T_a=5$℃，4 周），NE 诱导产热反应增加的比例相似；而且间断冷暴露（$T_a=4℃$，2h/天）对大白鼠血液中 TSH 和 T_4 浓度的影响比持续冷暴露更有效。这对深入理解各种不同啮齿动物在冷驯化和脱冷驯化过程中，各种产热特征在时间序列中的变化具有重要的意义。

　　NST 的定位：过去十多年中，许多学者为了确定 NST 的主要部位进行了大量的研究。Foster 等首先采用放射性微球技术测定了在冷暴露条件下，动物不同组织的血流量分布情况，结果表明，在急性冷落暴露时，BAT 是大白鼠进行 NST 的主要部位，其产热能力增加了 29%；外科手术切除 40% 的 BAT 后，NE 诱导的产热减少了 30%。此外，根据单位组织产热量的研究表明，BAT 是体内产热效率最高的组织。当然，在冷驯化时，动物非 BAT 的产热作用也可能起着重要的作用。

　　与冷驯化对 BMR 的影响相似，骨骼肌、肝脏和其他非 BAT 细胞的 Na^+-K^+-ATP 酶的活性增强，对啮齿动物产热增加也起着重要的作用（表 9.1）。由于它们构成身体的很大一部分，因此只要其 Na^+-K^+-ATP 酶活性稍微增加，包括非活性酶位点的打开、新酶合成增加等，都能产生大量的热量。例如，肝脏是动物的一个重要的热源，尤其是在进食后其产热作用更为明显。冷落驯化 20 天，大白鼠骨骼肌对 NE 诱导的产热反应增强了 50%。NE 诱导骨骼肌的产热作用主要取决于 Na^+-K^+-ATP 酶的活性，并且很可能是 BAT 以外的主要产热部位。最近，已有人提出有必要对骨骼肌的产热功能进行重新评价（Cannon and Nedergaard，2004）。

2. 隔热与血管舒缩的适应

　　目前，关于啮齿动物冷驯化的研究，大多数都集中于代谢适应特征方面的研究，很少注意到阻碍热丧失方面所出现的适应特征。在冷驯化过程中，啮齿动物也可能出现增强隔热性和血管舒缩方面的适应，尽管这些适应特征还没有像大型哺乳动物那样精确。但是，对在冷驯化条件下减少热丧失、最大限度地降低冷暴露时的能量消耗是十分有利的。当然，增强皮毛隔热性也要消耗许多能量，但从进化的观点来看，增强隔热性的能量消耗远比增加调节性产热的能量消耗少得多。

　　增强皮毛隔热性可以通过增加皮毛厚度和/或密度来实现。前者对小型哺乳动物非常有限，因为：①皮毛厚度的增加会妨碍动物的活动；②增加皮毛厚度使动物趋于圆柱形或球形，辐射失热效率相对增加。这是由于如果一个圆柱体的辐射率为 r，在一定隔热厚度为 x 时，其实际隔热效率为 $r/x\ln[1+x/r]$；球形物体为 $r/r+x$，结果是隔热效率随身体减小而下降。

　　尽管物理学原理表明，小型哺乳动物增强隔热能力非常有限。但是，冷驯化啮齿动物仍然可以通过增强隔热性来防止或减少热丧失。例如，小白鼠毛被的厚度、毛长及每个毛囊内毛的数量，随冷驯化时间增加而增加；而在热驯化时减少（表 9.4）。相反，大白鼠在 6℃和 30℃条件下驯化，其皮毛隔热能力相同；而在冬季进行室外驯化时，隔热性显著增强。冷驯化 65 天后，全身毛重增加近 60%。由此可见大白鼠在冷驯化时皮毛隔热性增强。其他啮齿动物是否也有类似的情况，尚值得进一步研究。

表 9.4　温度驯化对小白鼠毛被的影响（Al-Hilli and Wright，1988）

参数	驯化温度/℃		
	33	21	8
总毛重/mg	22.8±3.0	41.9±2.0	58.5±4.0
毛长/mm			
腹部	3.89±0.17	3.88±0.3	6.75±0.44
肩胛间	5.89±0.89	5.78±0.91	5.67±0.37
背部	5.28±0.43	4.06±0.41	7.01±1.45
毛直径/μm			
腹部	33.6±3.6	31.8±4.5	41.3±4.5
肩胛间	14.3±2.8	32.2±5.0	32.2±4.8
背部	16.3±1.6	23.4±2.7	33.7±4.0

冷驯化过程中尾长下降，也是大（小）白鼠限制散热的一种适应。大白鼠尾部的表面积大约为体表面积的 7%，由于血管扩张，在热性区内，尾部的失热量大约为总失热量的 20%。所以，缩短尾部有利于减少散热。尾部缩短再加上简单的姿势调节，对抵抗低温极为有利，并为抵抗严寒的伤害（如霜冻）提供了一种极为简单而有效的保护机制。

血管舒缩：冷暴露时，外周血管最先出现血管舒缩反应。虽然这种反应对限制失热非常有效，但是在血管收缩时，某些感觉器官和其他一些器官的功能可能会受到一定程度的影响或损伤。为了在冷暴露条件下维持感觉运动反射的功能正常，同时减少热丧失，血管舒缩必然产生一些重要的适应性变化。

大型哺乳动物和人体在持续冷暴露后，皮被组织的血流量增加。但在啮齿动物中这类研究并不多见。大白鼠在持续冷暴露 3 个月后，其耳郭表面温度稍微增加，毛细血管开放的数量增加了 5.6 倍。体外研究表明，四肢皮肤细胞的呼吸能力明显增强，很可能是由于皮肤有丝分裂活性增强所致。

冷驯化时，大白鼠血管舒缩系统曾在增加四肢血流量方面起着重要的作用。在研究非麻醉状态下大白鼠后肢血管舒缩状况时发现，在暴露于 0℃条件下，血管扩张（vasodilation，CIVD）。非冷驯化的动物，在强制冷却四肢时，皮肤温度下降到 10℃，四肢血管收缩反应不仅只局限于暴露的附肢，而且对侧非冷却附肢也出现类似的反应。表明交感神经控制了四肢血管的舒缩反应。在冷暴露四周后，流经冷暴露附肢的血流量增加，以防止该部皮肤温度低于30℃。冷驯化一个月后，将大白鼠附肢暴露于低温时，该部的温度比对照高，很可能与增加基础血流量有关（Banet，1988）。另外，在11℃驯化后，大白鼠尾部血管舒张的临界温度从22.9℃下降到20.3℃。冷驯化后，冷却四肢CIVD增强和尾部血管扩张的临界温度下降，可能反映了中枢神经系统出现的适应性变化。因此，冷驯化的啮齿动物对深入研究心血管系统和体温调节系统在低温下出现的整合适应（integrative adaptations）特征具有重要的意义（Feist and White，1989）。

三、热 驯 化

生物医学研究中，热驯化也许比冷驯化更为重要。冬季人们身着厚实的冬装，不论在室内还是在室外，都可以防止直接暴露于严寒。相反，在炎热的夏季，尽管人们可以安装空调设备，但大多数人在夏季的热驯化是不可避免的。

啮齿动物在持续热暴露时，所面临的物理和生理限制与它们身体较小、没有汗腺或喘息（pant）能力有关。在第三章曾讨论过，啮齿动物身体较小，体表面积与体重之比较大，不仅使其在冷暴露时单位体重的失热量增加，而且也使其在热暴露时蒸发失水增加。从理论上讲，热暴露时（$T_a=40℃$），为了维持体温恒定，单位时间内蒸发失水量占体重的百分比随体重（对数）增加而下降。这一关系对解释沙漠啮齿动物夜行性行为模式十分有利：沙漠啮齿动物为了避免过分失水，白天高温时躲在洞穴内，降低蒸发失水；夜间出来觅食（Schmidt-Nielson，1964）。

当环境温度高于热中性区时，恒温动物增加蒸发失水来进行散热。啮齿动物没有汗腺，蒸发失水主要通过将唾液涂抹在皮肤上完成。这种行为不可能维持很长时间。因为如果动物长时间采用这一行为，它就不可能进行其他行为。很明显在水供应有限的环境中，增加唾液涂抹行为将会导致动物迅速出现脱水现象。有趣的是，大白鼠在高温脱水状态下出现的渴感与剥夺饮水时出现的不同。剥夺饮水时，大白鼠血液中的肾素（renin）含量显著增加，导致刺激渴感的关键激素——血管紧张肽Ⅱ含量增加，从而刺激饮水。与此不同，高温脱水时，似乎并不激活肾素——血管紧张肽Ⅱ系统。总的说来，目前对啮齿动物热暴露时，维持高水平的蒸发失水机制尚未进行很好的研究。不过有一点是一致的，即如果动物不能采用行为避免高温胁迫时，那么为了减少高温胁迫对热稳态和水平衡的伤害，必然在代谢和/或隔热特征方面出现一些适应性变化（Bozinovic and Gallardo，2006）。

1. 代谢适应

为了在没有严重水平衡负担、持续热暴露条件下维持热稳态，啮齿动物可以采用两种适应对策：改变隔热性和血管舒缩特征；或减少代谢产热反应的生化适应。虽然隔热性适应对热驯化动物十分有利，如降低皮毛隔热性、尾部延长、耳郭面积增大等，但是热驯化啮齿动物所采取的对策主要是降低代谢产热。

热驯化啮齿动物主要通过两条途径来降低代谢率：减少运动性活动和/或降低BMR。目前关于啮齿动物热驯化的研究结果大多数来自金仓鼠和大白鼠。热驯化BMR 下降与冷驯化 BMR 升高是两个相对的过程，前者称为"化学产热抑制"（chemical thermosuppression）。热驯化期间，动物体内主要产热器官，如肝脏、肾脏和 BAT 的细胞氧化能力下降（表 9.5）。例如，仓鼠在连续暴露于 35℃条件下10 天后，肝脏线粒体的呼吸率下降了 40%，室温脱驯化 4 天后恢复到正常基础水平。氧化能力降低与进行氧化磷酸化过程的各种氧化酶活性降低有关。这些生化

表 9.5　热驯化啮齿动物产热和体温调节系统在不同水平上出现的功能和形态适应特征
（Thomas and Teresa，1992）

水平	效应
中枢神经系统	1.对多巴胺、serotonin 和 PGE2 的反应发生变化 2.改变中枢神经对 NE 的反应特征 3.降低下丘脑内 NE 和 serotonin 的水平 4.降低唾液分泌和尾部血管扩张的临界温度 5.提高下丘脑刺激 EWL 和尾部血管扩张的临界温度
褐色脂肪组织	重量和蛋白质含量下降
唾液分泌和蒸发失水	1.唾液腺重量增加 2.唾液中 Na^+ 和 K^+ 及 Na^+/K^+ 的比例增加 3.EWL 的临界温度升高 4.EWL 增加
心血管系统	1.尾部血管扩张的临界温度升高 2.血浆体积增加，血流分布发生变化 3.降低高体温时的血管顺应性 4.离体心室肌僵直速度下降 5.心重量下降
代谢	1.BMR 下降 2.上临界温度升高
肾上腺	血清皮质酮水平升高
甲状腺	1.血清 T_3、T_4 水平下降 2.甲状腺重量下降 3.甲状腺 T_4 产生下降
胰腺	血清胰岛素水平和葡萄糖耐受性下降
肾脏与水平衡	1.尿素、菊粉和 PAH 的清除率下降 2.体水下降；^3H_2O 的周转率上升 3.血浆比例下降，细胞外体积增大
隔热性	1.毛发生长下降；每一毛囊毛发数下降 2.尾长增加 3.耳郭表面积增大

适应特征对热驯化啮齿动物降低整体代谢率，升高上临界温度起着极为重要的作用。上临界温度升高对于降低代谢产热负荷、维持散热效应器功能正常具有极为重要的适应意义（Cassuto，1968）。

热驯化过程中，化学产热受到抑制与交感神经系统称和下丘脑-垂体-甲状腺轴功能活性受到抑制有关，反映了动物在高温条件下，维持热稳态所需的代谢能下降。热驯化后 BMR 下降，与动物对外源性 NE 的代谢反应降低有关。如仓鼠在 34℃驯化后，心脏和脾脏 NE 的周转率只有 7℃时的 32%～40%。当环境温度从 22℃升高到 28～30℃后，仓鼠和大白鼠随尿中排泄的 NE 也受到抑制。相反，持续热暴露（36℃）时，尿中 NE 的排泄量增加。这种反应似乎对增强高温的驯化适应不利（Jones and Musacchia，1976）。

热驯化过程中，啮齿动物甲状腺功能降低与代谢率下降平行出现。在 34℃时，大白鼠血清 T_3 水平大约只有 24℃时的 50%。诱导动物甲状腺机能低下的实验处理可能增强动物的热耐受性；相反，甲状腺功能亢进或注射 T_4 则导致动物抗高温的能力下降。由于甲状腺的机能状态与动物的生长发育密切相关，热驯化期间，血液中 T_3、T_4 的浓度下降也许是抑制生长的主要因素。Rousset 等（1984）的研究表明大白鼠在热驯化时，甲状腺机能下降直至抑制动物的生长（Schmidt-Nielsen，1997）。

代谢率和甲状腺机能活性下降，对热驯化大白鼠的生长和器官发育有深刻的影响。在热驯化初期，大白鼠的食物消耗和生长下降，随后体重下降，主要表现在除脑和生殖器官以外，其他所有器官的重量都显著下降，重量变化最大的器官是肾脏、肝脏和心脏。这些器官的代谢活性是构成 BMR 的主要部分（约为 35%）。沙鼠驯化在 24℃或 34℃时，体重虽然变化不明显，但体内主要产热器官的重量和代谢活性显著下降，这些器官包括心脏、肝脏和肾脏。因此，热驯化啮齿动物其生长下降，肾脏和肝脏功能也随之显著减弱。最终导致代谢率下降，对药物和有毒物质的排泄能力降低。

2. 唾液腺的适应性变化

在热驯化过程中，唾液腺的作用与冷驯化时 BAT 的作用同样重要。与涂抹行为增加相一致，动物的唾液分泌量大量增加，这可能是啮齿动物在热暴露时主动增加 EWL 的唯一方式。所以，增强唾液使啮齿动物对炎热环境的驯化适应十分有利。

大白鼠在热驯化头两天内，下颌腺（submaxillary gland）细胞有丝分裂急剧增加，随之出现组织增生。在热驯化初期，下颌腺的毒碱受体（muscarinic receptor）密度增加。因此，对胆碱刺激的敏感性增强。热驯化几周后，毒受体的密度下降到正常水平。同时由于副交感神经候性的增强，唾液腺增生停止。因此切除交感神经对热驯化时唾液腺的功能没有影响。热驯化 5 天后，唾液腺的有丝分裂停止，但增生至少要持续几周。令人不解的是，尽管在热暴露期间，唾液腺发育加速，EWL 能力增强，但唾液压分泌的量却比对照组少。进一步来看，用毛果芸香碱（pilocarpine）处理热驯化动物后，胆碱可刺激唾液分泌。很明显，其他啮齿动物在热驯化期间唾液的发育和功能状态还需要进一步深入研究。

3. 热驯化时中枢神经系统的适应性变化

有相当多的证据表明，啮齿动物在热驯化过程中，中枢神经系统也出现了显著的变化。通过 POAH 局部注射不同的神经递质，如 NE、5-HT 和 PGE2，热驯化大白鼠的体温调节系统将出现比较一致的变化。将动物饲养在 20℃或 0℃时，大白鼠三叉神经接收来自面部的冷感受器的信号，对温度的敏感性不变。这一结果表明，温度的感觉通路是固化的（hard-wired），不可能受温度驯化的影响。这一结果已在猫和骆驼的研究中得到证实。

中枢神经系统神经化学变化和可能与体温调节的传出神经的敏感性有关，并且很可能用调定点的变化来解释。热驯化时调定点的变化，也许是动物适应高温的一种特征。在核温调节性升高时，体温调节控制器的修正信号（T_c–T_{set}）减弱。结果出现低水平的散热输出，热负载下降，这将减弱温度升高时所造成的心理压力。调定点升高的现象已在非啮齿动物中得到证实。例如，暴露于高温和脱水情况下的猫和骆驼，它们的体温可以在 EWL 显著增加前，升高到正常体温的上限。因此尽管升高调定点对体温调节控制中枢有伤害作用，但对保留体内水分是有利的（Bozinovic and Gallardo，2006）。

啮齿动物也会出现类似的反应吗？在啮齿动物中，热驯化导致调定点升高的证据可能具有种间差异，并且是不确定的。豚鼠在热驯化过程中，在体温调节的调定点升高的情况下，再返回到较冷的环境中时，由于热敏感性急促呼吸和维持较高的核温，临界核温似乎也较高（Schmidt-Nielsen，1997）。

大白鼠热驯化后，调定点变化的证据还不十分肯定。在非麻醉状态下，热驯化大白鼠增加 EWL 及尾部血流量的临界温度、核温和下丘脑温度上升，而其他研究则表明唾液分泌和血管扩张的临界温度下降。与豚鼠相反，热驯化大白鼠（5h/天；T_a=33℃或 36℃）在返回较冷环境（24℃）中时，其核温较低。另外，大白鼠在连续暴露于 32.4℃、10 天后，其核温比在 24℃条件下脱驯化两天的高。一般来说，观察到通过主动调节而使临界核温出现显著差异的热驯化时间需要 5～10天。外周血管扩张的敏感性、热耐受性和 EWL 对核温的反应之间存在着极为复杂的关系，并且还与身体内外的热环境状况，热驯化的连续性有关。在热驯化过程中，行为体温调节的研究对进一步阐明调定点变化是极为重要的。调定点的真正升高不仅表现在激活散热反应的临界温度升高，而且应该与动物选择温度的行为变化有关（Zhang and Wang，2006）。

参 考 文 献

Al-Hilli F, Wright EA. 1988. The effects of environmental temperature on the body temperature and ear morphology of the mouse. Journal of Thermal Biology, 13: 197.

Banet M. 1988. Long-term cold adaptation in the rat. Comparative Biochemistry & Physiology, 89: 137-140.

Bozinovic F. 1992. Rate of basal metabolism of grazing rodents from different habitats. J. Mamm., 73: 379-384.

Bozinovic F, Gallardo P. 2006. The water economy of South American desert rodents: from integrative to molecular physiological ecology. Comp. Biochem. Physiol., 142: 163-172.

Cannon B, Nedergaard J. 2004. Brown adipose tissue: function and physiological significance. Physiol. Rev., 84: 277-359.

Cassuto Y. 1968. Metabolic adaptation to chronic heat exposure in the golden hamster. Amer. J. Physiol., 214: 1147-1151.

Chaffee RR, Roberts JC. 1971. Temperature acclimation in birds and mammals. Annual Review of Physiology, 33: 155-202.

Chevillard L, Cadot M, Julien MF, et al. 1967. Effect of a change of thermic milieu on thyroid activity in rats. Journal De Physiologie, 59: 1-4.

Doi K, Loo LN, Chan HP. 1982. X-ray tube focal spot sizes: comprehensive studies of their measurement and effect of measured size in angiography. Radiology, 144: 383-393.

Doi K, Kuroshima A. 1984. Economy of hormonal requirement for metabolic temperature acclimation. Journal of Thermal Biology, 9: 87-91.

Fregly MJ, Kikta DC, Threatte RM, et al. 1989. Development of hypertension in rats during chronic exposure to cold. J. Appl. Physiol., 66: 741-769.

Feist DD, White RG. 1989. Terrestrial mammals in cold. Berlin Heidelberg: Springer: 327-360.

Foster DO, Frydman ML. 1972. Nonshivering thermogenesis in the rat. II. Measurements of blood flow with microspheres point to brown adipose tissue as the dominant site of the calorigenesis induced by noradrenaline. Canadian Journal of Physiology & Pharmacology, 13: 4-27.

Gordon CJ. 1993. Temperature Regulation in Laboratory Rodents. Cambridge: Cambridge University Press.

Cypess AM, Lehman S, Williams G. 2009. Identification and importance of brown adipose tissue in adult humans. The New England Journal of Medicine, 360: 1509-1517.

Galic S, Oakhill JS, Steinberg GR. 2010. Adipose tissue as an endocrine organ. Molecular and Cellular Endocrinology, 316: 129-139.

Griggio MA. 1982. The participation of shivering and nonshivering thermogenesis in warm and cold-acclimated rats. Comparative Biochemistry & Physiology, 73: 481-484.

Guernsey DL, Stevens ED. 1977. The cell membrane sodium pump as a mechanism for increasing thermogenesis during cold acclimation in rats. Science, 196: 908-910.

Heldmaier G, Steinlechner S. 1981. Seasonal control of energy requirements for thermoregulation in the Djungarian hamster(Phodopus sungorus), living in natural photoperiod. J. Comp. Physiol., 142: 429-437.

Heldmaier G, Steinlechner S, Rafael J. 1982. Nonshivering thermogenesis and cold resistance during seasonal acclimatization in the Djungarian hamster. J. Comp. Physiol., 149: 1-9.

Hinckel P, Perschel WT. 1987. Influence of cold and warm acclimation on neuronal responses in the lower brain stem. Canadian Journal of Physiology & Pharmacology, 65: 1281-1289.

Himms-Hagen J. 1986. Recent advances in obesity research. Appetite, 7: 1-5.

Himms-Hagen J. 1990. Brown adipose tissue thermogenesis: interdisciplinary studies. FASEB J., 4: 2890-2898.

Hirata K, Nagasaka T. 1981. Calorigenic and cardiovascular responses to norepinephrine in anesthetized and unanesthetized control and cold-acclimated rats. Japanese Journal of Physiology, 31: 305-316.

Jansky L. 1973. Non-shivering thermogenesis and its thermoregulatory significance. Biol. Rev., 48: 85-132.

Jones SB, Musacchia XJ. 1976. Norephinephrine turnover in heart and spleen of 7-, 22-, and 34℃-acclimated hamsters. Am. J. Physiol., 230: 564-568.

Laties VG, Weiss B. 1960. Behavior in the cold after acclimatization. Science, 131: 1891-1892.

Lovegrove BG. 2003. The influence of climate on the basal metabolic rate of small mammals: a slow-fast metabolic continuum. J. Comp. Physiol., 173: 87-112.

Klaus S, Heldmaier G, Ricquier D. 1988. Seasonal acclimation of bank voles and wood mice: nonshivering thermogenesis and thermogenic properties of brown adipose tissue mitochondria. J. Comp. Physiol., 158: 157-164.

Klingenspor M, Niggemann H, Heldmaier G. 2000. Modulation of leptin sensitivity by short photoperiod acclimation in the Djungarian hamster, *Phodopus sungorus*. J. Comp. Physiol., 170: 37-43.

Kodama AM, Pace N. 1964. Effect of environmental temperature on hamster body fat composition. Journal of Applied Physiology, 19: 863-867.

Kuroshima A, Ohno T. 1991. Cold- and noradrenaline-induced changes in ganglioside GM3 levels of rat brown adipose tissue. Journal of Thermal Biology, 16: 37-39.

Kuroshima A, Yahata T, Habara Y. 1982. Hormonal regulation of brown adipose tissue—with special reference to the participation of endocrine pancreas. Journal of Thermal Biology, 9: 81-85.

Merker G, Roth J, Zeisberger E. 1989. Thermoadaptive influence on reactivity pattern of vasopressinergic neurons in the guinea pig. Experientia, 45: 722-726.

Nagy TR, Gower BA, Stetson MH. 1995. Endocrine correlates of seasonal body mass dynamics in the collared lemming(*Dicrostonyx groenlandicus*). Integr. Comp. Biol., 35: 246-258.

Nakatsuka H, Asaka S, Itoh H, et al. 1983. Observation of bifurcation to chaos in an all-optical bistable system. Physical Review Letters, 50: 109-112.

Nikami H, Saito M. 1999. Sympathetic activation of glucose utilization in brown adipose tissue in rats. J. Biochem., 110: 688-692.

Ohno T, Kuroshima A. 1986. Metyrapone-induced thermogenesis in cold-and heat-acclimated rats. Japanese Journal of Physiology, 36: 821-825.

Ohno I, Tanno Y, Yamauchi K, et al. 1990. Gene expression and production of tumour necrosis factor by a rat basophilic leukaemia cell line(RBL-2H3)with IgE receptor triggering. Immunology, 70: 88-93.

Owen MLS, Baker GB, Coutts RT, et al. 1991. Effects of p-chloroamphetamine and a side-chain monofluorinated analogue on levels of indoles in rat brain. Drug Development Research, 24: 135-139.

Park IR, Himms-Hagen J. 1988. Neural influences on trophic changes in brown adipose tissue during cold acclimation. American Journal of Physiology, 255: 874-881.

Pohl H. 1965. Die Aktivitätsperiodik von zwei tagaktiven Nagern, *Funambulus palmarum* und *Eutamias sibiricus*, unter Dauerlichtbedingungen. J. Comp. Physiol., 78: 60-74.

Rand L, Thir B, Reegen SL, et al. 1965. Kinetics of alcohol-isocyanate reactions with metal catalysts.

Journal of Applied Polymer Science, 9: 1787-1795.

Roth D, Alarcón FJ, Fernandez JA, et al. 1988. Acute rhabdomyolysis associated with cocaine intoxication. New England Journal of Medicine, 319: 673-677.

Rousset M, Paris H, Chevalier G, et al. 1984. Growth-related enzymatic control of glycogen metabolism in cultured human tumor cells. Cancer Research, 44: 154-160.

Scarpace PJ, Metheny M. 1998. Leptin induction of UCP1 gene expression is dependent on sympathetic innervation. Am. J. Physiol., 275: E259-E264.

Schechtman M. 1990. Personhood and personal identity. Journal of Philosophy, 87: 71-92.

Schmidt-Nielson K. 1964. Desert Animals: Physiology Problems of Heat and Water. Oxford: Clarendon Press.

Schmidt-Nielsen K. 1997. Animal Physiology: Adaptation and Environment. Cambridge: Cambridge University Press.

Shiota M, Masumi S. 1988. Effect of norepinephrine on consumption of oxygen in perfused skeletal muscle from cold-exposed rats. American Journal of Physiology, 254: 482-489.

Speakman JR. 2007. The energy cost of reproduction in small rodents. Acta Ther. Sin. 27: 1-13.

Thermal Commission, IUPS. 1987. Glossary of terms for thermal physiology. 2nd ed. Revised by The Commission for Thermal Physiology of the International Union of Physiological Sciences(IUPS Thermal Commission). Pflügers Archiv., 410: 567-587.

Thomas ET, Teresa HH. 1992. Interdisciplinary Views of Metabolism and Reproduction. London: Cornell University Press.

Thornhill J, Halvorson I. 1990. Brown adipose tissue thermogenic responses of rats induced by central stimulation: effect of age and cold acclimation. Journal of Physiology, 426: 317-333.

Tomasi TE, Horwitz BA. 1987. Thyroid function and cold acclimation in the hamster, *Mesocricetus auratus*. American Journal of Physiology, 252: 260-267.

Uehara M. 1986. Heterogeneity of serum IgE levels in atopic dermatitis. Acta Dermato-Venereologica, 66: 404-408.

Vallerand AL, Jacobs I. 1990. Influence of cold exposure on plasma triglyceride clearance in humans. Metabolism Clinical & Experimental, 39: 1211-1218.

Vybíral S, Andrews JF. 1979. The contribution of various organs to adrenaline stimulated thermogenesis. Journal of Thermal Biology, 4: 1-4.

Wang D. 1990. Strategies for survival of small mammals in a cold alpine environment II. Seasonal changes in the capacity of nonshivering thermogenesis in *Ochotona curzoniae* and *Microtus oeconomus*. Acta Theriologica Sinica, 10: 40-53.

Wang JM, Zhang YM, Wang DH. 2006. Seasonal regulations of energetics, serum concentrations of leptin, and uncoupling protein 1 content of brown adipose tissue in root voles(*Microtus oeconomus*)form the Qinghai-tibtan plateau. J. Comp. Physiol., 176: 663-671.

Yahata T, Kuroshima A. 1987. Cold-induced changes in glucagon of brown adipose tissue. Japanese Journal of Physiology, 37: 773-782.

Zeisberger E, Roth J. 1988. Role of Catecholamines in Thermoregulation of Cold-Adapted and Newborn Guinea Pigs. Berlin Heidelberg: Springer.

Zhang XY, Wang DH. 2006. Energy metabolic, thermogenesis and body mass regulation in Brandt's voles(*Lasiopodomys brandtii*)during cold acclimation and rewarming. Horm. Behav., 50: 61-69.

Zhao ZJ, Wang DH. 2007. Effects of diet quality on energy budgets and thermogenesis in Brandt's voles. Comparative Biochemistry and Physiology, 148: 168-177.

第十章　动物对季节性环境变化的生理反应

哺乳动物生活史研究的目的在于阐明在其生活史中繁殖定时和繁殖方式及其对物种生存适应的意义。从进化生物学的角度来看，最终因子（ultimate factor）是决定动物繁殖特征的主要因子，但从生殖生理学来看，动物的繁殖生理特征决定于动物内在生理调节机制。这两种研究途径在很长时间内相互独立发展。虽然在阐明动物繁殖对策及其进化中，这两种研究途径各具优点，但是它们采用的动物模型、研究方法都不同，并且也是在不同的生物组织层次进行分析研究而得出的。例如，由于分子内分泌学的迅猛发展，促进了生殖生理学的发展，从而能深入地研究各种生殖内分泌激素与生殖器官之间相互作用的细胞和分子机制。进化生物学研究途径也涉及生活史中不同阶段表现型所出现的分子变化，这种变化在基因组结构中表现得最为明显。但是，从理论上对动物繁殖过程中详细分子生物学机制的研究并不多，而更多的研究主要集中于对繁殖结局的研究，如后代的数量和质量。

有人认为这两种研究途径的主要差别在于它们所强调的理论或机制上。但是这种观点容易引起误解。因为根据这种观点这两种研究途径之间是相互独立、没有联系的，从这两种研究途径的发展历史来看，的确如此。但是，不论哪一种研究途径都为另一种研究提供了依据。并且这两种途径都共同强调能量流动和分配在调节繁殖中所起的重要作用。一般来说，生活史理论与能量学相结合，对阐明在环境变化的影响下，动物的繁殖如何受到自然选择压力的影响，以及所出现的最佳繁殖对策。繁殖生理学则强调能量利用对策如何影响特定的繁殖功能，以及这些繁殖功能又如何影响动物的能量利用对策。由此可见，这两种研究途径都必须解决一个问题，即能量如何限制有机体的繁殖？且都必须研究在胁迫环境条件下动物出现的生理学反应。从这个意义上来看两种研究途径具有一定的相似性。

在环境条件出现季节性变化的条件下，动物可以利用各种环境因子来调节繁殖和能量分配。环境因子变化作为引起生理机能变化的信号，最终都通过神经内分泌系统而作用于特定的效应器官，使动物产生相应的适应性变化，来适应环境的季节性变化（Merritt and Zegers，1991）。

在研究环境季节性变化对动物繁殖对策影响的研究中，采用野生动物为研究对象具有重要的意义。在该领域研究中，绝大多数研究结果都是在金仓鼠（*Mesocricetus auratus*）（Hoffmann and Reiter，1965）、黑线毛足鼠（*Phodopus sungorus*）（Yellon and Goldman，1983）、褐家鼠（*Rattus norvegicus*）（Nelson and

Zucker，1981）中得到的。由于外界环境因子，如光照周期、温度等的变化很容易引起这些种类的生理特征出现相应的变化，因此在该领域研究中被广泛采用。经过许多代的繁殖后，从而产生与环境驯化条件相应的群体，这些群体中相关生理特征的个体变异范围较为一致（Lovegrove，2005）。从而为从神经内分泌途径阐明动物的生理特征对环境变化的反应模式提供了可靠的基础。这些途径在解释动物生理特征变化的适应意义中具有重要的意义。一般用于解释某种生理特征变异对结构和功能的影响时，以实验啮齿动物为研究模型更为方便。

　　当然，以自然野生动物作为实验动物模型，可能会遇到许多困难。但是从生态学和进化论的角度来看，这种研究方法可能更具有意义。例如，在自然种群中，动物最显著的特征是表现型具明显的个体差异，并且这种差异很可能与许多生理特征的变异有关。在自然种群中，个体之间表现型的个体差异对研究动物生理适应及其调节机制具有重要的意义。通过对自然种群的研究，可以更为深入地理解动物生活史过程中所出现的各种生理适应特征及其调节机制。

　　根据对野生天然种群的研究结果能够精确地反映出该种群在特定环境条件下的适应对策，但是并不代表其他种群在自然选择压力下的适应对策。叙利亚仓鼠（Syrian hamster）在季节光周期驯化 4～8 周，或更长时间后，其代谢特征（或皮毛颜色）和繁殖特征（睾丸重量）出现显著的变化（Schneider et al.，2000）。光照周期变化可诱导线毛足鼠种群出现体重季节性变化（Lovegrove，2005），并且这种特征的个体变异很少。相反，美国的黑线毛足鼠种群的体重对光照周期的影响并不明显（Lynch et al.，1989）。更进一步来看，短光照周期引起雄性睾丸萎缩的比例与黑线毛足鼠的种群来源有关，其变化范围为 20%～90%（Heldmaier et al.，1982）。尽管美国的黑线毛足鼠最初来源于德国，但是这种差异表明两地的选择压力对体重变化的影响不同（Demas et al.，2002）。目前对于引起这种差异的原因尚不清楚。

一、光周期与繁殖特征

　　北温带的鹿鼠（Peromyscus）的繁殖特征与其他啮齿动物相似，都在春季、夏季和初秋进行繁殖。出现繁殖和繁殖持续的时间具有明显的年变化，同时，还与分布随纬度、物种、种群、年龄和其他因素有关（Demas et al.，2002）。但是从总体上来看，鹿鼠的季节性繁殖直接与控制繁殖功能的神经调节途径有关。动物可以利用特定的环境信号，尤其是光照周期的变化，作为预测未来环境变化和进行繁殖的信号（Concannon et al.，2001）。在过去 20 多年中，许多学者对诸如光周期信号如何传递到大脑等神经器官，以及如何影响繁殖的神经内分泌途径进行了大量的研究（Boss-Williams and Bartness，1996）。

　　鹿鼠性腺的功能显著受到关照周期的影响。暴露在短光照周期（8L：16D）

中，雄性的繁殖能力减低，其睾丸重量比长光照对照组（16L：8D）降低了42%；附睾的重量降低了45%。睾丸重量降低到最低所需要的驯化时间为5周，这一时间与小白鼠生殖上皮（germinal epithelium）维持周期相同（Bartness et al.，2002）。

在长光照周期驯化时，鹿鼠睾丸性激素合成能力（主要是睾酮）和精子成熟能力增加2倍。而在短光照周期下，附睾和睾丸中成熟精子数量减少2倍。然而，睾丸和附睾中的生精作用具有相当大的个体变异。在短光照条件下，大约有30%的个体，其睾丸和附睾中成熟精子数量与正常个体相同。相反，无精子表现型小白鼠睾丸中仅有数量极少的精子，因此为典型的无生殖能力的表现型，从而与附睾的观察结果相同，尽管这种表现型的繁殖个体也能进行射精和交配，并可以受精。所有短光照处理的雄性鹿鼠的精子浓度都介于两种极端情况之间（Bartness et al.，1989）。

测定血液中睾酮浓度可作为评价不同表现型类固醇激素合成能力的指标。具有正常生殖功能的雄性鹿鼠，在长光照周期驯化时，血清睾酮浓度显著上升。相反，血清睾酮浓度显著降低，并且介于无精子小白鼠和正常组之间。

由此可见，雄性鹿鼠在精子生成和类固醇合成能力上存在着相当大的个体变异。虽然这些变异可分为3种显著不同的类型，但是这种分类方法具有相当大的主观性，并且随研究目的的不同而不同。在实验种群中很可能存在两种对短光照周期反应不同的表现型；它们使雌性受精的能力显著不同。但是还没有关于这两种表现型交配的研究报道。

以上研究结果可能涉及两种不同的结论：第一，繁殖特征对短光照周期的反应与动物分布区纬度差异无关。所有用于研究的鹿鼠都来自同一个种群。过去的研究报道认为，来自北方高纬度地区的鹿鼠种群在短光照驯化后，无精子个体的比例高于南方种群（Feist DD and Feist CF，1986）。类似的繁殖特征的纬度变异也见于白足鼠（Bartness et al.，2002）。

第二，个体变异并非是野生种群在人工实验室饲养条件下出现的变异。一方面，任何一种短光照表现型的雄性鹿鼠，其繁殖特征受光照周期的影响都能通过改变光照周期而得到证实；另一方面，两种表现型（如短光照诱导睾丸萎缩或短光照周期并不诱导睾丸萎缩）对光照周期的反应都对选择压力的作用表现出相应的反应。在实验种群中，具有反应的表现型与无反应型的相对数量，在每一代中大约占种群数量的40%。这一比例不可能是由于实验误差或人工实验室条件造成的。因此，在实验室所观察到的、有关雄性鹿鼠生殖特征随光照周期变化的个体变异确实反映了该物种在自然生活环境中的特征（Ernest，2005）。

二、多种环境因子参与了繁殖对策的调节

有关光照周期对雄性鹿鼠生殖特征影响的研究结果，可以用于说明20世纪

30~40 年代对野外自由生活的啮齿动物繁殖特征变化的结果。Baker 和 Ransom（1932）及 Whitaker（1942）分别研究了黑田鼠（*Microtus agrestis*）和白足鼠（*Peromyscus leucopus*）雌雄两性在冬季的繁殖情况。的确，对于研究田鼠类生殖生理特征来说，采用冬季样本能够更好地阐明生殖特征在种群中的变异（Krebs and Meyers，1974）。当然，野外观察很可能忽视了室内生理研究所强调的环境因子对生殖功能的调节机制。从大多数室内研究结果，尤其是对于仓鼠的研究结果来看，野外观察数据很难与其相比较。仓鼠的研究结果不仅缺乏野外工作结果，而且也缺乏有关该物种在自然条件下的生活史特征。因此，很难将仓鼠的研究结果广泛用于说明其野外自然生境中的真实情况。

如果采用 Baker 和 Ransom（1932）及 Whitaker（1942）的野外研究结果用于预测鹿鼠的繁殖变化情况，那么会得到什么样的结果呢？如果冬季种群中发现具有繁殖活性的雄性，那么与冬季相联系的短光照周期或其他环境信号就不可能成为抑制繁殖的环境因子。在鹿鼠中，短光照周期抑制雄性繁殖的个体数大约为 70%，而 30% 的个体仍然具有繁殖能力。但是鹿鼠野外观察结果表明，冬季具有繁殖能力的雄性个体的比例低于 30%（Steinlechner et al.，1983）。后一种观点认为光照周期是影响动物繁殖特征的重要环境因子之一。其他实验结果也支持这一结论。但是，食物短缺也能显著导致睾丸中精子数量显著降低，出现与短光照周期相似的结果。其他一些直接因子（proximate factor）也能诱导睾丸萎缩，这些直接因子包括水和环境温度，与短光照相比较，低温只影响睾丸的功能。鹿鼠性腺对上述各种环境因子影响的反应，也具有明显的个体差异，表现为有的个体出现无精子症，而一些个体精子发生正常。当将鹿鼠同时暴露于上述 3 种环境条件下时，大约有 90% 的个体停止繁殖，但是仍然有 10% 的个体具有繁殖能力。

上述结果表明，鹿鼠种群中，不同个体的繁殖特征对不同环境信号具有不同的反应。在短光照、食物短缺和其他环境因子影响下，雄性鹿鼠的繁殖特征也出现不同的反应，有的表现为停止繁殖，而一些个体仍然保持繁殖能力。另外，不同个体对不同的环境条件变化，其生殖腺的反应相当一致。即一些个体的性腺受光照周期的影响，一些个体则受食物限制的影响，还有一些个体则可能受到其他一种或几种直接因子的影响。因此，鹿鼠种群中，繁殖特征可能有不同的表现型，这些表现型对不同的直接因子表现出不同的反应。这些表现型具有不同的遗传基础。

三、神经内分泌调节

关于不同个体的性腺对不同环境因子影响而出现不同变化的遗传基础，以及基因如何调节性腺对不同环境变化的机制，或中枢神经系统如何接受和对多种环境因子影响的整合机制，现在还不清楚。就生殖系统来看，基因的作用很可能是通过改变神经内分泌系统，包括下丘脑-垂体轴的功能状况来实现的。转换环境信号的神经机制可将环境信号转换为生理信号。关于环境信号转换的详细机制可参见 Glass（1986）的报道。这种机制的中心问题是将有视网膜接受的光照信号传递到下丘脑-垂体轴，并换能为内分泌信号。松果体在将光照周期信号转换为神经内分泌信号的过程中起着重要的作用；其机制为松果体在黑暗时释放褪黑激素（melatonin）增加，并且褪黑激素的合成与释放具有明显的 24h 节律，将光照周期信号传递到下丘脑特定的神经核。一般认为，下丘脑前部将整合在松果体内分泌信号，并将整合后的信号传递到垂体，刺激促性腺激素分泌中起着重要的作用（Michael et al.，2000）。因此，神经内分泌特征的变化，在研究睾丸功能变化中具有重要的意义。

在研究鹿鼠季节性变化及其适应意义中，神经内分泌系统同样也具有重要的意义。就短光照周期与食物短缺两种环境信号而言，必然是通过神经内分泌系统而调节鹿鼠的繁殖功能。睾丸功能的个体变异必然也反映了神经内分泌系统的个体变异。

如果黄体生成素（luteinizing hormone，LH）具有刺激垂体合成睾酮和精子产生的作用，短光照雄性鹿鼠血液中该激素的浓度正常，同时，精子产生能力和睾酮水平也正长。相反，在精子生成受损伤的鹿鼠，其血液中 LH 浓度和睾酮水平均显著降低。减少食物供应，也可诱导出现与此相似的结果，即精子生成能力降低、血清睾酮和 LH 浓度降低，出现短光照周期和低温下出现的变化（Desjardins and Lopez，1983）。

短光照周期也能诱导血清催乳素（prolactin，PRL）浓度显著降低 4 倍。有趣的是，鹿鼠所有表现型在短光照下其血清 PRL 水平都显著降低。雄性鹿鼠在短光照处理后，精子生成能力、血清 LH 和睾酮水平都正常。

血清 LH 水平与睾丸功能之间具有正相关关系。因为血清 LH 水平与睾丸功能之间的关系显示出所研究鹿鼠的垂体功能正常，这就表明垂体是导致鹿鼠睾丸功能在不同光照周期下，出现个体差异的高级神经中枢。垂体前部分泌的多肽类激素受下丘脑合成和分泌释放激素的调节。因此，鹿鼠血清中的 LH 和 PRL 水平的差异也很可能也受到下丘脑分泌释放激素的影响。以上结果也可以用于解释其他种类的研究结果，下丘脑作为多种调节垂体功能的共同通道，具有极为复杂的多种调节功能（Desjardins and Lopez，1983）。

垂体分泌 PRL 的水平降低很可能表明一种或多种决定外周循环血液中 PRL 水平有关的非性腺作用有关。例如，短光照下毛被颜色（Duncan and Goldman，1984）和代谢率的变化（Dark and Zucker，1983）直接与血液中 PRL 水平有关。PRL 分泌水平的变化也许还具有其他重要的功能。从垂体前部释放 PRL 的水平受到下丘脑神经内分泌功能的影响（Mercer and Speakman，2001）。下丘脑前部和腹中部神经元分泌活性的变化可以直接改变垂体 PRL 的分泌水平。因此，在短光照周期驯化后，所有各种不同的鹿鼠繁殖表现型的 PRL 水平一致降低的结果表明，雄性在下丘脑神经元水平都具有调节垂体功能的作用。这一结果证明，性腺功能对短光照所表现出的各种性腺功能差异的表现型，都源于下丘脑神经元的功能差异。

睾丸功能损伤主要表现在精子生成能力和分泌睾酮的能力降低两个方面。睾酮分泌水平降低不仅影响精子成熟，而且也导致所有依赖于睾酮的其他激素分泌水平或功能降低（Desjardins and Lopez，1983）。例如，当睾酮分泌水平降低时，几乎所有与繁殖有关的性行为都消失。这些性行为不仅包括社会性性行为，而且也包括雄性之间的相互作用（Geiser et al.，2007）、领域行为和一般活动行为（Ellis and Turek，1983）。睾酮水平降低可能是某些啮齿动物出现季节性变化，如代谢水平、毛被颜色、冬眠和换毛等的先决条件（Krol et al.，2005）。因此，由个体神经功能之间差异所决定的表现型差异，不仅反映在许多生理功能上出现差异，包括生殖腺功能差异，而且也反映在有机体的其他特征上，尤其是行为特征。从严格意义上来说，生殖表现型（reproductive phenotype）可能属于严格意义上的神经内分泌表现型（neuroendocrine phenotype）。这种观点具有重要的意义，因为它认为个体之间的差异主要是由于下丘脑特定功能的神经元功能不同所引起的。

四、季节性代谢调节

生殖功能的季节性调节并不是仅有的对季节性变化环境适应的生理调节。自由生活的动物具有各种不同的适应特征，从而能够使其度过一年中出现的各种环境（Haim et al.，1999）。在冬季，动物将出现一系列的代谢产热调节（Heldmaier and Buchberger，1985）。例如，冬季时，动物的毛被、组织成分和体重等都可能出现相应的变化。许多种类将出现适应性低体温（进入日休眠或冬眠）。鹿鼠在冬季出现的代谢调节也包括以上几个方面，并且这些代谢调节也表现出相当大的个体变异特征。

鹿鼠季节性代谢调节具有两种显著不同的方式，即出现日休眠和褐色脂肪组织（brown adipose tissue，BAT）增生，并且都与繁殖状况的调节显著相关。这两种调节方式表现出相反的代谢特征。日休眠降低维持高而恒定体温的能量，从而达到降低能耗的目的（Heldmaier and Steinlechner，1981）。而 BAT 增生、非颤抖性产热增强，实际上是增强 BAT 细胞中能量释放，即将生物氧化的能量以热的形式释放出来，而并不将能量储存在 ATP 的高能键中（Wunder，1984）。在冷暴露过程中，可以连续观测动物的体温变化状况来确定是否进入日休眠；而 BAT 内源性产热特征的变化可以通过测定 BAT 细胞的生物氧化能力的变化和非颤抖性产热能力的变化来确定。

五、代谢和繁殖特征的个体差异

在冷暴露或冬季，鹿鼠出现日休眠和 BAT 增生具有相当大的变异。一般在短光照周期和低温条件下，出现日休眠和 BAT 增生。这些反应都与繁殖变化相关。往往出现日休眠的个体都表现出性腺萎缩和精子生成作用停止的变化，并且非颤抖性产热能力显著增强（Desjardins and Lopez，1983）。

单独短光照周期可以显著诱导鹿鼠出现日休眠；低温仅能诱导体温降低，但是缺少短光照，动物并不出现日休眠。鹿鼠在短光照周期（8L：16D）和 23℃或 2℃驯化 9 周的结果。在两种驯化条件下，鹿鼠在驯化第 2 周就开始出现日休眠，随着驯化时间的延长，休眠的深度和休眠持续的时间延长，到 6～8 周时，进入稳定的休眠状态。进入稳定休眠的个体占总数的 12%，其中有 50% 的个体为没有产生精子能力的个体。

短光照低温组的肩胛间 BAT 增生和产热特征显著增强。BAT 细胞色素 C 氧化酶活性显著增强。同时线粒体蛋白质含量显著增加，个体非颤抖性产热能力也显著增强（Rafael et al.，1985）。短光照和低温能显著诱导所有鹿鼠 BAT 增生、非颤抖性产热能力增强。但是在不同繁殖表现型和具有日休眠个体中，BAT 增生、非颤抖性产热能力增强的幅度不同。与长光照驯化，并且具有繁殖能力的雄性相比较，短光照低温驯化下，睾丸大小正常的个体，BAT 重量增加两倍，细胞色素 C 氧化酶活性增加 30%。相反，在相同条件下，睾丸萎缩的个体，BAT 重量增加 64%，细胞色素 C 氧化酶活性增加 100%。非休眠睾丸萎缩的鹿鼠，其细胞色素 C 氧化酶活性介于上述两种类型之间（Desjardins and Lopez，1983）。

以上实验结果表明，与动物的其他生理特征一样，种群的繁殖和代谢特征的神经内分泌调节特征也具有显著的表现型变异，甚至出现基因型变异。现代进化理论认为神经内分泌调节的意义在于增加适合度最大的个体基因的增殖。因此，每一整套调节机制的变异可能代表了不同的适应对策，而这些适应对策可以显著增加动物的存活率、繁殖成功率或导致两者都显著增加。当然根据现有的研究结果，要对神经内分泌调节机制的变化而得到动物存活或繁殖的适应值，并且测定它们的适合度是相当困难的。由一系列生理调节过程而形成的适应调节机制或对策对动物的生存适应和进化具有重要的意义，因为在个体之间出现的表现型变异是调节种群数量的一个重要途径；鹿鼠种群中不同个体出现的季节性适应对策不同，这种差异很可能受到某种神经机制的调节。区分这些调节机制和功能差异，对于寻找不同表现型变异具有重要的意义。

生理特征如何限制动物的生活史特征和对策，反映了物种对生活史特征的调节机制。进一步来说，动物对环境的适应性特征受到生活史类型及其所具有的调节机制的影响。然而，目前关于哺乳动物生活史类型及其调节机制的研究报道极为有限。为了阐明个体的生理特征对生活史的影响，必然对生活史特征的调节机制和功能进行深入细致的研究。

冬季鹿鼠对环境条件的要求，必然与其生活史适应性相联系，从而引起学者的较大兴趣。从现在的研究结果来看，鹿鼠的季节性繁殖和代谢调节是对冬季特殊环境变化的适应。但是对由环境条件变化而引起的各种生理机能变化之间的关系尚缺乏深入的研究。不过，不同生活史特征和调节机制确实反映出种群中不同个体对冬季低温和食物短缺等因子的影响具有不同的适应能力。在夏季，不同的生活史对策也限制了个体对环境变化的适应特征，从而影响个体的适合度。

第一，表现型变异的存在表明生活在同一种群中不同个体可能采取不同的生活史对策，以适应环境条件的变化。这些生活史对策如何影响个体的适合度仍然并不清楚。直接对野外动物生活史对策的研究和在实验室研究相结合可能是阐明动物生活史对策如何影响个体的适合度的重要方法。例如，野外研究结果表明，冬季确实有相当一部分鹿鼠进入繁殖期，或者在低温条件下，人工添加食物也能导致鹿鼠进入繁殖期。因此，繁殖是限制能量利用的重要因子，不过，一些个体具有扩展能量利用途径，增加能量摄入。因此认为鹿鼠对某些引起繁殖反应的环境信号，如光照周期或限制食物等的影响，没有反应。因此，通过对鹿鼠繁殖和代谢机能的研究，能进一步对冬季繁殖的进化利弊进行较为深入的认识。例如，在实验室内对鹿鼠停止繁殖后，产热调节能量显著增强。短光照期延长出现睾丸萎缩的雄性个体，能在 5℃条件下维持体温正常，而在短光照周期中具有繁殖功能的雄性个体，维持体温稳定的能力显著降低。虽然两者之间的差异较小，但是在某些环境条件下这种差异对个体的存活能力具有相当重要的影响。例如，从1910～1960 年，每年最冷月（1 月）的最低温度低于短光照下具有繁殖能力雄性所能耐受的最低温度，但是高于繁殖停止的雄性所耐受的最低温度。虽然当环境温度降低到某一限度时，这些个体不能进行繁殖，但是在环境条件严酷的冬季，停止繁殖的个体存活率可能显著增加。而冬季繁殖的个体，必须有大量的能量投入到繁殖过程，冬季死亡率可能显著增加。因此，可以想象种群数量是两种表现型维持平衡的结果。个体的适合度也可能由于局部气候条件的变化而出现年度差异。这种调节模式可以通过比较野外和室内实验研究得到证实。

第二种研究途径涉及调节动物季节性繁殖和代谢变化模式的神经途径及其机制。在特定环境条件下，动物的繁殖和代谢具有明显的调节特征，并且神经系统和内分泌器官对繁殖和代谢的调节与环境因子，如光照周期等对动物繁殖和代谢调节相吻合，表明神经系统和内分泌器官确实参与了动物生理特征季节性变化的调节。其中下丘脑在这种调节机制中起着重要的作用。实际上，下丘脑不仅是动物进行体温调节和 BAT 功能特征的重要部位，同时也是调节繁殖功能的重要部位。从影响哺乳动物繁殖和代谢特征的直接因子来看，由于下丘脑是同时调节这两种生理功能的中枢部位，因此这两种生理功能的调节很可能涉及相同的神经机制（Imai-Matsumura and Nakayama，1987）。但是，迄今为止关于哺乳动物季节性驯化的神经调节机制了解得并不多。

本章所讨论的鹿鼠生理机能季节性驯化的个体差异很可能与下丘脑功能状况的季节性变化有密切关系。为从表现型水平阐明生理机能季节性变化提供了重要的实验依据。哺乳动物的季节性驯化涉及大量极为复杂的生化生理机制，包括从分子、细胞及个体等组织水平；并且可能涉及相同的神经途径。该领域研究的中心问题是神经效应器的功能状况与个体整体水平适应性变化之间的关系。然而由于目前缺乏适当的研究途径，对神经系统在季节性驯化中的功能动态进行研究，因此对神经系统对季节驯化调控机制还不清楚。随着研究结技术的不断改进，如microdialysis 抽样技术的应用，有可能对下丘脑特定区域内，各种神经递质的变化进行连续观察，将对该领域的研究起到积极的促进作用（Ernest，2005）。

在个体水平上，生理特征对生活史对策的限制作用具有很强的可塑性。随着这一概念的引入和大量应用，必将对阐明在特定环境条件下，生理调节对生活史对策及个体适合度的影响机制具有重要意义。实验生理学主要阐明生理调节的共同特征和机制。因此，生活史对策理论和实验生理学研究途径相结合，是阐明遗传与环境如何调节动物的生理适应机能的关键。

参 考 文 献

Barker JR, Ranson RM. 1932. Factors Affecting the Breeding of the Field Mouse(Microtus agrestis). Part Ⅱ. —Temperature and Food. Proceedings of the Royal Society B Biological Sciences, 110: 313-322.

Bartness TJ, Elliot JA, Wade BD. 1989. Control of torpor and weight patterns by a seasonal timer in Siberian hamster. Am. J. Physiol., 257(1-2): 142-149.

Bartness TJ, Demas G E, Song CK. 2002. Seasonal changes in adiposity: the roles of the photoperiod, melatonin and other hormones, and sympathetic nervous system. Exp. Biol. Med., 227: 363-376.

Boss-Williams KA, Bartness TJ. 1996. NPY stimulation of food intake in Siberian hamsters is not photoperiod dependent. Physiology & Behavior, 59(1): 157-164.

Concannon P, Levac K, Rawson R, et al. 2001. Seasonal changes in serum leptin, food intake, and body weight in photoentrained woodchucks. Am. J. Physiol., 281: 951-959.

Demas GE, Bowers RR, Bartness TJ, et al. 2002. Photoperiodic regulation of gene expression in brown and white adipose tissue of Siberian hamsters(Phodopus sungorus). Am. J. Physiol., 282: 114-121.

Desjardins C, Lopez MJ. 1983. Environmental cues evoke differential responses in pituitary-testicular function in deer mice. Endocrinology, 112: 1398-1406.

Dark J, Zucker I. 1983. Short photoperiods reduce winter energy requirements of the meadow vole, Microtus pennsylvanicus. Journal, 31: 699-702.

Duncan MJ, Goldman BD. 1984. Hormonal regulation of the annual pelage color cycle in the Djungarian hamster, Phodopus sungorus. Ⅱ. Role of prolactin. J. Exp. Zool., 230: 97-103.

Ellis GB, Turek FW. 1983. Testosterone and photoperiod interact to regulate locomotor activity in male hamsters. Horm. Behav., 17: 66-75.

Ernest SKM. 2005. Body size, energy use, and community structure of small mammals. Ecology, 86(6): 1407-1413.

Feist DD, Feist CF. 1986. Effects of cold, short day and melatonin on thermogenesis, body weight and reproductive organs in Alaskan red-backed voles. Journal of Comparative Physiology, 156: 741-746.

Geiser F, McAllan BM, Kenagy GJ, et al. 2007. Photoperiod affects 10 daily torpor and tissue fatty acid composition in deer mice. Naturwissenschaften, 94: 319-325.

Glass JD. 1986. Short photoperiod-induced gonadal regression: effects on the gonadotropin-releasing hormone(GnRH)neuronal system of the white-footed mouse, *Peromyscus leucopus*. Biology of Reproduction, 35: 733-743.

Haim A, Shabtay A, Arad Z. 1999. The thermoregulatory and metabolic responses to photoperiod manipulations of the Macedonian mouse(*Mus macedonicus*), a post-fire invader. J. Therm. Biol., 24: 279-286.

Heldmaier G, Steinlechner S. 1981. Seasonal pattern and energetics of short daily torpor in the Djungarian hamster, *Phodopus sungorus*. Oecologia, 48: 265-270.

Heldmaier G, Steinlechner S, Rafael J. 1982. Nonshivering thermogenesis and cold resistance during seasonal acclimatization in the Djungarian hamster. J. Comp. Physiol., 149: 1-9.

Heldmaier G, Buchberger A. 1985. Sources of heat during nonshivering thermogenesis in the Djungarian hamsters: a dominant role of brown adipose tissue during cold adaptation. J. Comp. Physiol. B, 156: 237-245.

Hoffmann RA, Reiter RJ. 1965. Rapid pinealectomy in hamsters and other small rodents. Anat. Rec., 153: 19.

Imai-Matsumura K, Nakayama T. 1987. The central efferent mechanism of brown adipose tissue thermogenesis induced by preoptic cooling. Canadian The Journal of Physiology and Pharmacology, 65: 1299-1303.

Krebs CJ, Meyers JH. 1974. Population cycles in small mammals. Adv. Ecol. Res., 8: 267-399.

Krol E, Redman PJ, Williams, TR, et al. 2005. Effect of photoperiod on body mass, food intake and body composition in the field vole, *Microtus agrestis*. J. Exp. Biol., 208: 571-584.

Lovegrove BG. 2005. Seasonal thermoregulatory responses in mammals. J. Comp. Physiol., 175: 231-247.

Lynch HT, Marcus JN, Weisenburger DD, et al. 1989. Genetic and immunopathological findings in a lymphoma family. British Journal of Cancer, 59: 622-626.

Merritt JF, Zegers DA. 1991. Seasonal thermogenesis and body mass dynamics of *Clethrionomys gapperi*. Canadian J. Zool., 69: 2771-2777.

Mercer JG, Speakman JR. 2001. Hypothalamic neuropeptide mechanisms for regulating energy balance: from rodent models to human obesity. Neurosci. Biobehav. Rev., 25: 101-116.

Michael WS, Stephen CW, Danlel P Jr., et al. 2000. Central nervous system control of food intake. Nature, 404: 661-671.

Nelson RJ, Zucker I. 1981. Absence of extraocular photoreception in diurnal and nocturnal rodents exposed to direct sunlight. Comp. Biochem. Physiol., 69: 145-148.

Rafael J, Vsiansky P, Heldmaier G. 1985. Increased contribution of brown adipose tissue to nonshivering thermogenesis in Djungarian hamster during cold-adaptation. Journal of Comparative Physiology B, 155: 717-722.

Schneider JE, Blum RM, Wade GN. 2000. Metabolic control of food intake and estrous cycles in Syrian hamsters. Ⅰ. Plasma insulin and leptin. American J. Physiol., 278: 476-485.

Steinlechner S, Heldmaier G, Becker H. 1983. The seasonal cycle of body weight in the Djungarian hamster(*Phodopus sungorus*): photoperiod control and the influence of starvation and melatonin.

Oecol., 60: 401-405.

Yellon SM, Goldman BD. 1984. Photoperiod control of reproductive development in the male Djungarian hamster(*Phodopus sungorus*). Endocrinology, 114: 664-670.

Whitaker JO. 1966. Food of *Mus musculus*, *Peromyscus maniculatus bairdi* and *Peromyscus leucopus* in Vigo County, Indiana. Journal of Mammalogy, 47: 473-486.

Wunder BA. 1984. Strategies for, and environmental cueing mechanisms of, seasonal changes in thermoregulatory parameters of small mammals. *In*: Merritt JF. Winter Ecology of Small Mammals. Pittsburgh: Carnegie Museum of Natural History: 165-172.

第十一章　野生小型哺乳动物能量学和产热调节特征

恒温动物为了生存，一个种群或一个物种为了延续后代，动物必须获得能量并且消耗能量。关于动物，尤其是哺乳动物如何利用能量，已有大量的文献报道（Bozinovic and Rosenmann，1989；Bozinovic et al.，1990；Bozinovic，1992）。并且关于小型哺乳动物能量学方面的研究状况，已有一些学者作过较为详细的综述（Heldmaier et al.，1986；McNab，1997）。

为了生存，并且维持体重和体温稳定，啮齿类必须维持能量平衡。首先，必须具有足够的能量用于维持产热调节，维持体温稳定；否则，动物将出现低体温而影响动物的生存。其次，由于觅食过程受到能量需求状况的反馈调节，因此，动物必须满足个体的能量需要，并且动物的食物需求将随能量需要而变化。一旦能量获取满足了上述两方面的要求，那么多余的能量就可以用于活动或以脂肪组织的形式储存于体内。从这一点来看，该模型所预测的能量消耗和利用模式，并不包括其他形式的能量消耗。但是，小型啮齿动物为了种群的延续，必须进行繁殖。因此，动物必须储存足够的能量，才能满足体温调节和觅食行为的正常进行，在此基础上，才能满足完成繁殖学需要的能量。从有机体水平上来看，在生活史的一定阶段，动物获取能量是有限的，同时由于某种活动所消耗的能量也是有限的（如在严寒的冬季，动物不可能具有足够的能量来同时满足体温调节和繁殖的需要）（Bozinovic，1992）。

有几种方式来确定动物的能量限制。一种是确定动物的总能量需要和能量周转（Wunder，1985）。另外，环境中可利用的能量资源状况（如食物密度）是限制动物获取和利用能量的重要因素。另外一个限制动物能量利用的因素是消化道形态和生理特征，而这一因素是以往生态学家很少注意到的。动物获得能量显著受到单位时间内消化道容纳食物的体积的限制。此外，虽然环境中有足够的能量可以利用，但是食物中所含有的能量必须转化为有机体可以利用的化学能，消化道体积变化显著限制了食物中能量转化效率。Diamond 和 Karasov 详细讨论了由于消化道体积变化而对动物能量转化的限制作用。

在田鼠的生活史中，存在明显的能量限制机制。一般来说，虽然田鼠亚科的起源可能比较广泛（Zakrzewski，1985），但是现生大多数田鼠亚科的种类都生活在环境温度较低的地区，并且田鼠亚科的种类均为体型较小的哺乳动物。主要取食各种植物，一般来说，田鼠亚科所取食的植物绝大多数都是富含纤维素、难以消化的低质食物（Grodzinski and Wunder，1975）。因此，田鼠亚科的种类不能通过食物密度来调节食物质量，并且没有休眠现象和特征。相反，大多数仓鼠或其他小型哺乳动物具有冬眠习性（如 *Zapus*），或明显的日休眠现象（如 *Peromyscus*）。此外，田鼠类除食物种类多外，还具有较高的能量需求。

从生态系统的功能调节来看，生态系统的能量流动生态系统维持稳定具有重要的作用（David，1999）。在生态系统能流中，小型哺乳动物的能流对生态系统维持正常功能具有重要的意义。

一、方 法

可以采用几种不同的方法来研究小型哺乳动物的生物能量学特征（Grodzinski and Wunder，1975；Drozdz，1975）。在这些研究方法中，必须测定呼吸特征，呼吸特征包括了维持能量消耗或食物消耗特征，后者又包括了维持和生产所消耗的能量。呼吸特征并不能得到与生产相关的能量消耗状况，因为呼吸特征只能测定与消耗或生产相关的气体交换特征，因此，只能作为衡量产热调节状况的指标。

在深入讨论生物能量学之前，必须对几个重要的术语进行必要的说明。在讨论中，Ingestion（I）称为摄入能，是食物中所含的能量，也可以称为消耗（consumption）。通过消化道，但不能消化吸收的能量，并且随粪便排出体外的能量，称为排遗能（egested energy）（F）。食物中被吸收进入血液的能量，才能被动物利用或储存。在动物利用能量时，大多数碳素形成 CO_2，被排出体外。当蛋白质分解时，氮素随尿排出体外。随尿排出体外的那部分能量称为排泄能（excretory energy）（U）。由于我们研究能量学特征主要用于解释生态学适应，因此，我们采用 Petrusewcz 和 Nagy（1967）的有关定义。根据 Petrusewcz 的定义，在减去排遗能和排泄能后的维持能称为同化能（assimilation）（A）。这一定义与生理学和营养学的定义不同，后者将同化能定义为动物所消耗的能量减去排遗能，即为动物的同化能，而 Petrusewcz 将其称为消化能（digestion）（D）。图 11.1 表明上述各种参数的相互关系（McNab，2002）。

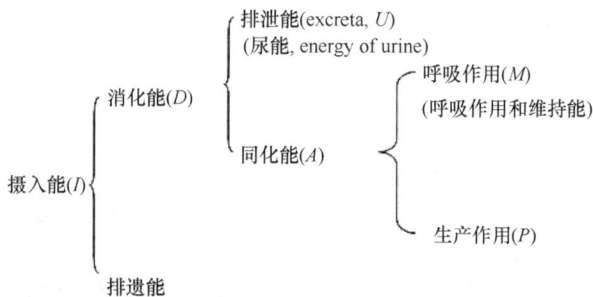

图 11.1 哺乳动物能量消耗的相互关系（Grodzinski and Wunder，1975）

个体的能量平衡状况可以采用式（11.1）来表示：

$$A = I - (F + U) = M + P \qquad (11.1)$$

式中，A 为动物经过同化作用形成身体各种组织的能量；I 为摄入的总能量；F 和 U 从粪和尿中丧失的总能量；M 为有机体用于维持生命活动的能量；P 则为用于生产的能量（包括个体生长和胚胎发育所消耗的能量）。消化率（digestibility）表示摄入食物被消耗的比率，通常以百分数来表示：

$$消化率 = \frac{D}{I} \times 100 \qquad (11.2)$$

这里

$$D = I - F \qquad (11.3)$$

由于这一指标反映了食物的体积与有机体所吸收能量之间的关系，因此是一个十分重要的指标。尤其是对于田鼠亚科动物来说更为重要，因为大多数田鼠亚科动物都以植物为食，而这些食物的消化率远远低于果实和种子的消化率。不过尿能丧失不会超过总摄入能的 2%～4%（Grodzinski and Wunder，1975）。

通常可以采用几种方法来估计动物的维持能耗。在一些能量学模型中，往往采用标准代谢率（standard metabolic rate，SMR，与恒温动物在热中性区内的静止代谢率相同）作为衡量动物总能量消耗的指标。Grodzinski 则采用平均每日代谢率（average daily metabolic rate，ADMR）作为衡量动物能量消耗的指标（Grodzinski and Wunder，1975）。ADMR 是指在笼养条件下，提供足够的食物、水、巢材及转轮的条件下，测定 24h 内的平均代谢率。由于在测定时间内，动物可以自由取食和活动，因此 ADMR 可以作为动物在野外条件下能量消耗的近似值，并且 ADMR 可以在不同环境温度条件下测定，所以也可以模拟能量代谢的季节性变化。当然也可以采用放射性同位素或其他示踪物质来测定野外动物的平均每日代谢率，但是在田鼠亚科还未见报道。另外一种方法是根据野外观察动物的活动模式，再与室内测定的代谢率相结合，计算出动物在野外条件下的能量消耗（Wunder，1985）。目前，已采用双标记水技术来测定动物在野外条件下的代谢率。

二、能　量　利　用

哺乳动物可以利用太阳能提高体表的温度，因此提高毛被的隔热性，从而节约用于体温调节的能量消耗。但是哺乳动物不可能从太阳辐射能中获得可以利用的代谢能。许多田鼠都生活在草原或其他相对封闭的小环境中，因此它们在体温的行为调节过程中利用太阳能的比例相对较少。所以，储存食物是其利用获取能量的主要方式（Bartness and Clein，1994）。从食物中获取能量一般包括两个基本过程，首先必须寻找到食物，然后处理食物，消化和同化食物。

1. 食物的获取

获取食物的过程涉及各种复杂的能量消耗或利用过程，其中包括取食风险（如像逃避捕食和社群相互作用等，动物所付出的生态代价）。有关田鼠类觅食对策研究的详细状况，可参见 Charnov、Pyke 等和 Schoener 所作的综述（Wunder，1992）。大多数学者都认为，动物的取食代价包括发现食物和处理食物所消耗的时间和能量。但是对田鼠亚科的动物来说，由于它们主要取食植物或植物的某些部分（如叶等），因此消耗在寻找食物方面的能量并不显著。所以，寻找食物并不是田鼠亚科动物面临的能量挑战（Zheng，1993）。

此外，很少有报道表明田鼠亚科动物具有类似于仓鼠科其他种类的储食习性。但是 Wunder 等发现田鼠将剪断的植物作为冬季营养物质的来源。Wolff 和 Lidicker（1980）也发现黄颈田鼠（*Microtus xanthognathus*）在冬季具有储存植物根茎，并将其作为越冬的能量来源。

2. 食物的消化和处理

虽然田鼠亚科的啮齿动物都主要以比较容易寻找的植物为食，但是这并不意味着田鼠类就可以很容易地获取生命活动所需的能量，因为田鼠类所取食的植物往往很难消化吸收。因此，限制田鼠类取食过程的主要因素很可能是如何更快、更好地消化和同化食物（Wunder，1985）。由此可见，决定田鼠类取食能量的主要因素可能有以下几个方面的问题：①如何更好地处理食物（即食物的消化率）；②如何更有效地利用有限的消化道空间；③如何提高单位时间内消化道的可利用空间。对于田鼠类来说，对于消化率的研究已有大量的报道，但是关于后两个问题的研究并不多见。

小型哺乳动物从食物中获取能量的能力随食物的类型不同而出现相当大的差异。一般来说，动物的组织、果实、种子等比植物的其他部分，如叶、茎等更容易消化（Grodzinski and Wunder，1975）。与其他小型哺乳动物不同，大多数田鼠亚科的种类都取食植物叶和茎，因此具有较低的消化率，这就要求它们在获取与其他啮齿动物相似能量的条件下，增加取食量。所以可以预测到，田鼠亚科动物所面临的能量胁迫主要取决于消化率、食物类型、单位时间内处理食物的消化道体积，或几种因素的综合。

然而，目前关于消化率研究的结果绝大多数都来自对人工消耗率食物的测定，这些结果并不能真实地反映动物在自然状况下的能量利用情况。一般认为田鼠类的消化率在 60%～70%（Grodzinski and Wunder，1975）；但是，最近有的学者认为田鼠类的消化率在 30%～90% 变化，主要取决于食物的类型（Batzli and Cole，

1979）。表 11.1 给出了某些新大陆田鼠动物的消化率，而旧大陆啮齿动物消化率情况详见 Batzli 和 Cole（1979）及 Grodzinski 和 Wunder（1975）。Batzli 和 Cole（1979）发现草原田鼠 *M. ochrogaster* 对具有相似能量含量的两种植物——紫花苜蓿（alfalfa）和莓系属牧草（bluegrass）的消化率存在相当大的变异，分别达到 67% 和 50%。因此对野生田鼠类的消化率应该进行更为深入细致的研究。

表 11.1　几种田鼠的消化率（Batzli and Cole，1979）

物种	季节和食物类型	消化率/%
M. californicus 加州田鼠	Robbit chow 兔饲料	52
	Bromegrass 雀麦	48.8
	Ryegrass 黑麦草	73.0
	Lab chow 标准饲料	77.4
M. mexicanus 墨西哥田鼠	Lab chow 标准饲料	76.5
M. ochrogaster 橙腹田鼠	Summer：rat chow 夏季：大鼠饲料	72.7
	Winter：rat chow 冬季：大鼠饲料	65.3
	Rabbit chow 兔饲料	68.2
	Alfalfa 苜蓿	65.5
	Rabbit chow and alfalfa 兔饲料	57.9
	Bluegrass 牧草	49.6
	Tundra monocots 苔原植物	51.3
	Rat chow 大鼠饲料	74.4
M. oeconomus 根田鼠	Spring：mixed grasses and herbs 春季：草和草木植物混合	69.7
	Autumn：mixed grasses and herbs 秋季：草和草木植物混合	73.7
	Autumn: as above plus beets and roots of parsnip ans carrots 秋季：混合植物	91.4
M. pennsylvanicus 草原田鼠	Oatmeal，lettuce，carrots 叶麦、生菜、胡萝卜	82.2
	Alfalfa 苜蓿	89.8
	Bluegrass，white clover 三叶草	61.5
	Rat chow 大鼠饲料	81.1
	Red top（Agrostis stolonifera）红顶草	40.0
	Rat chow 大鼠饲料	77.7
M. pinetorum 林地田鼠	Lab chow 标准饲料	79.9
	Lab chow 标准饲料	81.0
M. richardsoni 北美水田鼠	Lab chow 标准饲料	80.5

植物组织成分的季节性变化可能显著影响动物的消化率。Keys 和 van Soest（1970）发现田鼠 *M. pennsylvanicus* 的消化率随食物中细胞壁含量的增加而降低。另外，海滩田鼠（*M. breweri*）主要取食海滩上各种草本植物，但是这种田鼠在不同季节取食的种类不同，并且这种田鼠并不总是取食植物能量密度最高的部分，而是选择植物体中，细胞壁含量最低的部分。因此认为这种田鼠对食物的选择性

"对增加同化率有利"。虽然食物能量含量的研究并不多见，但是食物的可利用能量的水平确实存在着相当大的变异。因此，田鼠很可能在一年中，主要选择容易消化的食物（Gross et al.，1985）。

食物中的某些化学物质也对消耗率产生巨大的影响。研究发现，植物中某些次生代谢产物可能会抑制草原田鼠 *M. pennsylvanicus* 的消化率。Negus 也发现绿色植物中所含的 6-MBOA 显著刺激 *M. montanus* 的生长发育（Lee and Houston，1993），同时并不导致动物摄食量显著增加。由此可见，这种物质很可能刺激动物消化率显著增强。虽然 Batzli 和 Cole（1979）认为，田鼠类并不能仅仅根据能量需求状况来调节动物的摄食量，但是 Kendall 等和 Shenk 等认为在食物供应状况较好和消化道已充满食物的条件下，*M. pennsylvanicus* 确实能通过调节取食量来调节体重大小。因此，食物中能量密度很可能是限制田鼠能量同化的主要因子之一，尤其是对那些食物具有显著季节性变化的种类更为重要，值得进一步深入研究（Batzli and Cole，1979）。

M. ochrogaster 在取食大白鼠饲料时，消化率也显示出明显的季节性变化（Cherry and Verner，1975），夏季的消化率为 73%，冬季为 65%。旧大陆的 *M. agrestis*，在取食混合食物时，其消化率也显示出显著的季节性变化，冬季的消化率低于夏季。

三、能 量 分 配

1. 维持

1）温度调节

迄今为止，还没有确切的报道表明田鼠亚科的种类具有明显的休眠现象，即田鼠亚科的种类没有冬眠或日休眠现象，因此它们必须消耗大量的能量进行体温调节。与此相反，大多数仓鼠亚科的种类和其他小型哺乳动物，都具有相似的特征，即在出现温度胁迫（如低温）或能量供应不足时，出现冬眠，或日休眠（Wunder，1985）。因此，进行体温调节是田鼠亚科种类维持能量消耗的主要部分，从而保证它们能在全年保持活动能力。

在迄今所研究过的田鼠类中，几乎所有种类都具有良好的体温调节能力。并且它们的体温调节模式与其他有胎盘类小型哺乳动物相似。不过，在绝大多数研究中，并未将动物暴露在低于 0℃ 的环境温度条件下，并且所有研究过的种类都能保持相对正常的体温（Bradly and Deavers，1980）。Bradley（1976）发现 6 种田鼠（*M. pennsylvanicus*、*M. ochrogaster*、*M. mexicanus*、*M. californicus*、*M. pinetorum*、*M. richardsoni*）都能在 2～34℃条件下维持恒定的体温。当环境温度高于 34℃ 时，这些田鼠的体温调节能力丧失。Beck 和 Anthony（1971）发现在较高的环境温度（34～36℃）条件下，长尾田鼠（*M. longicaudus*）显示出明显的高温胁迫现象，但是与其他小型啮齿动物（如 *Peromyscus*）不同，并不出现增加涂抹唾液（saliva-spreading）的行为来增加散热。因此认为田鼠类抵抗高温的能力较其他小型哺乳动物低。

现在还没有确切的研究结果表明田鼠类的体温具有明显的季节性变化。Wunder（1985）的研究结果证明了上述结论。

Bradley（1976）研究了在高温条件下田鼠类的体温调节特征。在所研究的 36 种非田鼠类啮齿动物中，平均体温为 37.3℃，而 6 种田鼠类的平均体温为 38.4℃。但是，Wunder 等（1985）并没有发现 *M. ochrogaster* 具有如此高的体温。无论在冬季还是在夏季，*M. ochrogaster* 的平均体温均为 37.8℃。造成这种差异的原因可能与测定方法不同有关。从动物来源来看，Wunder 等研究的动物为野外近期捕到的，而 Bradley 的为 Cornell 大学的实验种群。更有趣的是，Wunder 实验所采用的动物，在实验室内高温（30℃）或低温（5℃）条件下驯化两周后，动物的体温仍然维持在较高的水平（38.3℃）（与 Bradley 研究的夏季动物的体温相似）。在不同环境温度驯化后，*M. montanus* 的体温为 37.8℃，*M. longicaudus* 的体温为 37.7℃（Wunder，1985）。以上结果可见，关于田鼠类的体温还应该进行更为深入的研究。

虽然田鼠类具有较好的体温调节能力，但是并不具有休眠的习性。考虑到大多数田鼠亚科的种类都是生活在相对寒冷或冬季严寒的地区，一般来讲，田鼠亚科的种类具有 3 种维持体温稳定的机制：①选择较为温暖的小环境，降低低温胁迫所用（例如，它们能在雪覆盖下活动）（Wolff and Lidicker，1980）；②增加隔热性，降低热丧失；③增加产热能力。

隔热性与热传导（C_m）呈负相关关系，所以采用热传导作为衡量隔热性的重要指标（McNab，1980）。新大陆田鼠类的热传导均比 Herreid 和 Kessel（1967）的预期值低（表 11.2）。但是，新大陆田鼠的热传导与身体大小相近的仓鼠的热传导相似。新大陆田鼠的隔热性与预期值相近，或稍低，并不存在例外的现象。

关于影响田鼠类隔热性的因子方面的研究，现在还不多见。Bradley（1976）发现生活环境的特征对田鼠类隔热性具有显著影响。例如，*M. richardsoni* 主要生活在寒冷和水环境中（aquatic environment），并且具有最低的热传导值；*M. pinetorum* 为生活在环境条件较为稳定的半穴居（semi-fossorial）的种类，其热传导最接近体重预期值。*M. ochrogaster* 的热传导具有显著的季节性变化（表 11.2），冬季显著低于夏季（Wunder，1985），并且在两个季节都不受温度驯化的影响，而主要受体重变化的影响。而且，分布于 Illinois 州的 *M. ochrogaster* 并不出现热传导的季节性变化。

表 11.2　新大陆田鼠类的热传导（Wunder，1985）

物种	体重/g	热传导		
		实测值	预期值	偏离预期值的比率/%
M. longicaudus	25	0.87	0.97	−10
M. pinetorum	26	0.92	0.95	−3
M. mexicanus	27	0.81	0.93	−13
M. montanus	31	0.82	0.87	−6
M. 伊利诺伊州（夏季）	37	0.75	0.79	−5
M. 伊利诺伊州（冬季）	39	0.73	0.77	−5
M. 阿拉巴马州（夏季）	48	0.56	0.70	−20
M. 阿拉巴马州（冬季）	38	0.71	0.78	−9
M. ochrogaster	50	0.61	0.68	−10
M. pennsylvanicus	37	0.72	0.79	−9
M. pennsylvanicus	51	0.67	0.67	0
M. californicus	43	0.66	0.73	−10
M. richardsoni	51	0.56	0.67	−16

注：热传导的单位 cal/g·h·℃；热传导预期值为 4.91 (g)$^{-0.505}$（Herreid and Kessel，1967）

总之，田鼠类的热传导似乎与生活环境和季节性变化有某种相互关系。但是，新大陆田鼠的热传导似乎并不显示出强烈的适应性变化趋势，这一特征似乎与其他小型非冬眠哺乳动物不同。

筑巢行为能显著改变动物的隔热性。例如，两种社会性田鼠，*M. xanthognathus* 和 *M. pinetorum* 在冬季筑巢群居，从而显著降低它们在维持体温稳定上的能量消耗（Wolff and Lidicker，1980）。

2）产热

田鼠类另外一个抵抗冬季低温胁迫的有效方式是增强代谢产热能力。田鼠类代谢产热主要分为两种类型：一种是基础代谢率（basal metabolic rate，BMR）或基础产热，基础代谢率是维持动物生命活动的最低能量需要。由于在许多研究中，缺乏对基础代谢率的严格定义，因此也采用标准代谢率来作为衡量动物最低能量需要的指标。然而在文献报道中也常称为基础代谢率。第 2 种产热形式是在低温条件下，超过基础代谢率的那一部分产热（也称为调节性产热）。这一部分产热包括骨骼肌的颤抖性产热和褐色脂肪组织的非颤抖性产热（Jansky，1973）。

Kleiber（1932）和 Brody（1945）是研究哺乳动物代谢产热的先驱。他们着重研究了哺乳动物产热能力与身体大小的关系。在这些著名学者的研究结果中，认为哺乳动物的基础代谢率基本上没有适应意义，哺乳动物对极端环境的代谢适应主要与热传导有关。然而，最近的一些研究结果表明，哺乳动物的基础代谢率可能具有显著的适应意义。许多生活在沙漠地区的小型啮齿动物，其 BMR 显著降低（Bozinovic and Gallardo，2006），而其他一些小型哺乳动物却具有较高水平的 BMR。

一般认为，田鼠亚科的种类具有较高水平的基础代谢率（Grodzinski and Wunder，1975）。这一结论主要是根据 Packard 关于 *M. montanus* 基础代谢率的研究结果而得出的。因为山田鼠的基础代谢率比 Kleiber（1961）提出的体重预期值高 75%。同时 Packard 也对当时可以利用的文献进行了综述，表明田鼠亚科的种类确实具有高水平的基础代谢率。随后，Beck 和 Anthony（1971）采用 Packard 方法对 *M. longicaudus* 的基础代谢率进行了研究，结果表明这种田鼠的基础代谢率比 Kleiber（1961）的预期值高 75%。但是，这些研究结果可能具有较大实验误差（Wunder，1985）。大多数早期研究结果中，对物种的热中性区没有准确的测定，从而得到田鼠亚科具有较高水平基础代谢率的结论。许多小型哺乳动物在冷驯化后，其基础代谢率显著增加（Wunder，1992）。实际上，虽然 *M. montanus* 和 *M. longicaudus* 都是在所谓"中性环境"温度条件下测定的 BMR，但是实际上，这两种动物在实验室内都处于冷驯化条件下，因此导致测定的 BMR 水平高于预期值的 75%。Wunder（1985）也发现从野外新捕到的田鼠基础代谢率随捕捉季节的不同而不同。低温和热驯化结果也可能随季节而变化（表 11.3）。有趣的是 *M. ochrogaster* 在冬季冷驯化时，其基础代谢率也比体重预期值高 80%。*M. ochrogaster* 野外个体的基础代谢率显著高于预期值（夏季高于预期值的 20%，冬季高于 41%）。另外，Bradley（1976）也发现在其研究的 6 种田鼠中，没有一种的基础代谢率高于预期值的 37%（表 11.4）。所以新大陆田鼠亚科动物的 BMR 仅比预期值高 20%～40%，而并没有到达 70%～80%的水平（Cole and Batzli，1979）。

Packard（1968）认为田鼠亚科可能起源于北方地区（boreal region）。其原因在于田鼠亚科的种类都具有较高水平的 BMR 值，从而能够使其在急性冷暴露条件下增加产热，抵抗低温胁迫，提高生存能力。Jansky（1966）和 Lechner（1978）分别认为哺乳动物的最大代谢率一般为基础代谢率的 7～10 倍。如果 BMR 增加，必然导致最大代谢率也随之增加，从而提高对低温的耐受能力（Bozinovic and Gallardo，2006）。

表 11.3　*M. ochrogaster* 在冬季和夏季的代谢率（Wunder，1985）

环境温度	体重/g	代谢率/[mlO$_2$/(g·h)]	偏离预期值/%
冬季（野外）	38.5±4.5（15）	2.16±0.34（15）	+41
冬季 5℃	41.0±5.36（8）	2.72±0.040（8）	+81
冬季 30℃	48.4±8.9（10）	2.19±0.25（10）	+52
夏季（野外）	47.4±8.9（9）	1.74±0.20（11）	+20
夏季 5℃	50.0±4.7（11）	1.76±0.12（11）	23
夏季 30℃	48.5±8.7（10）	1.40±0.15（10	0

注：体重为 mean±S.D.；温度为驯化温度，预期值=$3.8W^{-0.25}$

表 11.4 新大陆田鼠的基础代谢率（Wunder，1985）

物种	体重/g	BMR/ [mlO$_2$/ (g·h)]	预期值	偏离预期值的比率/%
M. pinetorum	25	1.98	1.60	+24
M. pennsylvanicus	39	1.93	1.41	+37
M. richardsoni	51	1.74	1.31	+33
M. mexicanus	29	1.63	1.53	+6
M. californicus	44	1.55	1.37	+13
M. ochrogaster	54	1.18	1.29	–9

注：预期值=$3.8W^{-0.25}$

在特定代谢率条件下，哺乳动物能够维持体温保持稳定的环境温度可以通过下式变形后来确定：

$$MR = C_m(T_B - T_A)$$
$$\therefore T_A = T_B - \frac{MR}{C_m} \tag{11.4}$$

式中，T_A 是环境温度，T_B 为动物的体温，C_m 为最低热传导，MR 为单位体重在单位时间内的代谢率（BMR）。MR 可以采用 Kleiber（1961）的预期值表示，C_m 也可以采用 Herreid 和 Kessel（1967）提出的预期值来表示。如果假定哺乳动物的最大代谢率为基础代谢率的 7 倍（Lechner，1978），体温为 38℃，那么，我们就可以根据式（11.4）计算出哺乳动物能够耐受的最低环境温度，并且在这一环境温度条件下，动物的体温可以维持稳定不变。经过计算，一个体重为 40g 的小型哺乳动物，可以耐受的环境温度为–37.4℃，并且在这一环境温度条件下，能够保持体温不变。如果基础代谢率增加 30%，而最大代谢率仍然为基础代谢率的 7 倍，那么动物能耐受的环境温度将降低到–60℃。

另外，增加基础代谢率可以有效地降低下致死温度，提高动物抵抗低温胁迫的能力。但是，从能量学的观点来看，增加在热中性区内的基础代谢率（即基础代谢率），必须付出巨大的能量代价。因为低温胁迫仅仅出现在冬季，而增加基础代谢率就意味着在全年都具有较高水平的代谢消耗。King 和 Farner（1961）认为，单纯增加鸟类的基础代谢率并不具有适应意义，因为增加基础代谢率将显著导致动物在热中性区内的能量消耗显著增加。Wunder（1985）也认为与鸟类相似，哺乳动物增加基础代谢率显著导致其能量消耗增加，因此也没有明显的适应意义。由于田鼠亚科在进化过程中，放弃选择食物中能量密度和高质量的食物选择，而选择能量密度较低的低质易得到的食物（如主要取食植物的叶等部分），此外，田鼠亚科的种类消化道处理食物的能力较强，从而保证了田鼠亚科种类具有较高的代谢率。但是，这种假说并不能完全解释田鼠亚科具有较高代谢水平。其他一些假说认为低温环境的适应仅是田鼠类具有较高代谢率的原因之一。McNab（1980）

认为具有较高代谢周转的哺乳动物，其繁殖潜能也较高，因此种群生长率也较高。

季节驯化可能涉及一些重要的生理或生态机制，其中大量的研究结果表明冬季驯化主要表现为非颤抖性产热能力显著增强（Jansky，1973；Wunder，1985）。冷驯化后，哺乳动物在热中性区内的基础代谢率确实显著增加，以增强抵抗低温胁迫能力。体重小于 5kg 的种类，在低温胁迫下，首先动员非颤抖性产热，提高机体抵抗低温的能力。只有当非颤抖性产热耗尽时，才动员肌肉的颤抖性产热。因此，非颤抖性产热是小型哺乳动物抵抗低温胁迫的重要产热形式。高于 BMR 的非颤抖性产热对小型哺乳动物的生存适应具有重要的作用，因为 NST 是只有在低温条件下才出现的一种产热形式，而并不导致小型哺乳动物热中性区的能量消耗显著增加。冷暴露或当预示低温出现而引起能量消耗增加的光照周期（如短光照周期等），能显著刺激小型哺乳动物的非颤抖性产热能力增强。例如，冷驯化（5℃）后，*M. ochrogaster* 的非颤抖性产热从几乎等于零增加到 17.1cal/（g·h）（Wunder，1985）。而每年 6 月采集的野外个体，其 NST 并不受冷驯化的影响。秋季和冬季（11 月）捕回的动物，其 NST 能力为 10.5cal/（g·h），比 BMR 水平高136%，因此，冷暴露显著导致这种额外的产热显著增加。所以野生动物冬季的NST 水平，很可能取决于捕捉前动物在野外所经历的低温胁迫强度（Wunder，1985）。

由于许多田鼠类的 NST 都具有明显的季节性变化，因此很可能在低温出现之前，就有某种环境因子刺激动物的 NST 能力显著增加。例如，短光照周期显著刺激黑线毛足鼠（Heldmaier et al.，1982）和 *Peromyscus leucopus*（Lechner，1978）的非颤抖性产热能力显著增强。原来也认为 *M. ochrogaster* 的非颤抖性产热也显著受到光照周期的影响（Wunder，1985），然而在环境温度保持不变（23℃）的条件下，研究 *M. ochrogaster* 全年 NST 变化模式，其结果表明 *M. ochrogaster* 暴露于秋季（15L：9D）和冬季（9L：15D）光照周期中，并不能显著刺激 NST 能力增强，因此认为光照周期并不是调节 *M. ochrogaster* NST 变化的环境信号，其NST 能力可能具有本身的内源性节律。短光照周期刺激田鼠类 NST 增强的作用应该与自然条件下光照周期的变化相吻合，并且个体差异不显著。此外，NST 是田鼠类在不增加热中性区时的能量消耗的条件下，增强抵抗低温胁迫能力的重要产热形式。低温和短光照周期都能显著刺激 NST 能力增强。虽然秋季短光照周期能使 *Phodopus sungorus* 和 *Peromyscus leucopus* NST 能力显著增强，但是调节 *M. ochrogaster* 的 NST 季节性变化的内源性因素，现在还不清楚。

2. 活动

现在关于田鼠亚科活动能量消耗的机制仍然不清楚。为了估计活动能量消耗及其在能量预算中的作用，往往采用单位时间内的运动速度和一天内这种运动速度或形式所持续的时间来估计动物在运动中消耗的能量。许多研究田鼠类运动速度和形式都是在实验室条件下进行的，结果表明田鼠类运动形式和每一种运动形式所花费的时间与野外条件下的基本相似。因此，可以采用异速关系来估计田鼠类运动时的能量消耗。但是并非所有田鼠亚科的种类都与之相符。因此，在研究田鼠亚科的活动能量消耗时，应寻找更为适合田鼠类活动和能量特征的研究模式（McNab，1980）。

3. 生产

1）生长

新大陆田鼠亚科生长的能量消耗特征很早就引起了学者的注意。生长的能量消耗包括各种组织所含的能量及合成这些组织所消耗的能量。一般来说，组织中的能量是很容易测定和计算的，可以表示为组织的重量乘以组织的能量密度，即

生长过程中组织中的能量储存＝组织增重×组织的能量密度　　　　（11.5）

在繁育性成熟的个体中，组织生长过程中能量储存的主要形式是脂肪组织；而在年幼个体中，还包括了其他身体成分增加所消耗的能量。关于生长过程中能量消耗的详细论述可参见 Grodzinski 和 Wunder（1975）的有关综述，但是关于生长过程中调节能量消耗的机制，现在还不清楚。一般来说，田鼠亚科动物组织的能量密度或含量为 1.03kcal/g，这是在最低生长率条件下，每生长 1g 组织所需要的能量。

生长过程中的其他能量消耗主要是合成其他组织所消耗的代谢能。这是在研究动物生长过程中的一个重要问题。但是在生态学中，也许由于测定上的困难，因此并不受到重视。从理论上来看，包含在动物脂肪组织中的能量，包括合成脂肪所需要的能量，应该超过正常代谢能的 2%（Baldwin and Smith，1974）。据估计，*Microtus agrestis* 脂肪组织的能量密度为 8.57kcal/g，并且沉积在脂肪组织中的总能量可能为代谢能的 35%。因此有人认为动物体内脂肪含量可以作为一个衡量动物能量利用的指标。当 *M. montanus* 在低温胁迫和食物短缺的条件下，脂肪沉积作用受到强烈抑制。因此环境胁迫是限制动物脂肪沉积的一个重要因素。

具有较高的生长速率是动物生活史中的一个重要特征。因为这将有利于动物快速达到性成熟。另外，McNab（1980）认为增加代谢周转率能加快动物生长速度，从而导致种群增长率增加。由于田鼠亚科的种类可以在较短的时间内种群密度迅速增加，因此认为田鼠亚科动物的生长率比身体大小与之相近其他哺乳动物的生长率高。表 11.5 给出了几种田鼠在哺乳期的生长率。一般认为哺乳期是哺乳动物生长率最高的时期。如果采用哺乳期生长率作为比较不同哺乳动物生长率的指标，那么田鼠亚科啮齿动物的生长率与其他身体大小相似种类的生长率相似（表11.5）（Morrison et al.，1977）。但是，如果采用逻辑斯谛生长方程作为衡量动物

生长状况的指标时，田鼠亚科的种类确实比身体大小相似的仓鼠亚科种类的生长率高（McNab，1980）。

表 11.5　田鼠亚科动物生长率及其性别差异（McNab，1980）

物种	成体体重/g	生长率		研究情况	出生季节
		/（g/天）	成体体重		
M. abbreviatus	56	0.82	1.5	L	—
M. californicus	53	0.83	1.6	L	—
	62	0.98	1.6	L	—
M. murus	36	0.56	1.6	L	—
M. montanus	40	0.63	1.6		—
M. orrgoni	22	0.61	2.8	L	—
M. ochrogaster	—	0.61	—	L	—
	—	0.81	—	L	—
	45	0.83	1.8	?	—
	—	0.73	—	L	—
M. oeconomus	45	0.79	1.8	L	—
	32	0.67	2.1	L	—
M. pennsylvanicus	35	0.40	1.1	F	6 月
	35	0.20	0.6	F	7 月
	48	0.80	1.7	L	—
	29	0.67	2.2	L	—
	40	0.65	1.6	L	—
M. pinetorum	28	0.52	1.8	L	—
	29	0.35	1.2	L	—

有许多因素显著影响动物的生长率，其中包括各种无机环境因子和社群因子。有大量的文献报道，许多北方地区小型哺乳动物的体重显示出明显的季节性变化，冬季体重显著低于夏季，尤其是田鼠亚科的种类相当明显。过去一般认为冬季体重降低等主要原因是种群中体重较大的老年个体冬季死亡增加、种群中幼体增加所致。然而，后来发现同一个体也表现出冬季体重显著低于夏季。例如，采用标志重捕法证明，*M. pennsylvanicus* 在自然条件下确实存在体重的季节性变化（McNab，1980）。季节性变化显著影响这种田鼠的体重变化。引起体重出现季节性变化的因素可能包括最终因子（ultimate factor）和直接因子（proximate factor）。冬季食物质量降低和产热调节能量消耗增加可能是影响体重变化的重要因素。然而这些假说还没有得到直接证实。温度确实影响新大陆田鼠的体重变化，但是，将 *M. arvalis* 幼体饲养在低温环境（5℃）中的个体比饲养在高温环境（23℃或33℃）的个体生长速度快，而且体重也较大（Derting and Noakes，1995）。一些实验啮齿动物，如大白鼠、豚鼠等，在食物供应充足的情况下，饲养在低温环境中的个体往往具有较大的体重。所以，低温条件下生长率增加，主要与食物资源状况和食物质量有关。

食物的质量或其他食物因素都会影响田鼠亚科动物的生长率。在春季，田鼠主要取食生长旺盛的紫花苜蓿（alfalfa），生长速度比在夏季相同条件下，但不饲喂紫花苜蓿动物的生长率大（Derting and Bogue，1993）。在野外研究中发现，在紫花苜蓿丰富的时期，*M. ochrogaster* 的生长加快，体重增加（Cole and Batzli，1979）。现在还不清楚造成这种差异的真正原因，很可能与食物营养特征、消化率等因素有关。但是，*M. ochrogaster* 并不比其他田鼠类更喜食单子叶植物食物，而取食双子叶植物生长状况更好。也许食物中具有某种化学物质能够影响动物的觅食行为，从而影响动物的生理特征和机能。例如，*M. montanus* 的繁殖状态和生长均受到食物中特殊化学物质的影响（Batzli and Cole，1979）。

光照周期是影响动物生长的重要环境因子。虽然一些田鼠的生长随季节的不同而出现显著变化，但是真正影响生长的环境因子及其作用机制现在还不十分清楚。但是光照周期确实能够影响某些田鼠的生长状况。例如，*M. montanus* 的生长显著受到光照周期的影响，并且很可能是影响这种动物在不同季节生长状态的重要环境因子。另外，光照周期也显著影响 *M. pennsylvanicus* 的生长状况（Demas et al.，2002）。在长光照周期下，这两种动物幼体的生长率显著高于短光照下的生长率，并且在长光照周期下，成体的体重也显著高于短光照周期。短光照周期导致成体体重下降，长光照周期刺激体重增加或维持较高的体重。因此，光照周期的变化与体重变化之间的关系，反映了动物在自然界中动物对光照周期的适应特征和模式。根据能量学理论，短光照周期下动物体重降低、维持较低的生长率，显然与降低生长所需要的能量消耗有关。

社群因素也是影响动物体重的重要因素之一。例如，同窝饲养同时出生的 *M. ochrogaster*，动物的生长受到抑制，性成熟时期推迟。但是，*M. pennsylvanicus* 并不显著，很可能与这两种动物的栖息地差异和对生境的利用不同有密切关系。不过，在将雌性受到雄性或雄性尿液的刺激时，*M. pennsylvanicus* 雌性生长显著加速（Batzli and Cole，1979）。因此，认为雌性田鼠类的生长可能显著受到雄性外激素的影响。

研究发现 *M. townsendii* 种群生长显著受到种群密度的影响，并且这种影响很可能与种群中个体生长率差异有关。野外研究结果表明，春季出生的个体往往比夏季和秋季出生的个体的生长速度快，夏季和秋季生长率降低。而且最重的个体往往出现在种群数量的高峰状态，并且在入冬前体重最大。如果将 *M. townsendii* 种群中的个体分为顺从型（docile）或攻击型（aggressive）两种类型，则当体重小于 50g 时，顺从型的生长速度与体重相似的攻击型的生长速度相似（Beacham and Krebs，1980）。关于这种体重受到社群关系影响的机制现在还不清楚，很可能也与食物因素、内分泌激素水平变化有关。因为田鼠在断奶和多种理化和生物因子都可能影响动物的生长状况。详细机制有待于进行深入的研究。

2）繁殖

在研究哺乳动物繁殖能量消耗时，一般将动物繁殖能量消耗分为妊娠和哺乳时期的能量消耗，以便更好地阐明繁殖能量消耗对策的适应意义和适应模式。一般来说，哺乳动物在妊娠和哺乳期的能量消耗及其机制显著不同。

在妊娠和哺乳期中，哺乳动物的能量需要主要可以分为两个部分：①增加从环境中获取更多食物的能量消耗；②增加消化食物的能量消耗，从而可以从食物中获得更多的能量以满足胚胎发育、幼体生长和维持的能量需要。在妊娠时期，由于胚胎在母体的子宫内发育，因此胚胎还不需要进行体温调节，胚胎生长发育所需要的能量主要通过胎盘等结构由母体提供。所以胚胎生长状况是影响母体能量消耗的一个重要因素。然而，当胚胎产出后，由于面临外界环境及其变化，幼体必须进行相应的产热和体温调节，维持能量消耗增加。也就是说，胚胎产出后，生长所需要的能量也随之增加。

哺乳动物在妊娠和哺乳过程中的能量消耗是十分昂贵的。妊娠期的能量消耗显著增加，并且随每窝产仔数的增加而增加（表11.6）。一般来说，妊娠时期，田鼠的能量消耗比非妊娠个体增加30%，而哺乳时期，能量消耗比非哺乳个体增加100%～120%。这种现象不仅在 *M. arvalis* 和 *M. pennsylvanicus* 中表现明显，其他哺乳动物也具有类似的特征。但是，Lochmiller 等（1982）发现 *M. pinetorum* 的繁殖能耗较低，同时其每窝产仔数也较少，这可能是降低繁殖能量消耗的主要原因。Lochmiller 等认为这种特征对幼体生长发育有利，是导致 *M. pinetorum* 全年繁殖的重要因素。然而，具有较大窝仔数和窝仔重量的田鼠和旅鼠，在冬季很少进行繁殖（Taitt and Krebs，1985）。

表 11.6　田鼠类繁殖能量消耗（Taitt and Krebs，1985）

物种	体重/g	窝仔数	超过非繁殖期能量消耗的比例/%	
			妊娠期	哺乳期
Microtus arvalis	25.3[1]	4.25	32	133
M. pennsylvanicus	29.4[2]	5.05	36	122
M. pinetorum	28.9[3]	2.20	—	47.5

1 非妊娠雌性的体重；2 分娩后的体重；3 哺乳期平均体重

大多数研究结果都认为，田鼠类在繁殖期的能量消耗接近或到达最大限度。尽管现在还没有直接证据，但是模拟 *M. arvaliri* 能流研究结果证实了上述假说。*M.breweri* 在繁殖期和非繁殖期中的换毛模式的变化也表明繁殖不可能与换毛同时进行。其他许多小型哺乳动物的研究结果也表明，在冬季体温调节能量消耗增加时，动物不可能进行繁殖，因为此时动物不可能满足哺乳所需要的能量需求

（Wunder，1985）。

虽然小型哺乳动物，尤其是田鼠亚科的种类，在繁殖期内能量摄入显著增加，但是并不表现出处理食物的时间减少（单位时间内获取能量的速率）。有证据表明田鼠在繁殖期内消化和同化能的比例并不发生显著变化（McNab，1980）。因此，田鼠类在繁殖期同化能增加可能主要是导致食物消耗增加。

四、个体和种群的能量流动模型

为了在个体水平详细描述通过哺乳动物的能流，就必须详细研究单位时间内的代谢强度。通常采用平均每日代谢率（average daily metabolic rate）模型或能量预算模型来估计动物的能量消耗。详细方法可以参见 Grodzinski 和 Wunder（1975）的描述。

为了阐明小型哺乳动物种群对群落功能和小型哺乳动物在群落能流中的作用、影响及其作用机制，必须在种群水平上对小型哺乳动物能量利用对策进行深入的研究。从种群水平上来看，必须注意到：①在生物群落中，通过小型哺乳动物的能流占群落总能流的比例，以及对群落生产力和生长过程的影响；②可利用能量的季节性变化及对种群动态的影响；③不同生态类型在群落功能及其变化模式中的意义。在 Grodzinski 和 Wunder（1975）中对该领域的研究方法、研究途径和意义进行了详细的论述。

在新大陆田鼠亚科中，种群能量学研究并不多见。Golley（1960）最早对 *M. pennsylvanicus* 的种群能量学进行了研究，随后，Grodzinski（1971）对阿拉斯加的 *M. oeconomus* 的种群能量学进行了详细研究，从而为种群能量学研究奠定了基础。French（1976）发现在草场发育良好的环境中，*M. ochrogaster* 具有较高的能量周转率，但是生物量与发育较差的北方草场田鼠生物量差异不显著。Whitney（1977）认为极地和亚极地生态系统中，小型哺乳动物往往具有较低等的生产力和种群密度，并且采用 *Clethrionomys rutilus* 和 *Microtus oeconomus* 的研究结果来证明这一假说。他发现这两种啮齿动物冬季维持能量消耗比夏季增加一倍（尽管夏季这两种动物均进行繁殖），这一结果与 Gebczynska（1970）的结果正好相反（Grodzinski and Wunder，1975）。Stenseth 等（1980）采用种群能量学的研究方法详细研究了 *M. agretis* 繁殖期能量限制情况后认为，繁殖期能量限制是决定种群密度的重要原因之一。在分析研究了许多小型哺乳动物，包括 *Microtus oeconomus*、*M. pennsylvanicus* 及几种旧大陆啮齿动物的能量学模型后，Ferns（1980）认为栖息在开阔生境中的种类（如 *Microtus*），平均每年通过种群的能流比生活在稳定环境中的种类高。*M. agretis* 的种群生长率和生态效率大约为 1%（Bozinovic，1992）。也有学者认为在小型哺乳动物年生产量与单位种群呼吸面积之间具有线性关系，并且得到 McNeill 和 Lawton（1970）及 Humphreys（1976）的支持（McNab，2002）。

参 考 文 献

Baldwin RL, Smith NE. 1974. Molecular control of energy metabolism. *In*: Sink JD. The Control of Metabolism. London: Penn. State University Press: 17-54.

Bartness TJ, Clein MR. 1994. Effects of food deprivation and restriction, and metabolic blockers on food hoarding in Siberian hamsters. Am. J. Physiol. , 266: 1111-1117.

Batzli GO, Cole FR. 1979. Nutritional ecology of microtine rodents: digestibility of forage. Journal of Mammalogy, 60: 740-750.

Beacham TD, Krebs CJ. 1980. Pitfall versus live-trap enumeration of fluctuating populations of *Microtus townsendii*. J. Mammal. , 61: 486-499.

Beck LR, Anthony RG. 1971. Metabolic and behavioral thermoregulation in the long-tailed vole, *Microtus longicaudus*. Journal of Mammalogy, 52: 404-412.

Bradley SR. 1967. Temperature regulation and bioenergetics of some microtine rodents. Cornell University, Ithaca, New York.

Bradly SR, Deavers DR. 1980. A re-examination of the relation between thermal conductance and body weight in mammals. Comp. Biochem. Physiol. , 65A: 463-472.

Brody. 1945. Bioenergetics and Growth. New York: Reinhold.

Bozinovic F, Rosenmann M. 1989. Maximum metabolic rates of rodents : physiological and ecological consequences on distribution limits. Funct. Ecol. , 3: 173-181.

Bozinovic F, Novoa FF , Veloso C. 1990. Seasonal changes in energy expenditure and digestive tract of *Abrothrix andinus*(Cricetidae)in the Andes range. Physiol. Zool. , 63: 1216-1231.

Bozinovic F. 1992. Rate of basal metabolismof grazing rodents from different habitats. J. Mamm. , 73(2): 379-384.

Bozinovic F, Gallardo P. 2006. The water economy of South American desert rodents: from integrative to molecular physiological ecology. Comp. Biochem. Physiol. , 142: 163-172.

Cherry RH, Verner L. 1975. Seasonal acclimatization to temperature in the prairie vole, *Microtus ochrogaster*. Am. Midl. Nat. , 94: 354-360.

Cole FR, Batzli GO. 1979. Nutrition and population dynamics of the prairie vole *Microtus ochrogaster* in central Illinois. J. Anim. Ecol. , 48: 455-470.

Alexander D E. 1999. Energetics, Ecological(Bioenergetics). Encyclopedia of Earth Science. Netherlands: Springer: 186-187.

Diamond JM, Karasov WH. 1983. Trophic control of the intestinal mucosa. Nature, 304: 181.

Derting TL, Bogue BA. 1993. Responses of the gut to moderate energy demands in a small herbivore(*Microtus pennsylvanicus*). Journal of Mammalogy, 74: 59-68.

Derting TL, Noakes E B. 1995. Seasonal changes in gut capacity in the white-footed mouse(*Peromyscus leucopus*)and meadow vole(*Microtus pennsylvanicus*). Can. J. Zool. , 73 : 243-252.

Demas GE, Bowers RR, Bartness TJ, et al. 2002. Photoperiodic regulation of gene expression in brown and white adipose tissue of Siberian hamsters(*Phodopus sungorus*). Am. J. Physiol. , 282: R114-R121.

Drozdz A. 1975. Metabolic cages for small rodents. *In*: Grodzinski W, Klekowski RZ, Duncan A. Methods for Ecological Bioenergetics. Oxford: Blackwell Scientific Press: 346-351.

French AR. 1976. Selection of high temperatures for hibernation by the pocket mouse, *Perognathus longimembris*: ecological advantages and energetic consequences. Ecology, 57: 185-191.

Ferns PN. 1980. Coat colour aberrations in a wild population of *Microtus agrestis*. Journal of Zoology,

191: 423-424.

Gebczynska Z. 1970. Bioenergetics of a root vole population. Acta theriol. 15: 33-66.

Grodzinski W. 1971. Food consumption of small mammals in the Alaskan taiga forest. Annales Zoologici Fennici, 8: 133-136.

Grodzinski W, Wunder BA. 1975. Ecological energetics of small mammals. *In*: Golley FB, Petrusewicz K, Ryskowski L. Small Mammals: Their Productivity Andpopulation Dynamics. Cambridge: Cambridge University Press: 173-204.

Gross JE, Wang Z, Wunder BA. 1985. Effects of food quality and energy needs: changes in gut morphology and capacity of *Microtus ochrogaster*. J. Mammal. , 664: 661-667.

Golley FB. 1960. Energy dynamics of a food chain of an old-field community. Ecol. Monogr. , 30: 187-206.

Heldmaier G, Steinlechner S, Rafael J. 1982. Nonshivering thermogenesis and cold resistance during seasonal acclimatization in the Djungarian hamster. J. Comp. Physiol. , 149: 1-9.

Heldmaier G, Bockler H, Buchberger A, et al. 1986. Seasonal variation of thermogenesis. *In*: Heller BC, Musacchia XJ, Wang LCH. Living in the Cold: Physiological and Biochemical Adaptation. Elsevier Science Publishing Co. Inc. : 361-372.

Herreid CF, Kessel B. 1967. Thermal conductance in birds and mammals. Comp. Biochem. Physiol. , 21: 405-414.

Humphreys WF. 1976. The population dynamics of an australian wolf spider, *Geolycosa godeffroyi*(L. Koch 1865)(Araneae: Lycosidae). Journal of Animal Ecology, 45: 59-80.

Jansky L. 1966. Body organ thermogenesis of the rat during exposure to cold and at maximal metabolic rate. Federation Proceedings, 25: 1297-1305.

Jansky L. 1973. Non-shivering thermogenesis and its thermoregulatory significance. Biol. Rev. , 48: 85-132.

Lochmiller RL, Whelan JB, Kirkpatrick RL. 1982. Energetic cost of lactation in *Microtus pinetorum*. Journal of Mammalogy, 63: 475-481.

Keys JE, Soest P J V. 1970. Digestibility of forages by the meadow vole *Microtus pennsylvanicus*. J. Dairy. Sci. , 53: 1502-1508.

Kleiber M. 1932. Body size and metabolism. Hilgardia, 6: 315-353.

Kleiber M. 1961. The Fire of Life: An Introduction to Animal Energetics. New York: John Wiley and Sons.

King JR, Farner DS. 1961. Energy metabolism, thermoregulation and body temperature. *In*: Marshall AJ. Biology and Comparative Physiology of Birds. Vol. 2. New York: Academic Press: 215-288.

Lee WB, Houston DC. 1993. The effect of diet quality on gut anatomy in British voles(Microtinae). J. Comp. Physiol. B, 163: 337-339.

Lechner AJ. 1978. The scaling of maximal oxygen consumption and pulmobary dimensions in small mammals. Resp. Physiol. , 34: 29-44.

McNab BK. 1980. On estimating thermal conductance in endotherms. Physiol. Zool. , 53: 145-156.

McNab BK. 1997. On the utility of mammalian rates of basal rate of metabolism. Physiol. Zool. , 70: 718-720.

McNab BK. 2002. The Physiological Ecology of Vertebrates. Ithaca: Cornell University Press.

McNeill S, Lawton JH. 1970. Annual production and respiration in animal populations. Nature, Lond. , 225: 472-474.

Morrison AS, Kirshner J, Molho A. 1977. Life cycle events in 15th century Florence: records of the Monte Delle Doti. Am. J. Epidemiol. , 106: 487-492.

Packard GC. 1968. Oxygen consumption of *Microtus montanus* in relation to ambient temperature.

Journal of Mammalogy, 2: 215-220.

Petrusz P, Nagy E. 1967. On the mechanism of sexual differentiation of the hypothalamus. Decreased hypothalamic oestrogen sensitivity in androgen-sterilized female rats. Acta Biologica Academiae Scientiarum Hungaricae, 18: 21-26.

Stenseth NIC. 1980. Why mathematical models in evolutionary ecology? Trends in Ecological Research, 7: 239-287.

Taitt MJ, Krebs CJ. 1985. Population dynamics and cycles. *In*: Tamarin RH. Biology of New World Microtus. USA: American Society of Mammalogists. Vol. 8. 567-620.

Whitney SC. 1977. Environmental regulation of united states deep seabed mining, w&m former faculty. Wm. & Mary L. Rev. , 20: 239-250.

Wolff JO, Lidicker WZ Jr. 1980. Population ecology of the taiga vole, *Microtus xanthognathus*, in interior Alaska. Can. J. Zool. , 48: 1800-1812.

Wunder BA. 1985. Energetics and thermoregulation. *In*: Tamnrin FH. Biology of New World Microtus. Am. Soc. Mammal Special Publication. Utah: Brigham Young University: 812-844.

Wunder BA. 1992. Morphophysiological indicators of the energy state of small mammals. *In*: Tomasi TE , Horton TA. Mammalian Energetics: Interdisciplinary Views of Metabolism and Reproduction. Ithaca, New York(USA): Comstock Pub Assoc: 83-104.

Zakrzewski RJ. 1985. The fossil record. *In*: Tamarin RH. Biology of New World Microtus. Special Publication 8, The American Society of Mammalogists: 1-51.

Zheng SH. 1993. Rodentine Fossil in Quaternary Period in Sichuan and Guizhou. Beijing: Science Press.

第十二章 哺乳动物对不同食物资源的
生态和行为适应

哺乳动物可以利用绝大多数食物资源，包括各种块茎（tuber）、种子、叶、坚果，以及各种浮游生物、白蚁和蚂蚁等。每一种食物的营养价值和能量含量都不尽相同；无论取食何种食物，哺乳动物都必须付出相应的处理食物的生理代价；都必须具有寻找、获取和处理食物的行为机制，以及相应的昼夜或年变动。很明显，各种食物在质量和数量上都存在巨大的差异，从而影响动物的取食对策和模式。

一、对不同食物资源的生理适应

动物在利用各种不同食物的过程中，可能出现不同的生理对策。消化道的形态特征和与之相适应的生化特征反映了动物的食性特征。食植动物具有较长的消化道，而食肉类的消化道趋于缩短。哺乳动物消化道中一般缺乏纤维素酶（cellulases），因此，大多数食植动物都必须依靠前肠和后肠中共生的细菌发酵来消化食物。这种生理特征可能限制了动物利用新食物的能力。例如，许多有袋类和真兽类中的食肉和杂食性动物重新成为食植性动物，但是真正食植性动物则不会再形成食肉的习性。由于能量学特征显著影响哺乳动物的种群生物和行为生态学特征，因此，本章将重点讨论哺乳动物的食性和生态能量学之间的关系。

身体大小或体重是影响哺乳动物每日能量消耗的重要因子（McNab，1980）。但是，关于野生哺乳动物每日能量消耗方面的研究并不多见，因此，大多数研究仍然以哺乳动物基础代谢率作为比较哺乳动物能量消耗的重要指标。哺乳动物的基础代谢率是指动物在吸收后状态和在热中性区内的静止代谢率。虽然在自然环境中，哺乳动物很少处于热中性区内，但是，目前许多学者都利用基础代谢率作为衡量动物每日能量消耗的指标。

与平均每日代谢率相似，体重是影响哺乳动物基础代谢率的重要因素（Kleiber，1961）。尽管现在认为体重很小或内温性降低等，都会影响 Kleiber 尺度（Kleiber scaling）。不过残差分析表明，体重确实对哺乳动物的基础代谢率产生显著的影响。

大多数哺乳动物的基础代谢率也显著受到食性的影响，并且在单孔类和有袋类中十分明显（表 12.1）。与真兽类相比较，几乎所有单孔类和有袋类的基础代谢

表 12.1　单孔类和有袋类的基础代谢率与食性的关系（McNab，1980）

食性	相对基础代谢率*		
	非常低（<60%）	低（60%～89%）	中等（90%～110%）
食肉类			
陆生食肉类	*Pseudoantechinus*	*Antechinus*	
小型		*Sminthopsis*	
		Antechinomys	
中型	*Dasycercus*	*Lutreolina*	
		Dasyuroides	
		Sarcophilus	
		Satanellus	
		Dasyurus	
		Dasyurops	
树栖食肉类		*Phascogate*	
水生食肉类		*Orthithorhynchus*	*Chironectes*
食蚁类	*Tachyglossus*		
	Zaglossus		
	Myrmecobius		
食植性			
陆生		*Setonyx*	
		Lagorchestes	
		Macropus	
		Megaleia	
陆生穴居		*Potorus*	
树栖食叶类	*Phascolaretos*	*Trichosurus*	
		Phalanger	
		Pseudocheirus	
杂食			
陆生杂食		*Monodelphis*	
树栖杂食		*Mzrmosa*	
		Caluromys	
		Metachirus	
		Philander	
		Didelphis	
		Petaurus	
		Cercartetus	
Soil and Litter Omnivores	*Macrotis*	*Parameles*	
		Echymipera	
腐生杂食		*Isoodon*	

*相对于 Kleiber 预期值，即 BMR [mlO$_2$/（g·h）] =3.42$W^{0.75}$

率水平都较低。甚至许多属是典型的低代谢动物，它们的基础代谢率只有真兽类的 60%～89%。例如，*Pseudoantechinus*、*Dasycercus*、*Macrotis* 和几乎所有食蚁兽类（包括 *Tachyglossus*、*Zaglossus*、*Myrmecobius*），以及树栖食叶类（如 *Phascolarctos cinereus*）等，其基础代谢率不超过 Kleiber 体重预期值的 60%。接近胎盘类哺乳动物基础代谢率的只有水生肉食性有袋类——*Chironectes minimus*（McNab，1978）。某些具有特殊食性的单孔类和有袋类的基础代谢率水平相当低。尽管某些有袋类的食性与具有较高基础代谢率的真兽类相似，但是没有一种有袋类的基础代谢率大于真兽类的水平。

真兽类基础代谢率水平与食性之间的关系密切（表 12.1）。大多数真兽类的基础代谢率处于中等水平，为 Kleiber 预期值标准的 90%～110%，或低于 Kleiber 预期值（60%～89%）。这两种类型中具有较低代谢率的主要为沙漠食植类（如 *Spermophilus*，Heteromyidae）、穴居食植类（Geomyidae，Bathyergidae，*Spalax*，*Ctenomys*，Rhyzomyidae，*Aplodontia*）和树栖杂食类（各种不同的原猴类，*Cebuella*，*Callithrix*）。具有较低代谢率（即基础代谢率低于 Kleiber 体重预期值的 60%）的胎盘类包括翼手类、食蚁类（Myrmecophagidae，*Priodontes*，*Tolyeutes*，*Orycteropus*，*Manis*），树栖食叶类（*Bradypus*，*Choloepus*），腐生（soil and litter）杂食类（Dasypodidae，Erinaceidae），以及几种沙漠食植类（*Heterocephalus*）。某些具有低水平基础代谢率真兽类的食性与具有相同食性的单孔类和有袋类相似。

与有袋类不同，真兽类中许多种类具有相当高的基础代谢率。例如，陆生和水生食肉类，大多数非沙漠食植类，这些种类的基础代谢率往往高于 Kleiber 体重预期值的 110%。其中又可以分为较高水平（达到 Kleiber 预期值的 111%～140%）、高水平（>140%）和中等水平（90%～110%）。身体越小，基础代谢率就越高。此外，鼩鼱亚科的基础代谢率高于麝鼩亚科；小型田鼠亚科种类的 BMR 高于大型的种类；小型食果蝙蝠高于大型食果蝙蝠。另外，在同一生态环境条件下，某些小型食果蝙蝠、穴居啮齿动物中的 *Heterocephalus*、更格卢鼠科中的 *Perognathus longimembris*，以及几乎所有的食虫蝙蝠都具有相对较低的 BMR 水平；同时这些种类的体温调节能力也比较低（McNab，1980）。

食性对哺乳动物能量学特征影响最明显的例子是在蝙蝠中发现的。食果类蝙蝠，其 BMR 显著高于食虫蝙蝠，而吸血和其他食性种类的 BMR 居于中等水平。BMR 与食性的关系似乎与分类地位无关（Wunder，1992）。

在哺乳动物中，如果不考虑分类亲缘关系，那么，某些食性确实与低水平 BMR 相联系，如食蚁类、树栖食叶类、飞行食虫类、某些沙漠食肉类和食植类，以及穴居产仔数少的杂食类等。因此，具有这些食性的哺乳动物，不论是单孔类、有袋类还是真兽类，体温都较低，在低温下调节体温的能力较差，并且可能具有休眠现象。而陆生或水生食肉类、非沙漠食植类、飞行食果类等都具有较高水平的 BMR，同时体温也较高，在低温下调节体温的能力也较强，同时也很少具有休眠现象。但是，具有这种食性的单孔类和有袋类的 BMR 水平却较低（McNab，2002）。

在哺乳动物中，食性和能量消耗之间存在着极为密切的关系。具有较低 BMR 水平种类取食的食物往往是那些能量利用率不高的食物（如不易消化，或者具有广泛的扩散性），从而限制了代谢率的增加。换句话说，具有低水平 BMR 的大多数哺乳动物往往反映了在进化过程中食物资源对它们的限制作用。另外，与高代谢动物的食物资源相比较，限制哺乳动物 BMR 增加的食物资源，在自然界中并不丰富；即在进化过程中，这些哺乳动物必须降低代谢率，以提高生存适应的能力。例如，飞行生活的食虫蝙蝠，降低代谢率是对昆虫数量季节性变化相适应的重要特征；土壤中无脊椎动物的数量有季节性变化，尤其是季节性干旱或寒冷，可能是导致取食土壤无脊椎动物为主的杂食性土壤哺乳动物 BMR 水平降低的主要原因。某些特殊食物由于含有特殊化合物或有毒物质，动物必须具有特殊的解毒（detoxification）机制而消耗大量能量，也可能导致取食这些食物的哺乳动物出现低水平 BMR。例如，某些植物叶中含有对节肢动物有毒的化学物质，这些化学物质也许是导致食叶类 BMR 降低的重要因素。另外，不同食物类型中营养物质的含量和组成可能很不相同，有的可能有利于动物消化吸收，从而有利于能量的利用，相反，另一些食物很可能抑制能量利用。例如，某些植物叶中的氮素含量较低，或者可利用能量含量较低，与食叶类动物低水平的 BMR 相适应。虽然从个体大小来看，大型食蚁类的身体远大于它们的捕食对象，但是它们必须采取特殊的捕食模式，取食碎小的食物，故同化物质的能量密度降低（McNab，2002）。

胎盘类似乎具有尽可能高的基础代谢率。通常具有较低 BMR 主要与食物因子有关。然而具有较低水平的 BMR 却是有袋类比较一致的特征，但是与非有袋类不同，一般非有袋类都具有较高水平的 BMR。

二、种群对不同食物资源的适应

第一，在哺乳动物中，与食物资源利用能力不同，代谢率也出现显著差异。由于这些差异很可能影响动物在子宫内的发育状况及胚后生长状况，从而影响动物的生殖能力，因此，在种群生物学中也具有重要的意义（McNab，1980）。此外，在胎盘类哺乳动物中，①妊娠时间随代谢率增加而缩短；②胚后生长随代谢率增加而显著加快；③雌性每窝产仔数或每年繁殖次数随代谢率的增加而增加。所有这些关系（妊娠时间、生长率和繁殖力）也显著受到体重的影响（McNab，1980）。因此，BMR 与体重之间的关系很可能是决定这些特正的重要基础。胎盘类哺乳动物中，虽然早成兽和晚成兽的生产力可能与食性无关，但是两种发育类型的妊娠期长短显著受到食性的影响。

第二，由于 BMR 显著影响动物的内禀增长率（r_m）（McNab，1980），因此，在特定环境条件下，具有高水平 BMR 胎盘类的种类，其种群数量波动显著高于低代谢率种类。而且，种群数量波动较大的种类，种群更新野较快。例如，BMR较高的田鼠类、旅鼠及 *Lepus* 等。食肉类的种群数量波动，往往是引起猎物种群数量波动的重要原因，如 *Mustela*、*Martes* 和 *Lynx* 等，然而 *Mustela* 和 *Martes* 也具有较高水平的 r_m。与此相反，食蚁类和树栖食蚁类表现出相对稳定的种群数量（Bozinovic，1992）。

第三，高代谢胎盘类的寿命显著低于身体大小相似的低代谢种类。这也许是许多食虫蝙蝠的寿命显著长于其他蝙蝠的原因。研究表明，哺乳动物的寿命与体重的关系为（体重）$^{0.23}$，McNab（1980）也提出了类似的关系。虽然寿命与 BMR 之间的关系并不明显，但是却表明代谢资源（体重）与寿命之间的关系。

BMR 和 r_m、种群数量、寿命等之间存在着极为复杂的相互作用关系。而且在大多数生物系统中，许多生物学特征存在着明显的可塑性，并且一种机能特性的降低，很可能得到其他机能增强而得到补偿。例如，某些温带具有冬眠习性的食虫蝙蝠确实能在温暖的洞穴中进行分娩和抚育后代。这种行为能显著导致低温环境中 r_m 增加，但是此时体温和代谢率均处于较低水平。

由此可见，胎盘类哺乳动物具有高 BMR 的原因很可能对减少妊娠时间、增加 r_m，使繁殖输出达到最大有利。几乎所有胎盘类哺乳动物都从这种能量利用对策中获得进化上的利益。不过从根本上看，大多数胎盘类哺乳动物的最大代谢率受到可利用食物资源状况的限制。甚至食蚁兽类也有利于使其 r_m 达到最大，但是，由于食物特征的限制，它们的最大代谢率较低与其食物特征相一致，结果导致低温较低的产热调节特征。食蚁兽类一般仅限于分布在热带地区；原因在于温带食物资源减少，如果食蚁兽类仍然保持其标准代谢率低于其他真兽类的水平，那么，它们便可能分布到温带地区。然而，温带食蚁动物只有蜥蜴类。

与胎盘类不同，有袋类繁殖与代谢率之间的关系似乎并不密切。例如，有袋类的妊娠期与 BMR 无关，生殖力也与 BMR 和体重无关。只有胚后生长常数似乎取决于 BMR。由于受到同种异体排斥作用的影响，有袋类母体与胎儿之间的物质和能量交换效率不可能增高；此外，绝大多数有袋类的妊娠时间都显著缩短。但是，胎盘类由于具有结构精细的滋养层（trophoblast），从而增强了母体与胎儿之间的物质能量交换，避免了有袋类的缺陷，从而妊娠时间出现较大的变异。所有上述对有袋类的研究结果都表明，决定胎盘类哺乳动物具有高水平的 BMR 对其增加 r_m 有密切关系，即高水平的 BMR 有利于提高种群的 r_m。而与体温调节无关。大多数有袋类都具有与真兽类（与其体重相似）相同的内温性特征。现在仅已知 *Chironectes minimus* 具有与真兽类相似的基础代谢率，这种动物可能代表水生有袋类的一般特征，并且很可能是对水生环境的一种适应性变化。类似的情况也见于鸭嘴兽（*Ornithorthynchus analinus*），其 BMR 也显著高于 *Tachyglossus*。像其他有袋类一样，*Chironectes minimus* 的繁殖也可能受到限制（MaNab，2002）。

三、对不同食物资源适应的行为机制

虽然利用食物资源的差异对哺乳动物的行为特征的影响现在还不清楚,但是,哺乳动物利用食物资源的模式显著影响动物的家区大小、繁殖模式及其繁殖定时机制,并且间接影响抚育后代和社群关系等。

1. 家区的大小

由于家区的大小是衡量食物资源密度的重要标准,因此,哺乳动物的家区大小显著受到食性的影响。例如,哺乳动物家区大小与体重的关系为 $M^{0.75}$;食种子、果实、昆虫或脊椎动物的种类(简称"猎人"hunter)其家区显著比取食草或放牧种类(简称"放牧者",browse or cropper)大。一般来说在体重相同的条件下,"猎人"的家区往往是放牧者的 4 倍。其原因在于放牧者主要取食植物的整个光合成系统,即整个植株。显然在任何一个自然生态系统中,各种植物的数量显著比其种子和果实(植物繁殖单位)、昆虫或脊椎动物(消费者)数量多得多。

最近,关于哺乳动物家区大小与体重之间的关系显著受到学者的注意,并且认为食性是决定哺乳动物家区大小的重要因素;其家区大小与体重的关系为 $M^{1.30}$(Harestad and Bunnell,1979)。尽管某些属或特殊的生态类群更接近于 $M^{1.90}$,不过各种不同哺乳动物的家区大小与体重之间的关系均位于 $M^{0.75}$ 与 $M^{2.00}$ 之间。在体重一定的条件下,鼩鼱科和鼬科动物具有较大的家区,但是数量相当多的北美水貂(Mustela vison)的家区仅为体重预期值的 1/10。因此影响水生和陆生动物家区大小的因素可能不同。北美水貂、貂等能在三维空间中觅食。如果仅从平面的观点来看,水獭的家区也显著小于体重预期值。犬科动物和猫科动物通常具有较大的家区,但是它们的家区也仅有鼬科动物(如 Martes 和 Gulo)的 1/10。这种差异可能是由于它们猎物不同所决定的,Martes 主要捕食红松鼠(Tamiasciurus)和兔属(Lepus)动物,而与 Felis 和 Lynx 不同。但是目前还不清楚为什么猫科动物的家区小于犬科动物的家区。虽然某些兔形目的种类,如 L. californicus,L. alleni 等栖息于沙漠的种类,具有较大的家区,但是大多数食植类哺乳动物的家区都较小。另外,栖息于干旱环境中的盘羊(Ovis canadensis)的家区范围也比身体大小相近的黑尾鹿(Odocoileus)的大。由于干旱环境中的植物种类和数量均较潮湿环境少,这可能是导致生活在干旱环境中种类郊区范围增大的主要原因。杂食类的家区范围介于食肉类与食植类之间。

哺乳动物家区大小与体重的关系显著不同于体重与代谢率之间的关系,其原因现在还不清楚。一种可能的解释为随着消费者体重和家区范围的增加,家区中单位面积上的食物资源供应量可能减少,或者大型捕食者所取食的大型食物,往往在环境中的密度也相对比小型捕食者的食物密度低。某些哺乳动物，包括食蚁类、冬眠动物和穴居动物，它们的家区与放牧者相似，甚至小于放牧者的家区。所有这些动物都具有较低的 BMR 水平。另外，在热带，蚂蚁和白蚁的数量相当丰富，也可能是导致食蚁类家区范围缩小的一个重要原因。美洲鼹（*Scalopus aquaticus*）的基础代谢率显著高于囊鼠，也反映在它们的家区大小不同上，但是美洲鼹家区较小可能与土壤中无脊椎动物丰富有关。所以，环境中食物资源丰富和动物对食物需要水平是决定家区大小的重要因素。

哺乳动物中家区大小的变异受到许多相互影响、相互作用和相互制约的各种复杂的环境因子的影响。家区大小显著受到下列几个因子的影响。

（1）体重　随着物种体重的增加，家区范围也随之增大。

（2）代谢率　哺乳动物的家区随基础代谢率的增加而增大。当然基础代谢率不仅受到食性的影响，同时也受到气候状况的影响。因此，气候对代谢率的影响，也可能影响到动物的家区。

（3）食物资源　哺乳动物的家区范围随环境中食物资源的增加而减小。食物资源的丰度可能与食物类型或气候条件对不同类型食物的影响不同。丰富的食物资源可以补偿高代谢消耗的能量，如有蹄类和兔形类。

具有社群行为的种类，其家区大小、体重和食性之间也存在与上述相似的变化模式。例如，群居并形成小群（或个体群）的灵长动物总家区大小随群中成年个体体重的增加而增加。并且食叶类种群家区的绝对大小较食果类和杂食类的小。实际上，同一个物种的家区大小通常随食物类型的变化而变化。如果食物中果实的比例增加，家区也随之增大，反之亦然。除了某些生活在干旱环境中的具有较大家区的种类外，几乎没有证据表明树栖或领域性会影响动物的家区。

许多个体群（troop）的家区将与独居个体的家区相重叠，因此处于社群地位较高的个体很可能具有较大的家区。Penalty 不出现的条件：①能量预算中忽视运动的能量消耗；②结群觅食可显著增加觅食效率；③社群中以个体为单位觅食，反之，独居个体以之字形运动方式觅食。如果一个个体在有限（2km）的家区范围内觅食或在家区外觅食，两者的能量消耗似乎没有显著差异。在有限的家区范围内觅食，对结群个体是非常有利的，因为这种在较大家区内主动的觅食方式可以有效地提高逃避捕食者的捕食作用、增加获得食物的机会。

在具有结群关系的种类中，家区与体重之间的关系还涉及结群的家区范围是否比具有群集、独居的种类大。一个集群个体的总重量不可能采用该集群中雄性平均体重乘以结群数量而得到。但是，当采用某一集群的个体数量乘以雌雄个体的平均体重来表示该集群的总重量时，具有较大集群的社群，其总家区范围似乎比具有小集群社群的灵长动物的家区大。

为什么集群灵长类的家区范围大于体重相似的独居者家区？为什么大集群具有较大的家区？这一问题也与体重和代谢率之间的关系相似，正如 Kleiber（1961）

指出的那样，某一动物的总基础代谢率随 $M^{0.75}$ 增加。因此，一个个体体重较小的集群总基础代谢率显著高于体重相同的单独个体的基础代谢率。小型哺乳动物集群后的总基础代谢率可以采用式（12.1）确定：

$$f = n(\frac{1}{n})^{0.75} \tag{12.1}$$

式中，f 为 n 个个体的基础代谢率，每一个个体的体重为 $1/n$，独居个体的基础代谢率的比例为 n（$1/n$）=1。这种计算结果与集群的个体和独居个体的体重相关，并且假设集群中每一个个体对集群的影响都是相同的。这个方程中的唯一变量就是集群的个体数。例如，如果集群由 23 个个体组成，集群的总基础代谢率应该为具有 23 个个体体重之和个体的 2.2 倍；如果集群由 44 个个体组成，集群的基础代谢率应为单个个体的 2.6 倍，或者为具有 23 个个体集群的 1.18 倍。具有 44 个个体的集群平均总体重大约是 23 个体集群的 4 倍。所以，在这两个集群中，家区将随集群个体数量和集群的总体重的变化而变化，即为（44/23）（23/44）$^{0.75}$（4.19）$^{1.9}$=1.18×13.9=16.4。

2. 繁殖定时模式

各种食物资源的季节性变化很可能显著影响哺乳动物的繁殖模式和定时机制。这种相关性在翼手类中表现得最为明显。一般来说，美洲的食虫蝙蝠均具有季节性繁殖的特征，并且一年中往往只在食物条件有利的季节动情一次，而食叶类蝙蝠则可以多次动情。吸血蝙蝠（vampire bat）也具有多次动情的特征。但是，它们繁殖时间的长短显著受到食物资源条件的影响：捕食飞行昆虫的食虫蝙蝠的繁殖期最短，而吸食内温动物血液的吸血蝙蝠繁殖期最长，食果或食果和昆虫的种类繁殖期介于两者之间。

繁殖定时机制一般取决于环境条件和食性的周期性变化。例如，在 Panama 地区，每年 5 月雨季开始，随之昆虫数量显著增加。食虫蝙蝠数量的最大值出现在昆虫数量达到最大值之前，显然与妊娠时间和幼体发育有关，而两者又与食物条件的变化相关。而同一地区的食叶类蝙蝠却具有两个繁殖高峰，一个出现在干旱季节（即在许多植物开花及结果之前），另一个出现在雨季。例如，Panama 地区的食果类蝙蝠 *Artibeus jamaicensis* 雌性进行哺乳的比例随果实成熟的数量增加而增加。这一结果再次证明妊娠往往出现在果实大量成熟之前，而哺乳时间一般与果实大量成熟的时间一致。从而表明哺乳过程所需要的能量显著高于妊娠过程（Wunder，1992）。

3. 双亲抚育

某些哺乳动物具有较长的幼体抚育期，包括新热界的食蚁类、贫齿类、各种树獭和大多数有袋类，所有这些种类的 BMR 水平均较低。延长双亲抚育很可能与这些种类的幼体生长率较低有密切关系。而生长率又受到低水平的 BMR 和特殊食性的影响。因此，延长双亲对幼体的抚育很可能涉及极为复杂的因素。并不是所有具有低水平 BMR 的种类都显著延长双亲的幼体的抚育时间（如犰狳和某些蝙蝠）。而一些具有高水平 BMR 的种类也可能出现延长抚育幼体的时间（如许多灵长类和有蹄类）。当然，有袋类的特殊繁殖模式必须延长抚育时期，但是有的种类对后代的抚育可能还与其他因素有关，如树袋熊（*Phascolarctos cinereus*）及某些灵长类。因此，延长抚育时间很可能与树栖特征有关。

4. 社群行为

社群行为显著与食性相关。因为食物条件必须满足具有社群行为种群的需要，而且社群行为通常都是与特定的食性特征相联系的。关于食性与社群行为的关系，目前已对有袋类、灵长类、有蹄类和食肉类进行了大量的研究。例如，大多数具有社群行为的有袋类都属于严格的放牧类型。由于放牧类型往往具有十分丰富的食物供应，从而可以在局部地区维持较高的种群密度。放牧食性和中等身体大小，使它们能够更有效地利用环境中的食物资源，并且从运动能力、每日活动模式，以及开阔的栖息环境都对社群生活方式有利。例如，*Macropus giganteus* 和 *M. ruforiseus*，前者具有典型的社群行为，生活在开阔生境中，主要取食草本植物，并且为典型的昼行性种类；而后者是典型的独居类型，一般生活在较为封闭的环境中，主要取食植物，同时昼行性并不明显（Derting and Bogue，1993）。

灵长类的社群系统存在相当大的变异，并且大多数变异都与食性有密切关系。体重小于 2kg 的灵长类，其活动模式主要为夜行性，树栖、主要取食昆虫和果实，独居或以家族的形式组成社群。体型较大的种类，无论树栖或陆栖，主要为食叶类或食果类，或者具有混合食性。食叶类灵长动物倾向于具有较小的家区。食叶类、食果类和杂食性灵长动物倾向于昼行性，并且具有较为复杂的社群组织，这种社群组织主要体现在集群中雄性之间的相容性。

有蹄类的食性和社群结构之间存在着密切的关系，这种关系与有袋类和灵长类相似。生活在森林中的小型或中型有蹄类，往往倾向于取食各种植物的嫩叶、果实等或对食物具有高度的选择性，并且多为独居、一雌一雄制、非迁移性和具有较强的领域性。而栖息于开阔环境中的种类，往往都是典型的放牧类型，体型较大、群居、交配多为多配制（polygynous）、具有迁移习性或游牧类型（nomadic）。与马相似，牛科动物可能也起源于森林。因此这两类动物社群行为的变化也与随森林到草原的变化而变化，包括食性变化。随着活动能力的增强，它们也逐渐成为典型的放牧类型，同时社群行为也增强。

与食性相关，食肉类也维持了较强的社群行为，但是这些社群行为大多数都与捕食猎物和保护食物有关。大多数小型食肉类都表现为独居特征，并且主要取食无脊椎动物或小型脊椎动物；少数具有社群行为的灵猫科动物，包括灰沼狸（*Suricata suricatta*）、矮獴（*Helogale undulata*）和非洲獴（*Mungos mungos*）等，均为取食无脊椎动物的类型，它们为典型的昼行性种类，生活在开阔的灌丛草原。某些体型中等的捕食者，如狐（*Vulpes vulpes*）、豹（*Panthera pardus*）和虎（*P. tigris*）均为独居狩猎者。不过在单独狩猎时，它们一般只能捕食小型和中型猎物（如豺、金豺）和豹等。

社群狩猎动物往往会显著提高捕食大型动物的成功率。例如，单只豺捕食托氏羚（*Gazella thomsoni*）成功的概率为16%，但是两只豺的捕食成功率即可增加到67%。单只托氏羚被一头狮子捕食的概率为29%，但是被一群狮子捕食的概率增加到52%。同样，白天斑鬣狗（*Crocuta crocuta*）在单独捕食时，一般选择捕食托氏羚和斑纹角马（*Connochaetes taurinus*）的幼体；而在夜间，则成群捕食成年斑马（*Equus burchellii*）。成群进行捕食的狮子，可以成功地捕食各种大型食草动物，如野牛（*Syncerus caffer*）、长颈鹿（*Giraffa camelopardalis*）、大羚羊（*Taurotragus oryx*），但是一只狮子单独捕食时，通常都捕食身体较小的托氏羚。较小的狼群通常捕食各种体型较小的鹿（*Odocoileus*），而较大的狼群则可以捕食身体较大的马鹿（*Cervus elaphus*）、驼鹿（*Alces americanus*）。

可以通过比较犬科动物和猫科动物的行为特征来说明各种食肉类社群行为的差异。一般在野外条件下，猫科动物表现出明显的杂食性特征，其捕食方式为隐蔽、突然攻击猎物。它们主要生活在森林地区，具有半树栖习性。犬科动物具有很强的杂食性，它们主要采用穷追方式捕食，生活在比较开阔的生境中。猫科动物通常独居，缺乏明显的配对行为；独居捕食的狐往往配对行为明显。狮子的社群行为明显，是真正的社群生活的猫科动物，但是集群也显著小于犬科动物。

大型食肉类动物在捕食过程中出现的相互合作行为很可能受到与原始人类出现合作行为相似因素的影响。这是因为：①哺乳动物的社会系统对生态环境的影响十分敏感，而这些生态条件影响其生存适应的重要因素，并且与系统发育无关。②现在人类的社会系统中获取资源的方式，如社会地位、等级制度、对土地资源的利用，以及在获取资源过程中出现的合作行为等，与食肉类猎取食物的行为模式相似。

虽然社群捕食行为有利于捕食者捕获大型猎物，但是单独捕食和集群捕食所捕获猎物的重量与单独捕食者或集群捕食个体总体重相等，或低于捕食者的体重。集群捕食的动物，如果集群太大，所捕获的食物就不能满足所有成员的需要。因此，集群捕食群具有一个最佳集群大小，从而保证参与捕食的个体都从集群捕食中获得足够的食物，满足生存的最低需要。在捕食集群较小时，由于不可能捕食大型猎物，所以此时的最佳集群也较小；而在捕食集群较大时，由于受到特定猎物大小的限制，最佳集群也降低。因此不仅捕食一只马鹿或一只驼鹿的狼群要比捕食一只鹿的大，而且所捕食到的马鹿或驼鹿能满足狼群的食物需要（最多 14 只狼）也比捕食到一只鹿所能满足狼（最多 4 只）的数量多。捕食一头马鹿或驼鹿最佳捕食群为 6 只，而捕食一头鹿的最佳狼群数量为 3。

最后，社群行为显著与动物的食性相关，而食性又与能量学特征相关，那么，社群行为与能量学特征之间的直接关系是什么呢？没有理由认为低代谢就必然与独居相联系。但是，在某些特殊种类，如裸鼢鼠（*Heterocephalus glaber*）可能出现显著不同的结果。这种动物与其他穴居食植动物不同，它们具有明显的种内敌对关系（hostile），并且在这种种内敌对关系上，形成一种特殊的社群系统（Jarvis，1981；Jarvis and Sale，1971）。

对哺乳动物生活史特征产生重要影响的因素是动物的体重、食性，以及这些因子复杂的相互作用。这些复杂的相互作用最终影响动物的能量利用对策和模式，其中包括妊娠时间的长短、生长率的大小、繁殖力的强弱和种群内禀增长率等。

参 考 文 献

Bozinovic F. 1992. Rate of basal metabolismof grazing rodents from different habitats. J. Mamm. , 73(2): 379-384.

Derting TL, Bogue BA. 1993. Responses of the gut to moderate energy demands in a small herbivore(*Microtus pennsylvanicus*). Journal of Mammalogy, 74: 59-68.

Harestad AS, Bunnell FL. 1979. Home range and body weight—a reevaluation. Ecology, 60: 389-402.

Jarvis JUM, Sale JB. 1971. Burrowing and burrow patterns of East African mole-rats *Tachyoryctes*, *Heliophobius* and *Heterocephalus*. J. Zool. , 163: 451-479.

Jarvis J. 1981. Eusociality in a mammal: cooperative breeding in naked mole-rat colonies. Science, 212: 571-573.

Kleiber M. 1961. The Fire of Life: An Introduction to Animal Energetics. New York: John Wiley and Sons.

McNab B. 1978. Evolution of homeothermy in mammals. Nature, 272: 333-336.

McNab BK. 1980. On estimating thermal conductance in endotherms. Physiol. Zool. , 53: 145-156.

McNab BK. 2002. The Physiological Ecology of Vertebrates. Ithaca: Cornell University Press.

Wunder BA. 1992. Morphophysiological indicators of the energy state of small mammals. *In*: Tomasi TE, Horton TA. Mammalian Energetics: Interdisciplinary Views of Metabolism and Reproduction. Ithaca, New York(USA): Comstock Pub. Assoc. : 83-1041.

第十三章　小型哺乳动物妊娠和哺乳：
基础代谢率和能量利用

哺乳动物的繁殖是一个消耗能量较多的过程（Barber et al.，1997；Wade and Schneider，1992），分配到繁殖的能量多少是限制雌性繁殖能力的主要因子，同时也影响哺乳动物行为特征和繁殖模式及其变异。社群结构和社群大小、交配和繁殖对策、生活史对策等，也受到繁殖过程中能量消耗显著增加的影响（Trayhurm et al.，1982；Villarroya et al.，1986）。然而，在阐明真兽类的起源和哺乳动物繁殖模式进化过程中，生物能量学起着重要的作用（McNab，1980）。在单孔类、有袋类和真兽类之间的繁殖模式的差别，不仅反映了这些类群由于系统演化地位的不同而在产热调节中出现的显著差异，而且更重要的是反映了这些类群在繁殖模式和对策上出现的差异（McNab，1978）。

虽然在过去的 20 多年中，关于家养动物繁殖模式和能量消耗方面的研究取得了巨大的成果（Bartness，1997），但是关于野生哺乳动物的繁殖模式方面的研究进展非常缓慢（Couture and Hulbert，1985；Degen et al.，2002）。与家养动物相比较，野生哺乳动物在繁殖时期中的能量利用模式和对策具有相当大的种间和/或种内差异。这种差异似乎与野生哺乳动物在繁殖时期中，能量利用和补偿模式有关。但是，限制野生哺乳动物繁殖时期能量利用的现象，已得到证实（Gittleman and Thompson，1988；Glazier，1985）。

本章主要讨论在妊娠和哺乳期内，可能限制野生哺乳动物能量利用和消耗的因素。其中包括：①繁殖过程中能量需要的种间差异；②在繁殖过程中的能量分配模式；③非繁殖期、繁殖期的能量利用对策与种群参数之间的关系，包括基础代谢率等能量学参数。

一、定　　义

非繁殖时期哺乳动物的能量利用主要是指基础代谢、消化能（如食物特殊动力作用，SDA），以及动物在 24h 内由于行为和体温调节所消耗的能量。基础代谢率是指在 Kleiber（1975）提出的标准条件下测定的静止代谢率，即非繁殖成年个体在热中性区内、吸收后的状态下，并且动物处于静止状态下的耗氧量。而静止代谢率（resting metabolic rate，RMR）则是指动物在特定条件下（包括测定基础代谢率的条件），动物处于静止状态下的耗氧量。例如，可以在一定温度条件下测定妊娠或哺乳雌性的静止代谢率，并将其作为衡量动物在繁殖状态下的静止代谢率（RMR_m；而以 RMR_g 表示动物在妊娠时期的静止代谢率；RMR_l 表示动物在哺乳期的静止代谢率）。因此测定静止代谢率可以在几乎任意条件下进行，例如，可以在不同年龄组、不同繁殖状态或者是在不同温度胁迫条件下测定动物的静止代谢率。在比较不同物种之间进行 RMR 比较时，应该在相同条件下才能进行比较。繁殖期的能量需要（ER）是指在整个繁殖期内动物所需要的总能量，除去在同一时期和相同环境条件下（如温度、湿度等），非繁殖雌性维持体重稳定的能量。平均每日能量需要（MER）是将 ER 区分为整个繁殖期和繁殖期中不同阶段（如妊娠和哺乳）的能量消耗。ER 和 MER 可以表示为多种维持能量需要或基础维持能量需要，绝对能量需要（以千焦耳表示）。ER 也可以表示为平均每日能量需要，也可以表示为繁殖期内的总能量需要（妊娠和哺乳期的能量需要之和）。繁殖努力（RE）可以定义为 ER 或 MER 与繁殖期总能量需要之比，或与繁殖期每日平均能量需要之比。由于对妊娠时期的能量需要的研究结果较少，并且哺乳期动物的能量消耗是繁殖期中能量消耗最高的时期（Loudon and Racey，1987），RE 的计算可以按式（13.1）进行：

$$RE_{lact} = \frac{MER \times 哺乳时间(天)}{断奶时间} \qquad (13.1)$$

净生长效率是指后代同化到组织中的能量占总 ER 的比例。

由于繁殖期动物的能量需要随繁殖阶段的不同而不同（Gittlemanand Thompson，1988），进行定量分析的主要标准是在妊娠和哺乳期中的能量消耗是否在整个繁殖时期内都受到繁殖需要的调节，或食物消耗或呼吸测定。所收集的研究资料也包括野外种群研究的数据（Kenagy et al.，1990）。并且不包括乳汁输出的能量。一般来说，乳汁输出或吮吸频率的研究结果过低地估计了母体用于维持和产乳的能量消耗。家养动物，包括 *Mus muculus* 的实验室品系、*Rattus norvegicus* 和 *Mesocricetus auratus* 都忽视了定量比较和统计分析，因为：①由于实验室种群受到人为的干扰较大，因此很难于野外自然条件下动物的实际生活状况相比较；②实验设计和方法上的差异，可能得到不同的结果；③在酵解产热和增加摄入能量方面的研究（Leshner et al.，1972）。对大型哺乳动物的研究远远多于对小型哺乳动物的研究（Bernshtein et al.，1999；Verhagen et al.，1986）。然而，由于大量的研究工作都是在家养动物中进行的，而对野生小型哺乳动物的研究较少。

二、基础代谢率和哺乳动物的繁殖

1. 基础代谢率

关于哺乳动物繁殖能量学的研究，无论是采用野生动物还是对实验动物为材料，其研究的中心问题都是限制繁殖期动物能量消耗的两种因素的研究。一方面，由于生态因子的相互作用、相互影响，如食物资源利用状况和动物本身的繁殖特征之间的相互影响，可能成为限制哺乳动物繁殖能量利用的重要因素（Gittleman and Thompson，1988）。另一方面，限制哺乳动物繁殖的因素也包括了食物摄取的生理限制、对食物中能量吸收，以及细胞本身的能量学特征等因素（Wunder，1992）。关于食物条件对野外自由生活动物的限制作用的研究是相当困难的（King and Murphy，1985）。在笼养状况下，哺乳动物在哺乳过程中出现的最大能量消耗，为非繁殖个体在基础条件下的能量消耗的 4～5 倍；根据这些研究结果，可以假设哺乳动物在食物不受限制的条件下，其最大能量消耗为基础能耗的 4～5 倍。但是，在自然条件下，几乎所有种群都在不同程度上受到食物限制的影响。在繁殖时期，由于各种生态因素的限制作用，都会影响动物的能量利用模式。因此可以认为：①自由生活的个体总是防止对能量的利用达到极限状态；②它们对利用能量在时间和空间上都具有相当大的差异（Kenagy and Bartholomew，1985）。

虽然许多无脊椎动物、鱼类、两栖类、爬行类和一些鸟类，在繁殖时也大量消耗母体内的能量（Tytler and Calow，1985），但是，绝大多数哺乳动物在繁殖过程中都利用增加食物摄取来满足由于繁殖导致的能量增加，而母体体内储存的能量是不能满足繁殖需要的（Mattingly and McClure，1982）。增加食物消耗，就必须增强消化系统的消耗能力，包括消化道的大小和体积。因此消化道的大小可能成为限制哺乳动物繁殖能量消耗的一个重要因素。许多小型食植动物在繁殖期中，消化道具有增大的趋势。这是对繁殖期高水平能量消耗的一种综合适应性变化，也是对繁殖期消化吸收能量适应的综合反应（Gebczynska and Gebczynski，1971）。引起繁殖期消化道暂时增大的原因是：①食物摄取增加，或仅仅由于取食增加；②增加营养物质的吸收；③某些取食高能食物大型哺乳动物，如食叶类、杂食类和食肉类等，繁殖期消化道也增大，但是这种变化的适应意义现在还不清楚（Cripps and Williams，1975）。虽然上述假说是符合逻辑的，但是现在还没有足够的资料证明大多数哺乳动物在繁殖期中消化道是否都显著增大，满足繁殖期能量消耗增加（Wunder，1992）。然而，如果消化道大小变化的程度有限，那么在繁殖期内，动物摄入食物质量的暂时变化，并不一定引起消耗道大小出现显著变化（Leon and Woodside，1983）。

关于消化道大小变异的比较研究目的的中心问题是阐明动物在非繁殖期内能量学对策与生态因子抑制作用之间的关系（McNab，1978），以及繁殖期内，动物的能量学对策，尤其是能量分配对策与生态因子之间的关系问题（McNab，1980）。决定动物能量学模式的生理学特征，如 RMR、BMR、体温、体温调节机制、热传导、水分蒸发丧失（EWL）、冬眠和休眠机制，以及这些特征在驯化过程中的变化模式等，都随身体大小和气候状况的变化而显示出明显的种间或种内变异（Hinds and MacMillen，1985）。由于动物的行为和生存环境的变化，这些参数可以很好地衡量非繁殖状态下动物的能量调节模式的生存适应意义，同时也可以对非繁殖动物的平均每日能量消耗作出较为准确的预测。由于大多数雌性哺乳动物在进入繁殖期前，只需满足在非繁殖状态下的能量需要（如 BMR、体温调节能和活动所需要的能量）（Leon and Woodside，1983；Mattingly and McClure，1982），并且在自然条件下，通过能量平衡机制达到协调、维持特定行为和生理特征的目的，这些行为和生理特征很可能直接影响雌性在繁殖季节中的能量分配（Loen and Woodside，1983）。因此，在哺乳动物能量学特征中，食性与 BMR 之间的关系是决定种间能量分配模式和能量消耗对策的重要特征。

在哺乳动物中，食叶类、大型食虫类和食果类均具有较低水平的 BMR，其BMR 值往往低于体重预期值的 85%，与之身体大小相似的食肉类和食植类却具有较高水平的 BMR（一般均大于体重预期值的 95%）（McNab，1980）。体重与 BMR之间的相互作用关系可能是限制哺乳动物获取或处理不同类型食物资源的内源性因素（McNab，1980）。根据食性假说（food habits hypothesis），哺乳动物中，BMR的种间差异反映了一定身体大小的物种，平均每日能量消耗与特定食物类型中能被动物利用的净能量之间的进化平衡关系（Kurland and Pearson，1986）。目前尽管大量的试验结果都支持食性假说，但是也有许多学者提出了与之完全相反的假说（Hinds and MacMillen，1985）。

由于哺乳动物的 BMR 占每日能耗的 30%左右，因此 BMR 在研究野生内温动物的能量预算中占有重要的地位（Goldstein and Nagy，1985），也是评价哺乳动物生态适应特征的重要指标。例如，BMR 水平较低的种类，利用食物净能量效率也相应降低（McNab，1980）；并且可能伴随有每日能量利用降低（Goldstein and Nagy，1985）；或者这些低代谢水平的种类可能具有某种补偿机制，可将更多的能量分配到某些特殊行为中，如觅食行为等。然而，目前关于决定 BMR 水平的详细机制尚不清楚（Racey and Speakman，1987），但是，统一测定能量代谢的标准，对于直接进行种间能量学比较具有重要的意义（McNab，1988）。

BMR 水平的高低反映了动物进行生物合成代谢的强度，因此在妊娠、哺乳时期，由于食性限制 BMR 水平，可能间接限制胚胎组织合成、乳汁产生等（McNab，1980，1986）。这就是"BMR 繁殖假说"（BMR-reproduction hypothesis）。该假说认为 BMR 的种间差异主要取决于繁殖模式的差异，包括妊娠和哺乳期的代谢差异。因此，哺乳动物 BMR 的种间差异取决于不同物种的繁殖模式的差异。具有高水平 BMR 的种类，往往也具有高水平的繁殖代谢率（RMR$_m$），并且繁殖期内的生物合成作用也较强，其分配到繁殖过程的能量比低代谢种类快（McNab，1980，1986）。因为快速繁殖有利于在种间竞争中取胜（McNab，1980），因此，研究 BMR在进化过程中的变化模式及其机制，对阐明动物能量利用对策在生存适应中的意义、进化途径等具有重要的意义。如果一个物种分配到繁殖的总能量保持不变，那么进化将有利于缩短繁殖时间。这种对策称为 BMR 缩短对策（BMR speed prediction）。对于具有较高水平 BMR 的种类来说，不同物种的繁殖持续的时间不同，自然选择将有利于增加繁殖能量投入的方向进化。这种对策称为 BMR 繁殖努力对策（BMR reproductive effort prediction）。从现在的研究结果来看，BMR 与繁殖模式之间的关系已得到大量研究结果的支持。支持 BMR 速度对策的实验依据有：① BMR 水平与繁殖持续的时间（McNab，1980，1986）和双亲抚育时间（McNab，1986）呈负相关关系；②BMR 与生长率（McNab，1980）和繁殖潜能（McNab，1980）呈正相关关系。

BMR 繁殖努力对策也得到 BMR 水平与哺乳期和年生殖率呈正相关的实验结果的支持（McNab，1980，1986）。迄今为止，关于两种对策之间的相互关系及相互转变的研究还不多见。

BMR 繁殖假说的主要缺陷之一是认为哺乳动物在繁殖期内 RMR_m、妊娠期 RMR_g、哺乳期 RMR_l 基本保持不变，并且与 BMR 水平相似。即在繁殖期内 BMR 水平基本保持不变（Thompson and Nicoll，1986）。但是，从对家养动物和人类的研究结果来看，妊娠时期的代谢率（RMR_g）往往比 BMR 高许多（Racey and Speakman，1987）。妊娠时期代谢率显著增加主要与胎儿生长过程中合成代谢增强有关，同时也与母体肝脏、消化道和胰脏功能增强有关。但是，许多 RMR_m 比 BMR 高的小型哺乳动物，并没有特别高的 BMR。对几种具有较高 BMR 水平种类的研究结果表明，RMR_g 往往低于 BMR。这种差异至少出现在哺乳期的初期或中期（Prentice and Whitehead，1987）。不过其他一些研究也提出了相反的观点。与上述具有高 BMR 水平的种类相反，具有低水平 BMR 的种类，RMR_m 显著高于 BMR（Thompson and Nicoll，1986）。

引起家养哺乳动物 BMR 与 RMR_m 之间的差异的基本原因，以及小型野生哺乳动物 BMR 与 RMR_m 之间并不存在与之相似的差异的真正原因现在还不清楚。其中某些差异可能与报道的文献有关。早期关于人类和家养动物的研究结果仅仅注重于繁殖期总能量的消耗情况，并且通常表示为体重特殊代谢率（mass-specific），而并不注意在妊娠期间随体重的增加（包括母婴的重量）所引起的能量消耗增加，因此关于在整个妊娠或哺乳期的能量消耗状况的研究十分少见。但是，在妊娠最后阶段，确实可以发现由于母体器官生理活性的变化、胎盘结构和胎儿组织增重等因素的影响，母体的能量消耗也显著增加，这种代谢活性的突然增加确实与繁殖状况有关（Gittleman and Thompson，1988）。这种变化确实具有复杂的机制。①某些关于家养动物（如马）的研究结果中，也发现 RMR_m 确实增加，其原因可能与母体的年龄状况有关，因为处于繁殖期的雌性往往年龄较小，在繁殖过程中也可能处于生长状态。所以这些雌性在繁殖过程中，也分配一定能量用于本身的组织生长，故在 RMR_m 增加的部分中，也包括了由于母体组织增长所导致 RMR 增加的部分（McClure and Randolph，1980）。②如果在测定代谢率之前，动物可以自由取食食物，可能由于食物特殊动力作用而导致测定值偏高，而且食物特殊动力作用随消化道食物含量的增加而增强，从而导致 RMR_m 测定值偏高。对原来有关人类测定数据进行重新分析，所得到的结果与原来报道结果相反，不论是妊娠时期，还是哺乳期，健康妇女的代谢率并不显著增加（Prentice and Whitehead，1987）。此外，如果以 RMR_m 以表示妊娠期家养动物和人类的代谢率时（Thompson and Nicoll，1986），其增加的比例显著高于 BMR。最后，BMR 低于 Kleiber（1975）预期值的家养动物，如果根据野生动物 RMR_m 变化模式来看，RMR_m 确实也增加。

对于大多数哺乳动物来说，BMR 水平越低，BMR 与 RMR_m 的差异也就越大。至少在低水平 BMR 的种类中，表现出 RMR_g 低于 RMR_l。因此，就大多数野生动物 BMR 变化范围而言，RMR_m 总是接近或略高于体重相似的非繁殖雌性的 Kleiber（1975）对 BMR 的预期值（MaNab，1988）。

虽然关于 RMR_m 高于 BMR 存在几种可能的解释，但是迄今为止，还没有一种关于高水平-BMR 物种和低水平-BMR 物种之间 RMR_m 差异的解释可以为大多数学者所接受。早期学者认为在胎儿生长过程中，高水平的生物合成是决定物种 RMR_g 水平升高的重要因素。但是，这些学者完全没有考虑胎儿表面积增加对代谢率的影响（McNab，1988）。虽然直接测定胎儿代谢率的结果与上述结论相矛盾，但是至少说明胎儿代谢率并不足以导致 RMR_m 发生显著变化（Kleiber，1961）。最近的研究结果表明，消化道、肝脏、胰脏、子宫（uterine）及乳腺等组织性肥大（hypertrophy）和细胞性增生（hyperplasia），不仅导致这些组织器官体积增大，胎盘组织结构的复杂化，而且导致 RMR_m 的水平上升（Wunder，1992）。不幸的是，由于这些变化仅仅是在对具有较高 BMR 水平的家养动物的研究结果，同时也表明 BMR 和 RMR_m 之间几乎没有显著差异。而对具有较低 BMR 水平的种类还缺乏详细的研究。在高水平 BMR 种类中，RMR_m 并不显著升高，很可能反映出这些物种在繁殖过程中，体内具有某种能量再分配机制，而将能量分配到增生的组织器官中，或者补偿性增加组织的含水量，或者降低代谢较高组织的代谢率，并且降低萎缩器官的代谢需要。另外一种假说得到行为学实验的支持，即临时重建母体体内某些具有较高代谢需要的部分，也许对防止母体过热有关（Croskerry，2000）。尽管雌性繁殖过程中出现器官增大现象，但是要直接测定繁殖期内组织器官增生所消耗的能量，现在还有较大的困难。然而间接研究结果表明，繁殖期内某些器官的蛋白质合成作用显著增强。但是关于低 BMR 物种的研究仍然未见报道。因此，很难对低代谢物种 BMR-RMR_m 与身体组分之间的关系，或者与特定器官代谢活性之间的关系作出正确评价。然而，目前可以利用的资料表明，单位体重的特殊代谢率（BMR）与繁殖特征之间的关系仍然不清楚。因此，应该对 BMR 如何直接影响繁殖参数进行直接研究。

一个与 BMR 相关的重要特征是动物的最大能量利用能力。动物的最大能量利用能力可能受到动物消耗能量的能力或扩张利用能量的能力的限制。在冷暴露条件下，动物的最大能量利用率可以达到 BMR 的 3～7 倍（如有氧范围 factoral aerobic scope），而在剧烈运动时，最大能量消耗可以达到 BMR 的 5～15 倍（MacMillen and Hinds，1992）。如果在能量持续高水平消耗的哺乳中期和后期也存在着与上述相似的关系，那么在繁殖期动物出现的最大能量摄入和消耗也许就是了解动物 BMR 与繁殖特征和模式的基础。支持这种假说（BMR-factorial scope-reproduction）的证据来自：① 在各种家养动物和少数野生动物中，哺乳期的能量摄入为 BMR 的 5 倍（Kleiber，1961）；②自由生活的鸟类，在营巢繁殖期的能量消耗为 BMR 的 4～6 倍。虽然在 BMR 与最大细胞能量利用率之间可能具有某种必然联系，但是，BMR 可能是食物的质量与可利用程度、消化道大小、体重等因素的相互作用的结果，同时也取决于繁殖期动物利用能量的最大能力（McNab，1986）。

2. 哺乳动物在繁殖期的能量利用

在野生小型哺乳动物中，很少有关于妊娠期能量消耗的研究报道，而多数为对哺乳期能量消耗研究。目前，关于该领域的研究工作在 *Sigmodon hispidus*（Mattingly and McClure，1982）、*Phodopus sungorus*（McNab，1988）、*Perpmyscus*（Glazier，1985）等种类研究得较为系统和深入，而且大多数田鼠亚科或仓鼠亚科的种类很可能与它们相似（Pagel and Harvey，1988）。

大多数恒温哺乳动物在繁殖期中的能量利用与时间的关系表现为单调增加的趋势。但是在能量利用-时间曲线的形状和幅度上，存在巨大的种内和种间变异，并且表现出明显的阶段性（Thompson and Nicoll，1986）。这种变异水平相当复杂。妊娠妇女是在整个繁殖期能量利用模式中说明这种阶段性变化的良好例子。从妊娠妇女的能量利用模式的变化可以看出，能量利用-时间曲线的变化显著与社会关系、营养状况，以及食物质量密切相关（Prentice and Whitehead，1987）。某些具有高水平 BMR 的物种，如 *Microtus arvalis* 和 *Crocidura russula* 等，在妊娠早期能量消耗下降。而其他种类（如 *Microtus pennsylvanicus*、*Clethrionomys glareolus*、*C. gapperi*、*Elephantulus rufescens*）则在妊娠早期能量利用稍微增加，并且持续到妊娠晚期（占妊娠时间的 70%），此时能量消耗显著增加。大多数其他哺乳动物在妊娠后期（约为妊娠时间的 4/5），母体体重和能量消耗均显著增加。妊娠时期中最大能量消耗一般出现在临产阶段。随妊娠后期和临产 ER 达到最大值后（某些种类出现在哺乳初期），出现能量消耗降低的现象（Gittleman and Thompson，1988）。而其他种类则表现出能量消耗持续增加，并且在哺乳后期 ER 达到最大值。与妊娠时期能量消耗的最大值不同，哺乳期最大能量消耗具有较大的变异，并且显著与断奶时间有关（Oftedal，1984）。

在妊娠或哺乳期进入休眠的哺乳动物的能量利用模式具有相当大的变异，并且这种变异显著与休眠的出现有关（Thompson and Nicoll，1986），或者能量利用维持恒定水平（Studier and O'Farrell，1972）。许多翼手类的整个妊娠时期都处于休眠状态（Audet and Fenton，1988），并且有与高水平的飞翔能量消耗相适应的能量补偿机制，增加食物摄取，以满足繁殖期对高水平能量消耗的需要（Racey and Speakman，1987）。

在妊娠后期和哺乳期，很可能由于能量储存（如脂肪组织的沉积）而导致能量利用-时间曲线出现复杂的变化。许多种类在妊娠期以脂肪的形式储存能量，主要与休眠或繁殖后期能量利用有关（Anderson and Fedak，1987）。然而，储存脂肪对鳍足类在冰上繁殖可能具有重要的意义。这种特征对人类或其他哺乳动物也具有重要的意义（Falk and Millar，2011），而对于啮齿动物和有蹄类，这种特征可能具有缓冲能量需求增加的作用（Mattingly and McClure，1982）。尽管目前关于哺乳动物在繁殖期储存能量的研究报道较多，但是关于储存能量的意义还缺乏深入的研究。在大多数研究报道中，对于这种能量储存是临时性的，还是连续性的，或是仅仅出现在妊娠期和哺乳期，还没有确切的定论。虽然母体体重的维持在很大程度上取决于能量储存，但是并不能成为衡量能量消耗的一个指标，因为在大多数现生的哺乳动物中，这些变化到底是由于组织性增生，还是细胞性增生，从而导致体重出现显著变化，现在还不清楚。进一步来看，这种类型的能量储存很可能与缓冲短时间内出现的能量短缺有关，或者是与补偿哺乳期能量消耗达到最大时环境出现食物暂时不足有关。详细适应机制尚待研究。

哺乳期雌性体重也可能显著降低，虽然降低的比例可能较小，但是繁殖雌性的体重往往也低于断奶后体重的 10%～15%。初产雌性的这种体重降低，有利于繁殖后恢复到非繁殖状态的体重。在估计小型啮齿动物、翼手类和某些有蹄类的脂肪储存中，往往忽视了对脂肪储存本身对生存适应的意义，由于这种脂肪储存的能量并不多，仅够动物消耗数天（Racey and Speakman，1987）；或者由于在妊娠时期食物受到限制时，繁殖仍然能正常进行（Mattingly and McClure，1982）。但是，由于在哺乳后期往往出现最大能量消耗，因此少量的脂肪储存很可能对食物摄取受到限制和消化能达到最大有关，或者与缓冲短期能量供应不足、食物质量降低有关。

哺乳期能量利用曲线的特征随维持能量消耗和抚育后代繁育的能耗有关，同时也与妊娠和哺乳持续的时间有关。后代呼吸作用所消耗的能量是构成 MER 的重要组成部分之一（Randolph et al.，1977），个体发育模式的变异决定了抚育过程中母体和后代的产热调节特征，环境温度状况，以及繁殖前体重都显著影响抚育幼体的能耗和哺乳期 MER 的分配模式（Gittleman and Thompson，1988；McClure and Randolph，1980）。既然哺乳期的能量消耗最高，因此妊娠时期的能量消耗的变化（如妊娠时间增加或投入增加）就意味着哺乳时期每日能耗或最大能耗的实际水平将降低。

1）妊娠

对妊娠时期能量消耗的研究结果进行比较，可以得到野生小型哺乳动物在妊娠时期的能量消耗模式（表 13.1）。从这些研究结果中可以看出，妊娠时期的能量消耗相对较低，大多数种类在妊娠时期的能量消耗仅为 MER 的 18%～25%，为 BMR 的 125%～300%。虽然研究报道的样本数有限及妊娠时期能量消耗变异较小，但是妊娠时期的 MER 似乎与每窝产仔数无关。尽管关于妊娠时期最大能量消耗（ER）还缺乏详细的研究，但是已有的研究结果表明妊娠时期的最大能量消耗应该比 MER 高（Król，2003），同时又低于哺乳时期的 ER 和 MER。

表 13.1　最大能量消耗和平均每日能量消耗（Król，2003）

物种	妊娠时期		哺乳时期	
	最大能量消耗	MER	最大能量消耗	MER
Peromyscus maniculatus	—	—	7.66	4.28
			6.19	5.19
P. leucopus	—	—	6.88	5.63
Clethrionomys glareolus	4.10	3.27	6.20	5.02
Microtus arvalis	2.56	2.07	8.06	4.70

许多哺乳动物妊娠时期的能量消耗中，相当一部分以脂肪组织的形式储存起来，以满足哺乳时期的能量消耗。Kansas 州的刚毛棉鼠（*Sigmodon hispidus*）在妊娠时期的 MER 中有 25%的能量用于维持。但是，如果从妊娠时期的 MER 中减去以脂肪组织形式储存的能量，那么，净 MER 只有维持能量消耗的 16%；而妊娠时期总能量中 36%的能量实际上是用于哺乳期（Randolph et al.，1977）。东方林鼠（*Neotoma floridana*）所储存的脂肪更多。在妊娠时期中 *Neotoma floridana* 的 MER 比维持能耗高 22%；但是其中大约有 86%是以脂肪形式储存在脂肪组织中，因此剩下的能量只有维持能量的 3%。与此相类似，虽然也有关于翼手类 MER 的报道，但是，*Myotis lucifugus* 的 MER 也较低，仅占 MER 的 3%（Kurta et al.，1990）。由于翼手类和 *Neotoma* 都具有较长的妊娠期，因此，妊娠期具有较低水平的 MER，表现出妊娠能量消耗水平较低，这一特征很可能对能量利用水平较低时提高净生产有利，或者对储存能量以满足相对较短、而能量消耗较高的哺乳期能量利用有利（Mattingly and McClure，1982）。虽然在 *Neotoma floridana*、*Sigmodon hispidus*、*Phodopus sungorus* 等种类中，都发现妊娠期中具有明显的脂肪储存现象，但是妊娠期脂肪储存并不是其他小型食植哺乳动物（如 *Peromyscus*、*Microtus*、*Clethrionomys*、*Spermophilus saturatus*）或食虫类（如 *Elephantulus rufescens*、*Suncus murinus*）（Nicoll and Thompson，1986）繁殖的主要能量对策。但是，妊娠期的脂肪储存并不表现为强制性的，至少在食物供应受到抑制时，*Sigmodon hispidus* 脂肪也随之减少，但却可以保持正常的窝仔数和窝仔重不变（Mattingly and McClure，

1982）。但是，在大多数哺乳动物中，繁殖期食物短缺不仅导致产仔数量和/或重量显著降低，而且显著延长妊娠和哺乳时间；并且将显著增加消耗母体组织作为繁殖能源（Mattingly and McClure，1982）。

在具有较低 MER 的种类中，*Echinops telfairi* 是一个例外。这种动物的体温变化范围较大，其维持代谢能耗相当低（仅为 Kleiber 体重预期值的 28%），因此在妊娠期间，母体的 BMR 和体温都较非繁殖个体高。这种动物在妊娠期 MER 显著增加，主要与母体代谢率增加有关（Thompson and Nicoll，1986），而在妊娠期必须维持较高的体温和 RMR_m。

2）哺乳

在哺乳期中，小型哺乳动物的能量消耗增加 2～3 倍。除 *Echinops telfairi* 外，小型哺乳动物哺乳期的能量消耗通常为维持能量消耗的 65%～210%，其中大多数为 85%～160%。然而，虽然大多数真兽类妊娠期都比哺乳期长，但是总 ER 的 65%～85%都消耗在哺乳期（Thompson and Nicoll，1986）。一般来说，哺乳期的能量消耗是基础代谢率的 4～6 倍。而鸟类在营巢繁殖过程中消耗的能量在整个繁殖和抚育后代的过程中基本保持不变（McNab，1988），显示出与哺乳动物完全不同的能量消耗模式。而哺乳动物在接近断奶时，母体的最大能量消耗可以达到基础代谢率的 6～8 倍。哺乳期维持最大能量消耗的机制现在还不清楚，不过大多数学者都认为哺乳期最大能量消耗至少可以维持数天。如果能量的摄取和吸收是限制哺乳期最大能量消耗的主要生理机制，那么利用脂肪就是哺乳期维持最大能量消耗的重要补充。

在哺乳期，大多数 MER 变异都与窝仔大小有密切关系。许多研究结果表明，不论是同一物种内（Mattingly and McClure，1982）还是不同物种之间（Thompson and Nicoll，1986），在不同窝仔数大小的条件下，每产生一个后代所消耗的能量是相当恒定的。其他一些关于窝仔大小与繁殖能量消耗之间关系的报道也表明，窝仔数大小的变异可能是影响繁殖能量消耗种间变异的主要原因（Leon and Woodside，1983）。虽然较大的窝仔数所消耗的能量也较多，但是窝仔数大小并不总是与 MER 的水平呈比例（Lodge and Heaney，1973）。例如，*Microtus pennsylvanicus* 的窝仔数一般为 4～6 个，并不显著影响动物的 MER 水平，但是，*Clethrionomys gapperi* 在相同的范围内变化，则导致 MER 出现显著变化（Innes and Millar，1981）。

在哺乳期内，在窝仔数出现较大的变化时，雌性可以利用几种途径来调节能量利用状况。例如，用于供养每一个幼体的能量与每窝产仔数量呈负相关关系。然而更精细的研究结果表明，抚育行为也能显著改变母体的体温调节特征，从而影响其体温调节能耗，并且通过双亲在巢内的时间、巢的隔热性及营巢地点等因素来影响哺乳期雌性的能量消耗（Leon and Woodside，1983）。

3）妊娠和哺乳的能量利用效率

由于胎儿可以通过胎盘之间与母体进行能量和营养物质的交换，没有胁迫体温调节的胁迫压力（如寒冷等），活动水平低，因此，从直观上来看，妊娠期胎儿吸收能量和营养物质比哺乳期更有效。相反，幼体在哺乳期获取能量，必须从母体的乳汁中获得能量和营养物质。因此母体就必须获得食物和能量，消化食物、完成同化作用，并且合成乳汁，然后再传递给幼体。此时幼体与胎儿不同，它必须将乳汁中的能量进行分配，完成不同的生理功能，如维持、体温调节、活动和生长等。尽管在妊娠时期，只有12%～26%的 ER 转化为胎儿的组织，而其余12%～46%的能量在哺乳期转化为幼体的组织。由此可见，妊娠期的能量转化效率是相当低的，有大量的能量被母体用于脂肪沉积、子宫扩张、胎盘的形成和发育、乳腺的发育等。例如，妊娠期中，如果将母体新合成组织也计算在内，其净生长率为39%。然而，在哺乳期，虽然维持能量消耗较高，但是如果动物利用妊娠期合成的脂肪组织，其能量利用效率显著降低。由于在哺乳期，动物的最低维持能量消耗显著增高，并且即使在最佳环境条件下，哺乳期雌性也需要更多的能量消耗。

三、哺乳动物繁殖期的能量分配

在繁殖中，雌性的能量在妊娠和哺乳两个重要的繁殖过程中分配。妊娠和哺乳的进化关系似乎反映了繁殖速度与每日能量需要之间的利益得失关系（McClure and Randolph，1980）。一般来说，妊娠需要较低的每日能量需要，但是延长妊娠时间，就可能导致繁殖成功率降低，总 ER 增加。在繁殖过程中，大多数能量都耗费在抚育幼体上。哺乳动物在出生后的幼体状态，由于新生儿身体较小，缺乏有效的隔热层，因此维持能量消耗主要包括体温调节能耗或维持一个较温暖的小环境（Leon and Woodside，1983）。除行为体温调节外，哺乳动物婴儿产热调节的能量消耗主要有几种不同的模式。在早成兽类，新生儿在出生后很快就具有良好的体温调节能力，包括行为体温调节和生理调节。因此在这些种类中，新生儿的体温调节能耗可能相当大，从而具有较高的生长率，营养独立的时间较早。而晚成兽类新生儿的体温调节能耗较低，因此生长率也较低，达到营养独立的时间也较晚。研究表明新生儿用于体温调节的能量大约占总 ER 的65%。目前直接比较早成兽和晚成兽在体温调节能耗方面差异的研究报道还比较少，但是早成兽和某些晚成兽很可能为了节约体温调节的能耗，甚至在增加总 ER 的同时，通过推迟体温调节机制的建立，降低每日能量需要（McClure and Randolph，1980），或者降低幼体 RMR 发育到成体的"跳跃"（McNab，2002）。例如，有袋类就表现出推迟体温调节机制的建立和减少幼体 BMR 向成体的发育。这种对策具有降低哺乳期每日能量消耗的作用（McNab，1986）。*Echinops* 和 *Elephantulus* 属于例外，它们分配到增加体重特殊 RMR_m 的能量仅占总 ER 的一小部分（Thompson and Nicoll，1986）。

不论雌性分配能量的能力如何，雌性投入到繁殖的能量受到其本身的生物学特征和可利用的局部资源状况限制。每一个雌性直接投入到繁殖的能量也是有限的。在这些限制因子作用下，大多数雌性都具有某种特殊的能量利用和分配模式，尽管这种模式也许对幼体不利，但是确实是母体生存所必需的，包括维持能耗、体温调节能耗、对未来生存必需的能量储存（如冬眠）等。虽然这些能量消耗量存在着很大的可塑性，并且这种可塑性在很大程度上也受到减少温度胁迫和降低活动能耗的限制。一旦能量供应满足了动物的最低能量需要，那么动物不论获得的额外能量是否超过生态或生理限制，动物都将这部分能量投入到繁殖中去。此外，哺乳动物的雌性分配到繁殖过程中能量的绝对量取决于它获得、处理能量的能力和将其维持能耗降低到最低限度的能力。野生动物可以利用的食物资源减少，动物将停止繁殖，增加在体温调节和活动水平上的能耗，而在家养动物中，则将这一部分能量直接投入到生长和增加净生产中去（Pond and Maner，1974）。

1. 体温和产热调节

在繁殖期中，某些种类出现热中性区向低温区移动，热传导降低（Verhagen et al.，1986）。由于 RMR_m 增加导致的产热增加，可能对由于环境温度降低或对流热丧失增加具有相当程度的补偿效应，然而关于这种模式的详细机制仍然不清楚。在大型哺乳动物中，为了补偿繁殖期热量丧失，可能显著影响投入到繁殖的能量，但是过热也能显著影响小型哺乳动物由于繁殖的能量比例。雌性大白鼠在繁殖过程中可能抑制褐色脂肪组织的产热能力或者抑制活动，防止体温上升而出现过热现象。体温调节能耗可能耗尽用于繁殖的能量，因此，动物出现热中性区范围增大，下临界温度和上临界温度分别下降或上升，降低热传导，降低温度胁迫对繁殖的影响。然而，虽然大多数笼养小型哺乳动物都饲养在低于热中性区条件下，但是关于温度胁迫对野生小型哺乳动物繁殖能量学方面的研究仍然十分少见。

体温调节胁迫因子对幼体的影响具有一个显著的特征，即在温度胁迫下，幼体能量利用机能显著增强，这种幼体对温度胁迫因子的反应涉及极为复杂的生理机制，包括产热能力、体温调节能耗的调节、抚育幼体的维持能耗等。在大型哺乳动物中，除了增强产热能力和提高体温调节能耗外，没有其他更为有效的途径来抵抗低温胁迫，因此在低温胁迫条件下，生长率和成体体重均显著降低。与此不同，小型哺乳动物在低温胁迫下，往往通过几种抵抗低温胁迫的有效途径，减少体温调节的能耗。例如，在低温条件下，母体或双亲均留在巢中抚育幼体，直接将其体热传递给幼体，通过母体或双亲散热间接提高巢温，巢温的可塑性变化在减少幼体体温调节能耗中起着重要的作用。此外，幼体的体温调节深刻地影响动物的生活史特征，如窝仔数的多少和发育速度等。

2. 活动

一般来说，自由生活的动物的活动性（如运动、站立、暴露于温度胁迫下等）比笼养动物的高。减少家养动物的活动性是提高生长率的有效途径。另外，活动的类型和水平是决定野生哺乳动物繁殖能量投入的重要因素。通过将取食活动和社群行为降低到最低限度，繁殖期的雌性就可能将维持能量消耗降低到低于繁殖所需要能量的水平。通过这种行为补偿机制，使雌性投入到繁殖的能量达到最大。例如，如果在繁殖前使笼养大白鼠在转轮上剧烈运动，并不能导致它们在繁殖期中摄食量增加。减少转轮运动，可以显著增加 ER。这种行为补偿机制也许和一雌一雄或协作繁殖的种类节约能量的机制相似，后者在哺乳期中，除了获取食物和携带幼体等必需活动外，其他时间并不活动，减少母体运动能量消耗，增加泌乳量，从而有利于幼体的生长。

四、低水平 BMR 种类的繁殖特征

如果 BMR 水平确实与繁殖期间最大能量利用率有关，那么在繁殖过程中，BMR 水平较低的种类可能处于不利的地位。首先，具有低水平 BMR 的种类，往往在繁殖过程中，都能使 RMR_m 升高，ER 分配到 RMR_m 的能量与 BMR 呈负相关关系。如果这一部分能量不能应用到 ER 所涉及的各种繁殖利益得失中时，具有低水平 BMR 物种的净生产效率就低于具有高水平 BMR 的种类。但是，RMR_m 升高通常只包括相当少的总 ER（Thompson and Nicol，1986）。其次，BMR 较低的缺点是不能像 BMR 水平较高等的种类那样可以分配较多的绝对能量到繁殖中去。例如，两种身体大小相似的种类，其中一种的 BMR 水平只有 Kleiber（1975）体重预期值的 50%，另一种的 BMR 为预期值的 100%。如果它们在繁殖期的能量投入都为 BMR 的 5 倍，那么 BMR 水平较低的物种只能将 Kleiber 预期值的 250% 的能量投入繁殖，而具有较高水平 BMR 的那一物种则可以将相当于 Kleiber 预期值 500% 的能量投入繁殖中。如果动物的最低维持能量消耗也维持恒定（在笼养动物中，最低维持能耗一般为 BMR 的 2 倍），那么上述两种动物投入到繁殖的能量比例不同直接与两者的 BMR 水平不同有关，低水平 BMR 种类仅为 Kleiber 预期值得 150%，而高 BMR 种类可以到达 300%。然而，如果母体维持能耗可以表示为 RMR_m，那么，低 BMR 种类的 RMR_l 大约等于 Kleiber 预期值的 100%。母体维持能耗大约为 Kleiber 预期值的 200%，仅有 Kleiber 预期值 250%–200%=50% 的能量用于繁殖，这一比例仅为高 BMR 种类的 17%。这种繁殖能量分配模式受到许多因素的影响（包括最低维持能耗、RMR_l 及两者之间的关系）。这一模式提供

了一种比较 BMR 和各种繁殖参数的基本形式。也许由于对低 BMR 研究结果并不
多，现在可以用于该模型中的数据有限。具有中等水平 BMR（BMR 为 Kleiber
预期值的 65%～90%）的种类，投入到 RMR$_m$ 和最大能量利用中比例存在相当大
的变异。但是，在仅考虑 BMR 一个因素时，在繁殖过程中，高 BMR 物种（如
Microtus arvalis）确实在能量分配上占有有利的地位（McNab，2002）。

五、繁殖期的能量限制

　　本章的主要目的是讨论在食物和水不受限制的条件下，笼养野生动物和家养
动物（主要是大白鼠）繁殖能量投入特征和模式。如何将笼养动物的研究结果适
合自然种群的情况，现在还不清楚。关于野外哺乳动物繁殖模式及其变异研究已
有大量报道，认为引起野生动物繁殖模式变异的根本原因是食物资源的状况。但
是关于野生动物在自由活动状况下的繁殖模式方面的研究报道极为少见。Nagy
（1987）通过测定非繁殖个体（包括雌雄两性）在自由活动条件下平均每日能耗（野
外代谢率）后认为，在自由活动条件下，大多数哺乳动物的野外代谢率为 BMR
的 3 倍。如果最大能量显著为基础代谢率的 4～6 倍，那么，在最佳环境条件下，
自由活动的野生哺乳动物可以将 BMR 2～3 倍的能量投入到繁殖中。通过对小型
有袋类（*Antechinus stuartii*、*Gymnobelideus leadbeateri*、*Petaurus breviceps*）（Nagy，
1987）野外能量分配模式的研究表明，哺乳期雌性的野外代谢率只比雄性或非繁
殖雌性略增加。与此相类似，Nagy 和 Montgomery（1980）也发现，*Bradypus
variagatus* 雌性在不同繁殖时期的野外代谢率与非繁殖雌性的差异不显著。但是，
Lee 和 Nagy（1985）却发现，*Antechinus swainsoni* 在哺乳期的野外代谢率比非繁
殖雌性高 175%。Racey 和 Speakman（1987）也发现自由活动的翼手类具有较高
水平的 ER。但是，翼手类具有明显的日休眠现象，因此翼手类可以通过日休眠使
维持能耗降低到最低限度，从而增加繁殖能量投入。Kenagy 等（1990）发现
Spermophilus saturatus 在哺乳期的野外代谢率比交配时增加了 87%。虽然所增加
的部分可能包括了体重增加所消耗的能量，但是在哺乳后期，体温调节能耗显著
比交配期的低。*Spermophilus saturatus* 的基础代谢率为 Kleiber 预期值的 95%，
Kenagy 估计这种动物在繁殖期的最大能量周转率为 BMR 的 3.1 倍。大多数冬眠
小型哺乳动物，尤其是地下穴居的种类，其 BMR 一般为 Kleiber 预期值的 75%
（McNab，1988），自由活动的 *Spermophilus saturatus* 在哺乳期的最大代谢率应该
可以接近 BMR 的 4～5 倍。另外，*A. swainsoni*（繁殖期 FMR 增加 75%，达到 BMR
的 3 倍）在哺乳期和自由活动下，其 FMR 也可以到达 BMR 的 4～6 倍。鸟类的
研究结果也表明，在繁殖期的 FMR 也可能显著增加，达到 BMR 的 4～6 倍。另
外通过对笼养和自由活动条件下比较研究具有季节性繁殖特征动物的代谢率，结
果表明，限制大多数哺乳动物动物繁殖期的能量消耗的主要因子是动物本身的生

理特征，而不是生态条件（Kenagy et al.，1990）。更多关于小型哺乳动物自由活动时的 FMR 研究结果表明，在妊娠期时积累占主要地位，并且可能是生理功能限制了动物的能量摄入，从而调节了繁殖期哺乳动物的能量消耗。

有足够的证据表明，BMR 水平与繁殖模式之间的联系至少说明应该重新考虑 BMR 速度假说和 BMR 努力假说对动物繁殖模式的预测的结果。如果直接采用这两种假说来预测哺乳动物在繁殖期中的能量消耗，那么，就必须注意到：① 从受孕到幼子断奶所需的时间可以作为测定繁殖速度的指标（McNab，1986）；②哺乳期的 MER 是测定妊娠期和哺乳期总 ER 的合理指标，并且 BMR 变化可以直接或间接导致繁殖努力或繁殖速度出现变化，或两者均出现变化。如果将受孕到断奶的时间以天（CW）表示，BMR 以千焦耳/天表示，体重以克表示，那么 BMR、RE 和 CW 之间存在显著的相关关系，并且 CW 与体重相关。如果消除体重的影响，或者采用残差分析，那么 BMR 与 CW 之间的相关关系不显著。但是，如果 CW 和体重保持不变，BMR 与 RE_{lact} 显著相关。以上这些分析的结果都明显得到这样的结论，即 CE 与 BMR 之间的相关性（McNab，1986）也许反映了 CW 与 RE（或 RE_{lact}）之间的自相关（autocorrelation）特征（表 13.2）。

以上结果表明 BMR 与 RE 的相关性可能比 BMR 与繁殖速度的相关性更强，目前的研究结果所涉及的种类似乎都是具有较为密切亲缘关系的啮齿动物（如 *Peromyscus*、*Microtus*），从而导致问题既包含了动物的系统演化关系，同时又涉及分析水平，使问题复杂化（Pagel and Harvey，1988）。一种观点认为在同一属或亲缘关系较近的属间，妊娠时间的变异较小（McNab，1986）。不过，目前仅仅是对这一问题进行初步分析，因此在得到更为可靠的结论之前，还必须收集更多的研究结果，才能对 BMR 与 RE 和繁殖速度之间的关系作出正确的结论。

表 13.2　BMR、受孕到断奶的时间（CW）和哺乳期繁殖努力（RE_{lact}）之间的相关矩阵（McNab，1986）

	CW	RE_{lact}
BMR	−0.292	0.542[*]
CW		−0.386
BMR	CW（RE_{lact} 为常数） −0.106	
BMR	RE_{lact}（CW1 为常数） 0.487[**]	

**显著性为 $P \leqslant 0.025$；*$P \leqslant 0.050$

参　考　文　献

Anderson SS, Fedak MA. 1987. Grey seal, *Halichoerus grypus*, energetics. females invest more in male offspring. Journal of Zoology, 211: 667-679.

Audet D, Fenton MB. 1988. Heterothermy and the use of torpor by the bat *Eptesicus fuscus*(Chiroptera: Vespertilionidae): a field study. Physiol. Zool. , 61: 197-204.

Barber MC, Clegg RA, Travers MT, et al. 1997. Lipid metabolism in the lactating mammary gland. Biochimica et Biophysica Acta(BBA)-Lipids and Lipid Metabolism, 1347: 101-126.

Bartness TJ. 1997. Food hoarding is increased by pregnancy, lactation, and food deprivation in Siberian hamsters. American Journal of Physiology, 272: 118-125.

Bernshtein AD, Apekina NS, Mikhailova TV, et al. 1999. Dynamics of Puumala hantavirus infection in naturally infected bank voles(*Clethrionomys glareolus*). Archives of Virology, 144: 2415-2428.

Couture P, Hulbert AJ. 1995. Relationship between body mass, tissue metabolic rate, and sodium pump activity in mammalian liver and kidney. American Journal of Physiology, 268: 641-650.

Cripps AW, Williams VJ. 1975. The effect of pregnancy and lactation on food intake, gastrointestinal anatomy and the absorptive capacity of the small intestine in the albino rat. British Journal of Nutrition, 33: 17-32.

Croskerry P. 2000. The feedback sanction. Academic Emergency Medicine, 7: 1232-1238.

Degen AA, Khokhlova IS, Kam M, et al. 2002. Energy requirements during reproduction in female common spiny mice(*Acomys cahirinus*). Journal of Mammalogy, 83: 645-651.

Falk JW, Millar JS. 2011. Reproduction by female *Zapus princeps* in relation to age, size, and body fat. Canadian Journal of Zoology, 65: 568-571.

Falk DA, Millar CI, Olwell M. 1996. Restoring Diversity: Strategies for Reintroduction of Endangered Plants. New York: . Island Press.

Gebczynska Z, Gebczynski M. 1971. Length and weight of the alimentary tract of the root vole. Acta Theriol. , 26: 359-369.

Gittleman JL, Thompson SD. 1988. Energy allocation in mammalian reproduction. American Zoologist, 28: 863-875.

Glazier DS. 1985. Energetics of litter size in five species of *Peromyscus* with generalizations for other mammals. Journal of Mammalogy, 66: 629-642.

Goldstein DL, Nagy KA. 1985. Resource utilization by desert quail-time and energy, food and water. Ecology, 66: 378-387.

Hinds DS, MacMillen RE. 1985. Scaling of energy metabolism and evaporative water loss in heteromyid rodents. Physiol. Zool. , 58: 282-298.

Kenagy GJ, Bartholomew GA. 1985. Seasonal reproductive patterns in five coexisting California desert rodent species. Ecological Monographs, 55: 371-4397.

Kenagy GJ, Masman D, Sharbaugh SM, et al. 1990. Energy expenditure during lactation in relation to litter size in free-living golden-mantled ground squirrels. The Journal of Animal Ecology, 59: 73-88.

Kleiber M. 1961. The Fire of Life: An Introduction to Animal Energetics. New York: John Wiley and Sons.

Kleiber M. 1975. The Fire of Life. An Introduction to Animal Energetics, Revised Edition. New York: John Wiley & Sons, Inc.

King JR, Murphy ME. 1985. Periods of nutritional stress in the annual cycles of endotherms: fact or fiction? Am. Zool. , 25: 955-964.

Kurland JA, Pearson JD. 1986. Ecological significance of hypometabolism in nonhuman primates: allometry, adaptation, and deviant diets. American Journal of Physical Anthropology, 71: 445-457.

Kurta A, Kunz TH, Nagy KA. 1990. Energetics and water flux of free-ranging big brown bats(*Eptesicus fuscus*)during pregnancy and lactation. J. Mammal. , 71: 59-65.

Król E, JohnsonMS, Speakman JR. 2003. Limits to sustained energy intakeVIII. Resting metabolic rate and organ morphology of laboratory mice lactating at thermoneutrality. The Journal of Experimental Biology, 206: 4283-4291.

Lee HS, Nagy S. 1988. Quality changes and nonenzymic browning intermediates in grapefruit juice during storage. Journal of Food Science, 53: 168-172.

Leshner AI, Siegel HI, Collier G. 1972. Dietary self-selection by pregnant and lactating rats. Physiology and Behavior, 8: 151-154.

Leon M, Woodside B. 1983. Energetic limits on reproduction: maternal food intake. Physiol. Behav. , 30: 945-957.

Lodge GA, Heaney DP. 1973. Composition of weight Change in the Pregnant ewe Canadian Journal of Animal Science, 53: 95-105.

Loudon ASI, Racey PA. 1987. "Reproductive Energetics in Mammals", Symposia of the Zoological Society of London 57. Oxford: Clarendon Press.

Innes DGL, Millar JS. 1981. Body weight, litter size, and energetics of reproduction in *Clethrionomys gapperi* and *Microtus pennsylvanicus*. Can. J. Zool. , 59: 785-789 .

MacMillen RE, Hinds DS. 1992. Standard, cold-induced, metabolism of rodents and exercise induced. *In*: Tomasi TE, Horton TH. Mammalian Energetics. New York: Cornell University Press: 16-33.

Mattingly DK, McClure PA. 1982. Energetics of reproduction in large-littered cotton rats(*Sigmodon hispidus*). Ecology, 63: 183-195.

McClure PA, Randolph JC. 1980. Relative allocation of energy to growth and development of homeothermy in the eastern wood rat(*Neotoma floridana*)and hispid cotton rat(*Sigmodon hispidus*). Ecological Monographs, 50: 199-219.

McNab B. 1978. Evolution of homeothermy in mammals. Nature, 272: 333-336.

McNab BK. 1980. On estimating thermal conductance in endotherms. Physiol. Zool. , 53: 145-156.

McNab BK. 1986. The influence of food habits on the energetics of eutherian mammals. Ecol. Monogr. , 56: 1-19.

McNab BK. 1988. Complications inherent in scaling the basal rate of metabolism in mammals. Q. Rev. Biol. , 63: 25-54.

McNab BK. 2002. The Physiological Ecology of Vertebrates. New York, USA: Cornell University Press: 576.

Nagy KA. 1987. Field metabolic rate and food requirement scaling in mammals and birds. Ecological Monographs, 57: 111-128.

Nagy KA, Montgomery GG. 1980. Field metabolic rate, water flux, and food consumption in three-toed sloths(*Bradypus variegatus*). Journal of Mammology, 61: 465-472.

Oftedal OT. 1984. Milk composition, milk yield and energy output at peak lactation: a comparative review. London : Academic Press.

Pagel MD, Harvey PH. 1988. The taxon-level problem in the evolution of mammalian brain size: facts and artifacts. Am. Nat. , 132: 344-359.

Pond WG, Maner JH. 1974. Swine Production in Temperat and Tropical Environments. San Francisco: Freeman and Co. : 646.

Prentice AM, Whitehead RG. 1987. The energetics of human reproduction. Symp. Zool. Soc. , 57: 275-304.

Racey PA, Speakman JR. 1987. The energy costs of pregnancy and lactation in heterothermic bats. Symposia of the Zoological Society of London, 13: 107-125.

Randolph PA, Randolph JC, Mattingly K, et al. 1977. Energy costs of reproduction in the cotton rat(*Sigmodon hispidus*). Ecology, 58: 31-45.

Studier EH, O'Farrell MJ. 1972. Biology of *Myotis thysanodes* and *M. lucifugus*(Chiroptera: Vespertilionidae)I. Thermo regulation. Comp. Biochem. Physiol. , A41: 567-595.

Thompson SD, Nicoli ME. 1986. Basal metabolic rate and energetics of reproduction in therian mammals. Nature, 321: 690-693.

Trayhurn P, Douglas JB, McGuckin MM. 1982. Brown adipose tissue thermogenesis is 'suppressed' during lactation in mice. Nature, 298: 59-60.

Tytler P, Calow P. 1985. Fish Energetics-New Perspectives. London: Croom Helm: 350.

Villarroya F, Felipe A, Mampel T. 1986. Sequential changes in brown adipose tissue composition, cytochrome oxidase activity and GDP binding throughout pregnancy and lactation in the rat. Biochimica Et Biophysica Acta, 882: 187-191.

Verhagen R, Leirs H, Tkachenko E, et al. 1986. Ecological and epidemiological data on hantavirus in bank vole populations in Belgium. Archives of Virology, 91: 193-205.

Wade GN, Schneider JE. 1992. Metabolic fuels and reproduction in female mammals. Neuroscience and Biobehavioral Reviews, 16: 235-272.

Wunder BA. 1992. Morphophysiological indicators of the energy state of small mammals. *In*: Tomasi TE, Horton TA. Mammalian Energetics: Interdisciplinary Views of Metabolism and Reproduction. Ithaca, New York(USA): Comstock Pub. Assoc: 83-104.

第十四章　繁殖特征的自然选择和个体变异

　　哺乳动物生活史模式及其调节机制对于深入研究物种的适应规律和适应途径具有重要的意义，因此受到生理学、生态学和进化生物学的广泛重视。从不同组织层次上，对动物生活史对策及其进化途径的研究已成为生理生态学和生态能量学研究的中心问题。生态学和进化生物学家认为，如果要阐明生活对策对动物繁殖和生存适应的影响，就必须对不同物种的生活史对策进行深入的比较研究（Partridge and Harvey，1988）。研究生活史模式的中心问题是阐明动物生活史中，不同阶段相互转换及其定时机制（Partridge and Harvey，1988）。动物生活史阶段的转变受到各种生理机制的控制。从生理学角度来看，神经内分泌系统的功能变化，在诱导生活史阶段的转换过程中起着重要的作用。刺激动物生长发育及繁殖的各种环境信息都可能通过神经内分泌系统而发生作用。不同物种或同一物种不同个体之间，可能在生理机能调节中表现不同。

　　哺乳动物对环境刺激的反应具有明显的个体变异。环境信号对神经内分泌系统的刺激作用，可能导致动物的生活史对策和模式出现明显的变化。因此，必须深入理解动物生理能力和生理机制，从生理机制上解释引起动物生活史对策变异的原因。所以，深入研究种群在自然选择压力作用下，可能出现的个体变异，对于阐明环境信号对动物生存适应的影响，尤其是对繁殖对策的影响具有重要的意义（McNab，2002）。

一、进化、自然选择和变异

　　目前，从生理学途径研究有关生物进化的机制，越来越受到学者的重视。以生理学的方法和手段来研究进化，能够更直接阐明条件和机制变化之间的关系。一般来说，自然选择包括 3 个方面的内容：①个体变异；②变异的遗传；③繁殖成功率的差异。由于变异是自然选择的基础，因此生理变异是有机体生物学研究的中心问题。采用实验研究和数学模拟方法建立起来的进化生物学理论对进一步阐明在各种环境因子刺激下，生理机能的个体变异奠定了坚实的基础。下面我们就进化生物学的一些基本概念作一简要介绍。

1. 个体变异的识别

　　在自然界中，哺乳动物往往能够利用各种自然、生物和社会因素来调节个体或种群的性成熟和繁殖特征。但是同一物种不同个体对相同的环境因子影响的反应可能并不一致。然而，现在对生理机能的个体变异所具有的进化意义仍然不十分清楚（McNab，1988）。在特定环境因子的作用下，个体出现的反应特性是物种的基本特征，即表现型（所观察到的对环境的反应）。表现型是基因型的反映。与其他遗传特征一样，由于遗传多态性（genetic polymorphisms）的存在或/和环境变化的影响，表现型也出现相应的变化。因此，与其他表现型特征一样，个体对环境变化的反应也可以进行定量分析（Via and Lande，1985）。

如果将一个种群或物种作为研究个体变异的对象时，就意味着假设这一物种或种群中的所有个体在遗传上是非同质的。就像 Mayr（1969）所指出的那样，最常见的错误是许多研究种群生物学的学者往往忽视了达尔文在《物种起源》（1860）中所提出的"种群观点"（population thinking），即种群是由遗传特征存在巨大差异的个体组成。根据这一观点，种群生存特征取决于种群中个体本身的生存特征及其与环境因子相互作用的结果：① 在某一环境条件下，个体所具有的特征及其特征组合对其生存有利，但是对其他环境条件并不一定有利；②就某一特征或特征组合而言，并不意味着有利或有害，但是当与其他特征相组合时，可能就成为对繁殖或生存具有重要意义的适应性特征，并且这一特征的功能也得到增强。因此，必须寻找出那些个体在特定的环境条件下，能使其繁殖成功率达到最大的个体。

实验研究物种的生理特征，其目的就在于深入地阐明决定物种繁殖成功率的细胞、生化和分子生物学机制。从本质上来看，所有物种在生化和细胞水平上，在很大程度上是一致的。为了深入研究决定个体繁殖的生理生化机制，就必须将所要研究的生理机制与其他相关机制区分开来，并且在尽可能简单的条件下进行研究。简化研究系统，能有效地识别有机体出现变异的内在机制（McNab，1988）。综合分析有机体的功能特征，对于分析引起繁殖变异的环境因子和信号具有重要的意义，因为这些因子可能不仅是决定繁殖的重要因子，而且也可能是参与精确调节有机体繁殖的重要因子。

2. 适合度和适合度模型

进化论的核心问题是表现型变异引起种群或个体出现繁殖差异。具有某种特征的个体，很可能对决定未来种群基因库的变化或基因库的特征起着重要的作用。由于自然选择所引起的个体竞争导致个体繁殖成功率出现差异，从而影响种群将来的基因库（Sober，1984）。个体繁殖适合度（reproductive fitness）可以作为衡量动物"在特定种群和环境条件下，生存和繁殖成功率"的标准（Mills and Beatty，1979），那么就不难看出，物种的生活史特征对于个体繁殖成功率起着重要的作用：其中处于繁殖状态个体的成活率、繁殖时间的长短、生殖率（fecundity）、交配对策和后代的成活率等，都将显著影响动物的适合度

（Clutton-Brock and Huchard，2013）。生活史进化理论的主要目的就是阐明生活史不同阶段如何影响动物的适合度。

目前，采用数学模型来描述不同生活史模式在繁殖成功中的利益与代价；通常采用达尔文适合度来表示个体繁殖成功。这种模型最早出现在 20 世纪 40 年代（Charlesworth and Leon，1976）。动物行为和生理特征变化，很可能显著影响在动物繁殖中所付出的代价与得到的利益关系。因此，通常采用数学模型来预测个体生活史对策变化对繁殖成功率的影响，也就是达尔文适合度。

现代生活史进化理论认为，个体繁殖成功率下降、繁殖潜能降低，将显著影响动物的能量资源利用率，并且导致适合度下降。因为在动物的生活史中，繁殖过程必然要消耗大量的能量。动物利用能量资源效率降低，必然显著降低繁殖个体的存活率。关于动物繁殖过程（如繁殖领域行为、交配行为、妊娠、哺乳等）能量消耗和分配的研究，无论是实验室研究和野外研究都极为少见。为了深入理解哺乳动物繁殖变异与生活史模式之间的关系，以及对能量利用和分配的影响，就必然对各种不同物种在不同生活史阶段中的能量利用和分配对策进行深入的研究（Gittleman and Thompson，1988）。尽管该领域研究结果十分有限，但是大多数啮齿动物在妊娠晚期和哺乳期，是其生活史中能量消耗最大的时期；动物繁殖定时机制可以保证有机体在环境条件对繁殖最有利的时期进行繁殖，以满足妊娠和哺乳对能量的需求。有机体利用环境信号调节繁殖的理论得到了有机体成功繁殖必须具有充足的能量资源的研究结果的支持（Kenagy and Barnes，1988）。

在各种数学模型中，关于有机体繁殖过程中的利益得失关系可以通过确定有机体繁殖成功的时间及繁殖持续的时间估计来确定。有机体繁殖是否成功，主要取决于环境条件的变化和有机体自身的生理状况，这些生理状况又取决于动物的年龄、能量利用对策和模式。预测结果表明，有机体繁殖成功与否，取决于动物对环境条件变化所出现的反应，并且也与种群中个体之间的相互关系和繁殖定时机制密切相关（McNab，2002）。如果有机体对环境变化的反应可以增强其适合度，那么具有这种表现型的个体可以留下更多的后代。动物对环境信号的反应，将导致种群数量增加。但是，从大量生活史研究结果表明，环境信号对种群繁殖的影响具有以下 4 个特征：①环境条件的改变，可能对种群中某一代个体或某一生境中的个体有利，而对其他个体的繁殖并不利。②决定繁殖成功的因子不可能是单一的环境因子或生理特征。因此，当动物遇到环境因子变化不同时可以出现不同的生理适应特征。③种群中所有个体在相同的环境信号作用下，出现的反应可能不同。④在某些条件下，某种环境因子的变化对动物繁殖是否有利，还取决于个体与其他个体之间的相互作用关系。

在各种生活史预测模型中，进化稳定对策（evolutionary stable strategy，ESS）理论得到了大多数学者的支持（Smith，1982）。虽然进化稳定对策理论主要是通过对频率选择（frequency-dependent selection）的研究结果得到的，但是 ESS 理论对研究环境调节生理和行为特征和模式的研究也具有重要的意义。ESS 理论的提出也受到政治学和经济学的竞争理论的启发，正如 Smith（1982）所指出的那样："如果种群中大多数个体都采取这种对策，并且这种对策能使种群的适合度达到最大，那么，这种对策就可以在种群中持续保持下去"。在这里，"对策"（strategy）可以定义为"有机体在特定环境条件下所具有的一系列特殊机能"。由于 ESS 理论的应用，在种群中普遍存在的生理和行为表现型即为 ESS 生存对策；对策并不表明有机体具有某种"有意识的"（conscious）的现象。在环境调节生理和行为研究中，对策的主要含义是指有机体在自然环境条件下，对特定环境因子变化而出现的一系列调节机制。根据这一概念，有机体对环境信号的影响而出现的一系列反应，也属于生存对策的范畴，而且由于遗传变异，种群中不同个体出现的反应，也可能改变动物的适应对策。一般来讲，一个物种的 ESS 对策表示其综合对策：在某一环境条件下，物种可能采取对策 A，而在另一环境条件下，物种可能采取对策 B。

ESS 理论为研究进化及其在进化过程中出现的各种变异提供了重要的启示，但是，ESS 理论并不能对遗传和生理变异作出精确的估计。数量遗传学和种群生物学则可以将遗传变异和环境因子而引起的种群变异区分开来（Smith，2002）。

3. 双亲抚育的性别差异

在由遗传引起的表现型变异中，性别差异占有重要的定位，并且往往表现在基因位点出现多态现象（polymorphism）。研究认为："在两性中，进化总是导致一种性别（如雄性）趋向于使繁殖数量达到最大，而另一种性别（如雌性）则趋向于使繁殖质量达到最佳状态。并且这可能是正确理解交配行为和繁殖特征的关键"。关于这种观点，早在 19 世纪，达尔文就进行了较深入的研究。虽然在繁殖过程中，雌雄两性都具有巨大的能量消耗，但是雌雄两性在繁殖能量投入的时间和对后代抚育的能量消耗之间存在着巨大的差异（Clutton-Brock and Huchard，2013）。除了严格的一夫一妻制（monogamous）种类外，雄性一般趋向于使更多的雌性受精来增加雄性繁殖的适合度。雌性一般只产生有限的后代，并且雌性可能对数量相对较少的繁殖后代消耗大量的能量。在这种情况下，雌性往往对雄性具有更强的选择性，雌性一般选择那些具有较强竞争能力的雄性进行交配，这也就是达尔文（1874）所指的"coyness"的含义。当然，雄性在繁殖过程中对雌性也具有明显的选择性。从许多研究结果来看，在自然界中，确实存在着在繁殖过程中，雌性对雄性的选择比雄性对雌性的选择更强（Williams，1992）。

虽然啮齿动物有关交配繁殖的过程中，两性选择性研究结果并不多见，但是仍然可以明显地说明，在繁殖过程中，雌性的能量消耗往往在交配以后逐渐增加，并在妊娠和哺乳期间达到最大（Kenagy and Barnes，1988）。而雄性在繁殖过程中，仅在交配及交配前，出现较大的能量投入。雄性的能量投入主要表现在生殖器官的发育和雄性之间为保护领地而出现的竞争。雄性参与抚育后代的种类，交配后能量消耗则主要为抚育后代。由此可见，雌雄两性在繁殖过程中的能量投入或能量消耗对策具有相当大的差异，如后代生长发育、发育状况、繁殖定时。一般来说，在能量利用和分配上，主要由不同性别对不同环境信号刺激或同一环境信号刺激的反应不同而引起的。

4. 变异的因素

表现型变异是遗传特征与环境诱导变异的综合。遗传变异主要是由于等位基因变化而引起的（也称为遗传多态性）。

由环境因子引起的变异具有非遗传特征，仅仅影响当代表现型特征。因为生理特征变异最终受到基因活性的调节，所以所观察到的表现型变异最终都是环境变化与遗传共同作用的结果。因此，有机体对特定环境信号刺激的反应能力也具有一定的遗传特性，当然由于其他环境因子的影响，有机体对环境信号的反应也会因其他环境因子而改变。

环境诱导的变异可能缺少与之紧密联系的基因表达调节模式，而这种基因表达调节模式允许在环境变化或环境信号诱导途径出现随机变异（Via and Lande，1985）。而仅仅出现生理特征的表现型变异是不能遗传的，但是，基因组对环境扰动而表现出的可塑性是有机体的重要遗传特征。因此，由环境因素引起的表现型变异也具有自然选择的特征（Via and Lande，1985）。

二、环境信号

作为引起某种生理机能发生变化的环境因子可能是无机因子，也可能是社群因子。我们所研究的环境因子是影响动物生理机能的环境因子，信号是指那些可以刺激有机体出现可预测的生理机能变化的环境因子。影响繁殖的环境信号刺激生理机能发生变化，因此对环境信号刺激的反应能力可能受到动物身体条件的影响（如年龄状况、能量利用模式等），以及外界环境因子（如光照周期、食物条件及温度状况等）（表14.1）的影响。神经内分泌系统对外界环境信号的整合能力和身体条件可能受到任何环境信号的影响而出现变异。如果这些变异具有一定的遗传基础，那么这种表现型变异就受到自然选择的作用。

动物的繁殖模式表现为在其生活史中，是否能有效地将能量传递给后代，以及环境信号如何影响能量的传递。在许多生境中，食物资源的分布具有明显的异质性特征。生态学家和生理学家对动物在繁殖过程中如何利用食物资源而表现出巨大的兴趣（Negus and Berger，1972）。

表 14.1 影响哺乳动物繁殖的主要因子

因子的类型	时间尺度	实例
外界环境信号	长期	光照周期
	中期	植物的化学成分； 水分
	短期	营养物质、能量、蛋白质 社群因素：外激素
生理因子	短期	年龄状况 体重/身体组成成分 繁殖经历状况

环境异质性的程度对定时繁殖的影响取决于有机体的身体大小和生活史特征（Southwood，1977）。环境信号可能起到两种作用：一种是预测未来环境变化及其变化趋势，另一种反映出环境当时或最近一段时间可能出现的变化（表 14.1）。预测信号的精度与未来环境变化有关。

三、褪黑激素调节动物季节性繁殖及其适应

在脊椎动物中，松果体（pineal gland）分泌的内分泌激素——褪黑激素（melatonin）显著受到光照周期的影响。褪黑激素直接与视网膜光感受器和皮肤黑色素细胞（melanophore）对环境光照强度变化有关。在黑色素细胞中，褪黑激素诱导黑色素（melanin）颗粒在细胞核周围积累，从而导致细胞颜色变白（Lerner and Case，1960）。在视网膜中，褪黑激素诱导光感受器对强光产生适应，视网膜中视锥细胞延长，视杆细胞趋于集中，促进视网膜中色素颗粒向色素层集中，改变水平细胞（horizontal cell）对光照的敏感性（McCormack and Burnside，1992）。

褪黑激素除直接受到光照强度的影响外，还参与了光照周期变化而出现的季节和昼夜变化的信号传递。有机体在恒黑和环境温度稳定的条件下，昼夜节律受到褪黑激素分泌周期性或振荡频率及振幅变化的影响。但是，为了保持内源性节律与外界环境中的光照节律相吻合，维持褪黑激素的分泌必然与外界环境的光照周期相协调。哺乳动物的褪黑激素分泌状况与内源性生物钟密切相关，从而决定动物的昼夜节律变化（Cassone et al.，1986）。除哺乳动物外，几乎所有脊椎动物的内源性生物钟都取决于褪黑激素分泌节律；去除动物的松果体，将导致动物的昼夜节律丧失，同时对去除松果体的动物按一定节律灌注外源性褪黑激素，则可以恢复动物的节律，并且恢复的节律与灌注褪黑激素的节律一致（Cassone et al.，1986）。

在哺乳动物中，褪黑激素最重要的功能是调节动物的季节性节律（Bittman and Karsch，1984）。褪黑激素对许多种类的繁殖、饥饿、产热状况和冬眠等生理过程

具有重要的调节功能（Bittman and Karsch，1984）。许多种类的褪黑激素分泌状况也具有明显的季节性变化，因此使动物具有明显的内源性年节律，从而与外界环境的季节性变化节律相吻合（Hoffman and Reiter，1965）。

1. 光周期影响的褪黑激素合成及其变化

在松果体中，褪黑激素的合成受到光照控制。从 serotonin（一种复合胺类物质）合成褪黑激素主要包括两个步骤：氮-乙酰化（N-acetylation）和氧-甲基化作用（O-methylation）。第一步由 aralkylamine N-acetyltransferase（NAT；EC 2.3.1.87）催化底物进行乙酰化作用，第二步则由 hydroxyndole-O-methyltransferase（EC 2.1.1.4）。褪黑激素的合成表现出强烈的昼夜节律变化规律，在光照条件下合成作用降低，而在黑暗条件下合成作用显著增强（Klein and Weller，1970）。决定褪黑激素合成节律性变化的主要因子是 NAT 活性的节律性变化；这种酶的节律性变化属于典型的内源性节律，因此将动物维持在一个恒黑的环境中，该酶仍然能够保持近似 24h 的节律性变化（Klein and Weller，1970）。但是，如果将动物维持在恒光照条件下，则夜间刺激褪黑激素分泌增加，也将消失或减少，褪黑激素水平迅速降低。另外，如果将处于夜间褪黑激素合成相的动物暴露在光照条件下，则褪黑激素合成受到强烈抑制。与其他生理机能的节律性变化一样，光照—黑暗的周期性变化是决定褪黑激素合成的重要因子（Pevet et al.，2002）。

不论昼行性还是夜行性动物，褪黑激素水平增加都出现在夜间。因此，褪黑激素的分泌状况成为动物衡量夜间的一个重要的标准。通过控制动物的光照时间和周期，可以控制褪黑激素的合成与分泌。在长光照周期中，如夏季，动物血液中褪黑激素增加的时间较短；反之，在短光照周期中，血液中褪黑激素增加的时间较长（图 14.1）（Illnerova and Vanecek，1980）。虽然将动物从长光照条件下转移到短光照下，动物的褪黑激素分泌峰值保持的时间逐渐扩展，并且可以在几天或几周内达到新的稳定状态，但是长日照节律则立即受到抑制（Illnerova and Vanecek，1980）。受光周期调节的褪黑激素分泌模式构成了动物体内激素水平变化的模式。由于褪黑激素分泌模式的变化，从而导致靶器官的生理机能也出现与之相一致的季节性变化节律。

除松果体外，脊椎动物其他组织或器官也具有合成褪黑激素的能力，如视网膜、Hardson 腺等，这些器官合成褪黑激素的作用也显示出明显的节律性变化。虽然视网膜合成褪黑激素的能力也较强，但是并不能改变血液中褪黑激素的变化节律，因为切除松果体后，动物血液中褪黑激素浓度的变化幅度为 60%～100%（Vaughan et al.，1986）。在视网膜中，褪黑激素往往分解速度较快，因为视网膜中含有较高活性的 aryl acylamidase 酶，可以快速进行 5-methoxytryptamine 的合成。因此，在视网膜中合成的褪黑激素很可能仅仅在视网膜中具有局部作用。

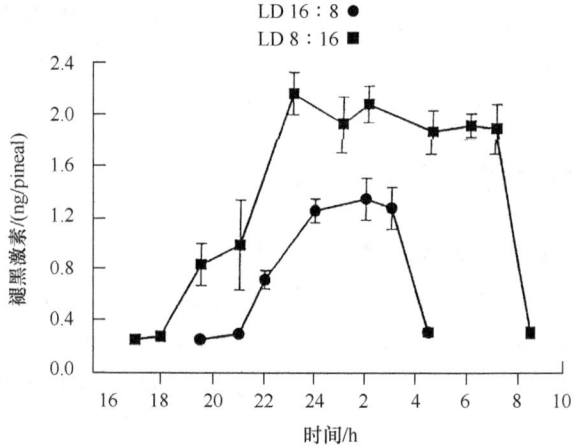

图 14.1　黑线毛足鼠松果体褪黑激素分泌模式

褪黑激素是一种亲脂性化合物（lipophilic），因此，在游离状态下可以十分容易通过细胞膜及血脑屏障（blood-brain barrier）。所以，松果体细胞释放褪黑激素可能并不需要特殊的分泌机制。一般来说，血液中褪黑激素的浓度可以较好地反映松果体内褪黑激素的浓度变化情况（Illnerova and Vanecek，1980）。另外，脑脊液中吲哚（indole）物质的浓度可能反映了松果体和血液中褪黑激素的浓度状况（Reppert et al.，1979）。但是有的种类脑脊液（cerebrospinal fluid）中褪黑激素的浓度显著高于血液中的浓度。

在循环系统中，褪黑激素的半衰期（half-life）大约为 10min（Illnerova and Vanecek，1980）。褪黑激素的代谢主要在肝脏中进行，即通过羟化作用（hydroxylation）使褪黑激素转变为 6-羟褪黑激素（6-hydroxymelatonin），然后再转变为葡萄糖酸（glucuronide）。另外，褪黑激素脱酰基作用，成为 5-methoxy-tryptamine，后者在脱氨基（deaminate）成为 5-methyoxyindoleacetic acid 和 5-methyoxytroptophol（Rogawski et al.，1989）。这一途径在视网膜中的褪黑激素代谢过程中具有重要的意义，当然这一途径也存在于肝脏中。在脑、脉络膜（choroid plexus）和松果体中，褪黑激素的代谢途径通过 indoleamine 2，3-dioxygenase 的作用转化为 L-犬尿酸（L-kynurenine），再分解为吲哚（indole）（Fujiwara et al.，1978）。

2. 褪黑激素的内分泌功能

1）皮肤黑色素细胞的光照适应

褪黑激素的一个最重要和研究最多的特征是在两栖类和鱼类中，皮肤黑色素细胞的收缩，以防止伤害性强光的影响。黑色素细胞由于含有大量的黑色素

（melanin）而使皮肤显现出黑色。两栖类的成体皮肤细胞中含有黑色素细胞的比例较低，而在其幼体或蝌蚪时期，含量较高（Bagnara and Hadley，1969）。

位于身体背部的黑色素细胞，可能直接受光照的影响或间接受到激素控制，因此在光照条件下，颜色可能出现快速变化（Bagnara and Hadley，1973）。垂体分泌的黑色素细胞刺激素（melanocyte-stimulating hormone，MSH）很可能在光照诱导身体颜色变化过程中起着重要的作用。松果体分泌的褪黑激素刺激细胞中黑色素颗粒快速集聚在细胞核周围，从而导致细胞颜色变浅（McCord and Allen，1917）。当动物暴露在光照条件下，由于褪黑激素浓度降低，色素颗粒扩散，细胞颜色变暗。色素变化的生理机能可能有防止皮肤受到较强光照后而出现伤害的作用。鱼类和爬行动物也具有与两栖类相似的机制，即由褪黑激素调节色素颗粒变化而调节皮肤的颜色。但是，褪黑激素对哺乳动物色素颗粒没有快速调节作用，不过采用褪黑激素慢性处理黑线毛足鼠确实可以导致毛被颜色发生变化。但是，褪黑激素慢性处理导致哺乳动物毛被颜色改变主要是由褪黑激素诱导催乳素（prolactin）水平降低所致，而并非褪黑激素直接作用于色素颗粒所致（Król et al.，2005）。

黑色素细胞的运动主要与细胞骨架（cytoskeleton）的改变有关，并且涉及几种特殊的蛋白质磷酸化/去磷酸化作用（Thaler and Haimo，1990）。色素颗粒的扩散似乎与 kinesin 有关，这种物质为一种依赖于 ATP 酶的微管蛋白，并且动力蛋白（dynein）也可能参与了色素颗粒的集聚作用（Clark and Rosenbaum，1982）。

2）视网膜的光照适应

视觉的敏感性具有明显的动态变化。视觉的敏感性主要取决于外界环境的光照强度。褪黑激素也参与了视觉敏感性的调节，并且这种调节作用出现在不同水平。除哺乳动物外，褪黑激素可以在光照强度降低时，影响脊椎动物视网膜出现的适应性变化，包括褪黑激素可以导致视锥细胞延长、视杆细胞集中或密度增加（McCormack and Burnside，1992）。相反，在光照强度增强时，褪黑激素对视网膜的影响与多巴胺（dopamine）引起的反应相似。在视网膜中，多巴胺的释放主要出现在光照强度增强、黑暗减弱的条件下。在光照增强过程中褪黑激素抑制视网膜的多巴胺释放，这种作用很可能是褪黑激素影响暗适应的机制（Dubocovich，1983）。

视网膜也能合成褪黑激素，并且视网膜中的褪黑激素合成作用可能影响白天-夜间的昼夜节律变化及光感受器和色素层（retinal pigment epithelium，RPE）的功能变化。褪黑激素通过控制黑色素颗粒在色素层细胞中的运动状况来调节达到视网膜的光强度。褪黑激素也能够改变哺乳动物 RPE 细胞的电活动特征（Dubocovich，1983）。

此外，褪黑激素也参与了水平细胞（horizontal cell）对光照敏感性的调节。水平细胞可以接受来自视锥细胞和视杆细胞的信号。在暗适应期间，光照条件适合视杆细胞，而在光照期间，则对视锥细胞有利，即在光照适应期，视杆细胞的输入受到抑制，而视锥细胞的输入得到加强（Besharse and Iuvone，1992）。多巴胺在种调节中具有重要作用，而褪黑激素的影响与多巴胺在暗适应阶段的作用相似。

3）日节律

褪黑激素与动物的节律同步效应密切相关。这种效应在鸟类和爬行类中尤为明显，这两类动物的松果体是昼夜节律的整合部位。鸟类和爬行动物的松果体是形成其节律的内缘起搏器，并且在体外松果体细胞也保持这种内源性节律（Takahashi et al.，1980）。此外，鸟类和爬行动物的松果体细胞为光敏感性细胞，因此光照与黑暗的周期性变化直接控制褪黑激素的分泌节律（Takahashi et al.，1980）。会雀形目鸟类和蜥蜴中，松果体细胞可以引起一些无节律行为（arrhythmic behavior），因此认为松果体细胞的节律起搏作用至关重要（Takahashi and Zatz，1982）。切除鸟类的松果体后，如果再将松果体细胞移植到体内，会表现出与移植入的松果体一致的节律。另外，注射褪黑激素也能改变蜥蜴和鸟类的活动节律（Gwinner and Benzinger，1978）。

切除哺乳动物的松果体后，动物的昼夜节律并没有出现相互干扰的现象。然而，褪黑激素的分泌显示出与昼夜节律无关的分泌节律。相反，在连续黑暗条件下，内源性节律具有自身特征的昼夜周期（一般比24h稍或稍短），因此，它们的一天可能比地球自转一周的时间略有出入。为了使处理的褪黑激素与大鼠 24h 节律同步，所以注射褪黑激素的时间固定在夜间。这种处理方法与内源性褪黑激素的相反应曲线相协调。在大鼠中，相变化只有在褪黑激素注射时间位于 CT10 和 CT12 之间，才能诱导内源性相变化出现，导致相变提前（Armstrong and Redman，1985）。

对于人类，只有在早晨和夜间注射褪黑激素才能诱导相变出现。人类褪黑激素相变曲线是光诱导反应曲线的镜像曲线。褪黑激素的相变化节律与睡眠-醒觉周期、体温变化节律和血清褪黑激素浓度变化节律相关（Deacon and Arendt，1995）。由于急性褪黑激素处理可以抑制并将降低内源性褪黑激素分泌，导致夜间体温降低幅度增大。因此认为人类夜间体温降低主要与褪黑激素分泌相变化有关。

哺乳动物褪黑激素在生理上的意义仍然并不完全清楚。在成年大鼠中，只有在CT10～CT12，褪黑激素相变才能显著改变大鼠的昼夜节律，而直到CT12期后，内源性褪黑激素水平才显著增加。因此，两者之间并不可能具有生理相关性。在胎儿昼夜节律起搏器与母体昼夜节律同步前，在子宫中胎儿的自由运动节律与母体褪黑激素节律只能在CT10～CT12整合。因此，褪黑激素的诱导作用在胎儿节律发育初期可能起着重要的作用，而在幼体睁眼时，并不需要全黑环境来调整幼体的昼夜节律。胎儿或幼体可以从母体的胎盘和乳汁中得到来自母体的褪黑激素，并且从中得到母体褪黑激素分泌的节律，从而诱导并建立本身的褪黑激素分泌节律。的确，叙利亚仓鼠的胎儿和刚出生不久的幼体的内源性褪黑激素节律受到外源性褪黑激素节律的影响（Davis and Mannion，1988）。

褪黑激素似乎直接作用于下丘脑颈上神经核（suprachiasmatic nuclei）。这一部位的神经元的神经活动显示出明显的昼夜节律变化规律。采用测定动物摄取 2-去氧葡萄糖（2-deoxyglucose）的方法研究结果表明，SCN 的代谢活动节律也比较清楚了。颈上神经核和褪黑激素的节律也受到外源性褪黑激素节律的影响（McArthur et al.，1991）。

4）季节性节律的调节

哺乳动物的褪黑激素在光周期调节季节性节律中起着极为重要的作用。在温带地区，环境温度表现出明显的季节性周期变化，这种周期性变化深刻地影响着动物的生存环境和生存条件。为了适应生活环境的季节性周期变化，动物也具有显著的季节性节律变化特征。动物的季节性适应特征包括繁殖机能、取食行为、皮毛质量和颜色、冬眠习性等特征的季节性变化。这些变化导致动物在不同季节中的变异性显著增加。在温带地区，由于光周期是重复性高、可预测性强的环境季节性变化信号，因此，温带动物大多数都将光照周期作为预测环境变化的信号。另外环境温度或食物条件也可能参与了动物对环境变化的预测。在一些种类中，环境变化可能是刺激动物出现季节性节律的重要因素，而另外一些种类则仅仅表现出内源性季节节律与外界环境变化节律相同步（Robinson and Karsch，1987）。

哺乳动物的某些季节性变化，如皮毛颜色或产热调节，可能具有相同的季节相。但是繁殖的季节性变异具有相当大的变异，表现出明显的物种特异性。主要对策是使后代在最为有利的环境条件下生存，因此一般都使幼体在春季或夏初出生。这样亲代可以有比较充裕的时间抚育幼体，以便在冬季到来之前幼体得到充分发育，从而使幼体度过不利的冬季，提高繁殖成功率。一些种类往往在长光照季节进行交配、受孕（如大多数啮齿动物），而另一些种类则在光照周期逐渐缩短的季节进行交配或受孕（如羊、鹿等）。繁殖特征的季节性节律变化主要受到促性腺激素释放激素（gonadotropin-releasing hormone，GnRH）分泌节律的控制，促性腺激素是由垂体分泌，并且直接作用于生殖器官的内分泌激素（Bittman et al.，1985）。

几乎所有哺乳动物对环境条件变化的季节适应特征都与松果体的功能状况密切相关。切除松果体后，动物的季节性适应特征消失，或者与外界环境变化节律不同步（Hoffman and Reiter，1965）。切除动物松果体后，注射褪黑激素可以得到与光照周期变化相似的生理变化。切除成体 Syrian hamster 的松果体后，每天注射褪黑激素可以得到短光照周期中所出现的生理特征，出现性腺萎缩、中断动情周期、与繁殖有关的内分泌激素分泌水平显著降低。与成体相似，如果给 Syrian hamster 的幼体长期注射褪黑激素显著抑制其性腺的生长。缩短褪黑激素峰值维持的时间，即相当于长光照褪黑激素分泌模式，将对动物起到与上述相反的结果，即刺激性腺生长发育。相反，长期褪黑激素处理，将刺激羊繁殖活性和交配行为显著增强（Bittman and Karsch，1984）。

褪黑激素对靶器官的作用机制现在还不清楚。在脑内不同区域进行微移植（microimplantation）或微灌注（microinfusion）褪黑激素技术研究结果表明，褪黑激素作用的部位可能是下丘脑中的视前区（preoptic）、颈上神经核及下丘脑中部区域（Maywood and Hastings，1995）。特异性损伤下丘脑中部区域，阻断灌注褪黑激素对金黄仓鼠性腺大小及对循环血液中黄体生成素（luteinizing hormone，LH）和促卵泡激素（FSH）浓度降低的影响（Maywood and Hastings，1995）。类似的研究结果表明，褪黑激素调节 LH 和性腺状态的靶细胞很可能位于下丘脑中部区域；而调节催乳素的部位可能位于该区域之外。由于下丘脑-垂体中叶（mopituitary）并不涉及催乳素水平的维持，因此，褪黑激素调节催乳素的作用部位可能位于垂体。最近实验研究证明，垂体结节部细胞分泌的肽能因子可以诱导腺垂体催乳素细胞释放催乳素，并且毛喉素可以增强催乳素的分泌。因此结节部可能是调节催乳素季节性分泌的主要因素。

褪黑激素节律模式中所包含的信息如何传递到所要调节的靶器官，以及如何引起相关内分泌腺体分泌功能发生变化的机制仍然需要进一步研究。目前存在两种假说，一种是根据在短光照周期中褪黑激素信号持续较长的峰值，并且诱导出短光照条件下繁殖状态的研究结果提出来的。这种假说称为"持续时间假说"（duration），这一假说认为靶器官可以测定褪黑激素峰值持续的时间长度，并且褪黑激素引起靶器官反应的强度也取决于褪黑激素峰值持续的时间。第二种假说是"相同步假说"（phase coincidence），该假说主要根据对去松果体 Syrian hamster 的研究结果而提出的。外源性褪黑激素处理去松果体 Syrian hamster 而引起的反应在一天不同时期的反应不同，并且显著影响动物的昼夜节律。因此认为靶器官对褪黑激素作用的敏感性具有显著的昼夜节律特征，这个昼夜节律性受到光照周期或褪黑激素分泌周期的调节。而靶器官对两者的反应特性取决于褪黑激素节律与靶器官节律之间的差异。但是，到目前为止，任何一种假说都没有确切的实验证据。

四、在研究繁殖生理学中的进化理论

虽然哺乳动物对环境信号刺激的反应能力具有一定的遗传基础，但是，其他因子可能会影响动物对环境信号刺激的反应。因此，从进化论的角度对这种变异的研究构成了研究动物对环境刺激反应的重要基础。下面将从生态学和进化论的观点，就动物对环境信号刺激的反应特征进行较为详细的讨论。

1. 对外激素的反应

在研究外激素信号系统的适应性特征及其进化时，必须考虑到外激素的发射体（emitter）和接受体（recipient）的特征。例如，大量实验室研究结果证明，至少在啮齿动物中，雄性外激素具有刺激雌性性成熟或诱导雌性动情的作用（Maywood and Hastings，1995）。自然选择理论认为，在进化过程中，雄性信号系统的进化趋势应该是在消耗最少能量的情况下，就能诱导更多雌性繁殖。通常雄性繁殖的最佳时间往往出现在对雌性繁殖成功最有利之前。因此，由于自然选择的作用，雌性的繁殖也会滞后于雄性，直到环境条件能够保证雌性繁殖成功时，雌性才进入繁殖。而在环境条件还没有到达雌性繁殖的最佳状况时，雌性往往并不接收雄性的刺激。在室内研究中发现，当环境条件并不适合雌性繁殖时，如食物受到限制等，雌性对雄性的繁殖反应也相应降低。雌性对环境和生理信号的反应，主要取决于繁殖成功率。选择有利于雌性对雄性外激素的反应是增加交配的可能性，而不是进行繁殖的最佳信号。因为在不同繁殖时期内，雌性的能量分配、消耗对策不同。因此雌性的繁殖定时现象比雄性更为明显。正如达尔文所指出的那样，雌性不仅对繁殖对象具有较高的选择性，而且雌性的整个繁殖定时都较雄性强。

大量的实验结果表明，与影响雌性性成熟相关的外激素具有延迟同种幼年雌性性成熟的功能（Bittman and Karsch，1984）。许多学者甚至将这一结果作为种群数量调节的重要机制之一，即成年雌性抑制幼年雌性性成熟，从而避免幼年雌性进入繁殖。这一结果认为，成年雌性对幼年雌性的影响主要是通过外激素而产生的。

如果在特定时间内，幼年雌性的增加对繁殖有利，并且成年雌性的外激素对幼年雌性的影响对成年雌性的繁殖有利，那么只有在种群水平上改变种群的性成熟模式。如果种群中出现对成年雌性外激素抑制性成熟的作用不敏感的突变型，那么这一突变型将大量成功地繁殖，而其他雌性的繁殖却受到抑制。以后，种群中这种对雌性外激素不敏感的个体数量将逐渐增加，直到这种对外激素不敏感的表现型个体在种群中占优势为止。因此，这种对外激素不敏感的表现型组成的种群，其繁殖特征并不受成年雌性分泌外激素的影响，但是这种对策并不是 ESS 对策，因为这些表现型可能是从其他种群侵入的。我们认为这种外激素系统并不能作为一种调节种群数量的机制，成年雌性对幼年雌性的抑制性影响，仅仅表现为一种调节幼年雌性繁殖的一种信号。

2. 光照周期

众所周知，光照周期是影响动物繁殖的重要环境因子，是诱导或调节许多哺乳动物进行繁殖的环境信号。但是，光照周期对动物的影响随着动物的年龄、出生季节及动物繁殖状态的不同而不同。并且所有这些特征都可能影响动物在下一个繁殖季节的状况。对于在一个繁殖季节中可以多次动情的物种，如果较好的环境条件一直持续到繁殖季节结束，那么对成年雌性的繁殖十分有利，但是幼年雌性仍然不能进入繁殖，必须等到下一个繁殖季节才能进行繁殖。这种繁殖年龄差异可能对物种的生存有利，因为：①未成熟个体存活到下一个繁殖季节的可能性高于那些已将有限资源投入到繁殖的个体；②性成熟延迟对延迟个体间攻击和扩散行为有利，而攻击和扩散行为可能会降低种群的存活率；③老年动物存活到下一个繁殖季节的可能性较低。这种差异可能会导致某些物种对光照周期的影响出现明显的差异（Partridge and Harvey，1988）。

改变对环境信号刺激的敏感性并不一定与感觉器官的变化有直接关系；也许原来的环境条件可能会影响动物对现在环境信号的反应。一个经典的例子就是 photorefratoriness 现象，即动物对以后持续的光照周期变化没有反应。在动物幼体繁育过程中，神经内分泌机能也可能受到各种环境因子和发育特征的影响。而且种种影响很可能在母体的子宫就已经发生了。这种情况已在一年中可以繁殖数次的啮齿动物中观察到。在繁殖季节开始时出生的个体，如果能在繁殖季节中发育成熟，则它们可以在同一个繁殖季节中进行繁殖，因此，它们具有较高的适合度。相反，在繁殖季节将要结束时出生的个体，往往并不进入繁殖，而是等到下一个繁殖季节到来才进行繁殖。如果幼体采用光照周期作为它们出生的定时信号，那么可能会导致出现含混不清的错误信息。这种含混不清的信号主要与在一年中，最长和最短的光照周期可能出现两次。如果幼体采用光照周期作为预测环境变化的信号，那么一年中，不同时间出生的个体对同一光照周期的反应可能不同。这种差异就称为表现型的可塑性（phenotypic plasticity）。

表现型的可塑性主要表现为对变化着的环境条件出现不同的生理或行为反应（Negus and Berger，1988）。对山田鼠（*Microtus montanus*）的表现型可塑性进行了较为深入的研究。山田鼠的幼体通常采用白天长短的变化来调节生长和性成熟。在短光照（8L：16D）条件下，即与冬季的光照条件相似，山田鼠的生长和性成熟受到强烈的抑制。而在长光照（16L：8D）条件下，即与夏季光照条件相似，山田鼠的生长和性成熟加速。由于春季和秋季的光照周期基本相似，因此这两个季节出生的山田鼠对光照信号刺激的反应也正好相似，即出现对环境信号混淆的现象。那么，如果将山田鼠暴在 14h 光照周期中，它们又会出现什么反应呢？14L：10D 的光照周期正好是它们在母体子宫中所经历的光照周期。在 16L：8D 光照条件下妊娠的个体，出生后将它饲养于是 14L：10D 的条件下，其生长发育和性成熟受到抑制；而在 8L：16D 下妊娠的后出生的个体饲养于 14L：10D 时，生长发育和性成熟加速。由此可见，幼体在妊娠时期所经历的光照周期不同，从而出生后对相同的光照周期的反应也不同，类似的现象也见于草原田鼠（*Microtus pennsylvanicus*）和黑线毛足鼠（*Phodopus sungorus*）（Król et al.，2005）。对黑线毛足鼠深入研究的结果表明，母体在妊娠时期的神经内分泌加速信号可能显著影响了胎儿的发育状况，并且改变了胎儿出生后对光照周期的反应特征和模式（Reppert et al.，1988）。母体经历的光照周期对胎儿光照敏感性的影响，是母体影响胎儿许多行为和生理特征发育的典型实例。

在性成熟速率方面，表现型可塑性也表现得十分明显。性成熟速度的可塑性可以理解为与增加幼体在下一个繁殖季节成活率有关。神经内分泌系统的进化涉及对许多因子的整合作用，如年龄、光照周期等。正是由于这些因子的综合作用，从而决定了啮齿动物的繁殖状况。

3. 食物因素

食物资源状况可能通过影响动物的能量利用而影响动物的繁殖特征。在环境中可以利用的能量资源可能作为一种特殊的信号，通过影响动物身体组成而影响动物的繁殖。此外，食物中营养成分的变化也可能显著影响动物的繁殖特征。

在啮齿动物中，能量利用的性别差异很可能影响动物对环境信号的反应。野外和实验室研究结果都表明，雌雄个体往往利用不同的环境因子作为诱导繁殖的定时信号，并且不同的环境信号在很大程度上调节着每次繁殖的产仔数量。例如，更格卢鼠 *Dipodomys merriami* 的自然种群，在两年半的研究期内，其附睾尾部（cauda epididymis）17%～100%都存有大量的精子（Kenagy and Barnes，1988）。而种群中雌性只有在 1～6 月具有繁殖能力。其他学者也发现 *Dipodomys merriami* 雌性的繁殖定时机制存在着巨大的变异（Reichman and van de Graaff，1975）。由于睾丸发育和配子发生（gametogenesis）过程延长，因此雄性不可能仅仅依靠零星降雨作为繁殖的定时信号，从而表现出几乎全年都进行繁殖的特征。即便是雄性的繁殖特征没有延迟效应，由于雄性不可能预测交配的可能性，因此雄性必须在一年中任何时间都足够的精子用于交配。

环境食物资源状况对繁殖影响的反应具有明显的性别差异，这一特征在野生和实验室内的小家鼠（*Mus musculus*）中得到证实（Hamilton and Bronson，1985）。在食物供应减少时，雄性能够达到性成熟；但雌性性成熟推迟，直到雌性的神经内分泌系统"预测"环境食物条件可以满足幼体存活的条件下，雌性才达到性成熟。在食物条件不良的环境中，自然选择理论有利于雄性发育成熟，其主要原因是：①如果食物条件得到迅速改善，具有繁殖活性的雄性可以很快进行繁殖；②在食物分布条件高度异质的环境中，可能有一部分雌性得到比较充足的食物，并且可以满足繁殖的需要。食物条件对繁殖特征影响的性别差异，还表现在雄性在繁殖过程中的能量消耗远低于雌性。在很多条件下，雄性不仅具有领域和攻击行为，而且保持了精子生成能力。而雌性则主要取决于食物条件是否能满足妊娠和哺乳过程中的能量消耗。

在实验室内对山田鼠的研究结果表明，山田鼠不仅在食物条件对繁殖的影响上具有明显的性别差异，而且食物因子显著影响山田鼠每窝产仔数和每年繁殖次数。Berger 等（1992）采用过一种从植物嫩芽中提取的化合物 6-MBOA（6-methoxybenzox-azolinone）处理山田鼠，发现这种化合物能有效地刺激雌性和雄性的繁殖。如果仅仅采用 6-MBOA 处理雌性，则每窝产仔数和繁殖窝数显著增加。相反，如果采用 6-MBOA 同时刺激雌雄两性，则对产仔的性比产生显著影响。没有采用 6-MBOA 处理的动物，产仔的性比维持在正常水平；而采用 6-MBOA 处理的配对动物，性比出现显著变化，即雌雄：雄性=1.00：1.25。性比的这种变化的适应意义现在还不清楚，但是很可能会影响下一代的繁殖模式。

从 6-MBOA 影响繁殖特征的研究结果来看，在进化过程中，雌雄两性对环境信号刺激所出现的反应模式很可能是相互独立进化的。因为仅采用 6-MBOA 刺激雄性，并不能显著影响每窝产仔数或每年繁殖窝数，但是能显著改变雌雄在繁殖期中的能量消耗；当雌雄受到 6-MBOA 刺激时，每窝产仔数和繁殖窝数显著增加。另外，如果雄性受到 6-MBOA 刺激，可显著导致窝仔的性比出现显著变化，但是此时并不改变雌雄的能量需求。以上研究结果表明，食物信号对动物繁殖的影响具有明显的性别差异。然而这种差异的进化意义现在还不清楚。

4. 多种信号整合

大量关于单一生态因子或信号的研究工作导致学者提出生态因子可调节动物繁殖的观点，这主要是依据过去的自然选择理论提出的。在研究单一因子对动物繁殖的影响时，可能过高地估计了该因子对繁殖的影响，从而与野外研究结果不完全相符。

最容易与其他因子相混淆的因子是食物因子对繁殖的影响。动物的能量利用对策受到许多因子的影响。除少数例外，大多数关于动物繁殖对策的研究都是在食物不受限制的条件下进行的。例如，在研究光照周期、外激素等对繁殖的影响时，都不考虑食物的限制作用（Pryor and Bronson，1981）。最近，在实验室中关于光照周期对仓鼠 *Mesocricetus auratus* 的研究结果表明，室内研究过高地估计了光照周期对仓鼠繁殖功能的调节作用。补充高质量食物，可能降低光照周期对仓鼠（包括雌性和雄性）繁殖功能的影响（Hoffman and Johnson，1985）。这些结果表明 *M. auratus* 的繁殖模式可能比以往的研究结果更为可信。

采用哺乳动物和非哺乳动物来研究如何识别多种因子信号影响繁殖的机制，现在才处于起始阶段。因此，必须将多种环境因子对繁殖的影响进行综合研究，从而阐明在调节动物繁殖过程中，各种环境因子所起的作用及其作用机制。

五、种群生物学

生态学研究的中心问题之一是阐明自然界种群的数量动态及其引起种群数量波动的原因和作用机制。种群是由个体组成的。但是个体组成种群并非是简单的数学相加。在模拟种群数量动态变化过程中，必须将种群中的个体看作非同质的，即认为组成种群的个体是有差别的。对于种群生态学来说，个体差异具有重要的意义。在阐明环境因子对种群动态影响的研究中，往往会得出相互矛盾的结论，其原因在于目前对环境因子变化与种群生长率和数量降低之间的相互关系还不完全清楚。但是，如果个体对环境信号刺激的生理反应随年龄、性别、发育状况及其他环境因子的变化而改变，那么单一环境因子的变化对种群动态的影响也可能随组成种群个体的生理特征的变化而变化（Garsd and Howard，1981）。

在小型啮齿动物的种群动态研究中，田鼠类的研究最为深入，迄今应有近40年的研究历史。因此，田鼠类的种群动态可以作为研究小型哺乳动物种群动态的范例。研究认为田鼠类的种群动态调节是多种因子综合作用的结果，其中包括繁殖、死亡和扩散等因子的相互作用。田鼠类中不同物种对多种环境因子的影响可能出现不同的反应，这些环境信号包括食物条件、光照周期、社群行为等因子。如果对单一信号刺激的反应出现变异，那么在调节种群动态中，就可能存在其他更重要的环境因子或生理机能在起作用，由此可见，个体的变异在种群动态调节中可能起着重要的作用。另外，从对环境信号刺激所引起的反应不同可以看出，表现型变异可能在调节个体繁殖功能变化中起着重要的作用，进而影响并调节种群的数量动态。因此，自然选择理论和在多因子研究中的应用，将是进一步研究种群动态的关键（Negus and Berger，1988）。

参 考 文 献

Armstrong SM, Redman J. 1985. Melatonin administration: effects on rodent circadian rhythms. *In*: Evered D, Clark S. Photoperiodism, Melatonin and the Pineal. Ciba Foundation Symposium 117. London: Pitman: 188-202.

Bagnara JT, Hadley ME. 1969. The control of bright colored pigment cells of fish and amphibians. Am. Zool., 9: 465-478.

Bagnara JT, Hadley ME. 1973. Chromatophores and Colour Change: the Comparative Physiology of Animal Pigmentation. New Jersey: Prentice-Hall.

Berger PJ, Negus NC, Pinter AJ, et al. 1992. Offspring growth and development responses to maternal transfer of 6-MBOA information in *Microtus montanus*. Canadian Journal of Zoology, 70: 518-522.

Besharse JC, Witkovsky R. 1992. Light evoked contraction of red absorbing cones in the *Xenopus retina* is maximally sensitive to green light. Visual Neuroscience, 8: 243-249.

Bittman EL, Karsch FJ. 1984. Nightly duration of pineal melatonin secretion determines the reproductive response to inhibitory day length in the ewe. Biol. Reprod., 30: 585-593.

Bittman EL, Kaynard AH, Olster DH, et al. 1985. Pineal melatonin mediates photoperiodic control of pulsatile luteinizing hormone secretion in the ewe. Neuroendocrinology, 40: 409-418.

Charlesworth B, Leon JA. 1976. The relation ofreproductive effort to age. Am. Nat., 110: 449-452.

Clark TG, Rosenbaum JL. 1982. Pigment particle translocation in permeabilized melanophores in *Fundulus heteroclitus*. Proc. Natl. Acad. Sci. USA, 70: 4655-4659.

Clutton-Brock T, Huchard E. 2013. Social competition and its consequences in female mammals. Journal of Zoology, 289: 151-171.

Cassone VM. 1986. Effects of melatonin on vertebrate circadian systems. Trends in Neurosciences, 13(11): 457-464 .

Davis FC, Mannion J. 1988. Entrainment of hamster pup circadian rhythms by prenatal melatonin injections to the mother. Am. J. Physiol., 255: R439-R448.

Deacon S, Arendt J. 1995. Melatonin-induced temperature suppression and its acute phase-shifting effects correlate in a dose-dependent manner in humans. Brain. Res., 688: 77-85.

Dubocovich ML. 1983. Melatonin is a potent modulator of dopamine release in the retina, Nature, 306: 782-784.

Fujiwara K, Porter ME, Pollard TD. 1978. Alpha-actinin localization in the cleavage furrow during cytokinesis. J. Cell Biol., 79: 268-275.

Garsd A, Howard WE. 1981. A 19-year study of microtine population fluctuation using time-series analysis. Ecology, 62: 930-937.

Gittleman JL, Thompson SD. 1988. Energy allocation in mammalian reproduction. Am. Zool., 28: 863-875.

Gwinner E, Benzinger I. 1978. Synchronization of a circadian rhythm in pinealectomized European starlings by daily injections of melatonin. J. Comp. Physiol., 127: 209-213.

Hamilton GD, Bronson FH. 1985. Food restriction and reproductive development in wild house mice. Biol. Reprod., 32: 773-778.

Hoffman RA, Reiter RJ. 1965. Pineal gland: influence on gonads of male hamsters. Science, 148: 1609.

Hoffman RA, Johnson LB. 1985. Effects of photic history and illuminance levels on male golden hamsters. Journal of Pineal Research, 2: 209-215.

Illnerova H, Vanecek J. 1980. Pineal rhythm in *N*-acetyltransferase activity in rats under different artificial photoperiods and in natural daylight in the course of a year. Neuroendocrinology, 31: 321-326.

Lerner AB, Case JD. 1960. Intersociety symposium on new and neglected hormones: melatonin. Federation Proceedings, 19: 590-592.

Kenagy GJ, Barnes BM. 1988. Seasonal reproductive patterns in four coexisting rodent species from the Cascade Mountains, Washington. Mammal, 69: 274-292.

Klein DC, Weller JL. 1970. Indole metabolism in the pineal gland: a circadian rhythm in A-acetyltransferase. Science, 169: 1093-1095.

Król E, Redman P, Thomoson PJ, et al. 2005. Effect of photoperiod on body mass, food intake and body composition in the field vole, *Microtus agrestis*. J. Exp. Biol., 208: 571-584.

McArthur AJ, Gillette MU, Prosser RA. 1991. Melatonin directly resets the rat SCN circadian clock. Brain. Res., 565: 158-163.

McCormack CA, Burnside B. 1992. Light and circadian modulation of teleost retinal tyrosine hydroxylase activity. Invest. Ophthalmol. Vis. Sci., 34: 1853-1860.

Mayr E. 1969. The biological meaning of species. Biol. J. Linn. Soc., 1: 311-320.

Smith J M. 1982. Evolution and the Theory of Games. Cambridge: Cambridge University Press.

Smith J M. 2002. Commentary on kerr and godfrey-smith. Biol. Philos., 17: 523-527 .

Maywood ES, Hastings MH. 1995. Lesions of the iodomelatonin-binding sites of the mediobasal hypothalamus spare the lactotropic, but block the gonadotropic response of male *Syrian hamsters* to short photoperiod and to melatonin. Endocrinology, 136: 144-153.

McCord CP, Allen FP. 1917. Evidences associating pineal gland function with alterations in pigmentation. J. Exp. Zool., 23: 207-224.

McNab BK. 1988. Complications inherent in scaling the basal rate of metabolism in mammals. Q. Rev. Biol., 63: 25-54.

McNab BK. 2002. The Physiological Ecology of Vertebrates. New York, USA: Cornell University Press: 576.

Mills SK, Beatty JH. 1979. The propensity interpretation of fitness. Philosophy of Science, 46: 263-286.

Negus NC, Berger PJ. 1972. Environmental factors and reproductive processes in mammalian populations. *In*: Kasprow V. Biology of Reproduction: Basic and Clinical Studies. Mexico City: Bay Publ: 89-98.

Negus NC, Berger PJ. 1988. Cohort analysis: environmental cues and diapause in microtine rodents. *In*: Boyce MS. Evolution of Life Histories of Mammals, Theory and Pattern. New Haven: Yale University Press: 65-74.

Partridge L, Harvey PH. 1988. The ecological context of life history evolution. Science, 241: 1449-1455.

Pevet P, Jacob N, Vuillez P. 2002. Suprachiasmatic nuclei, intergeniculate leaflet, and photoperiod. Advances in Experimental Medicine and Biology, 460: 233-245.

Pryor S, Bronson FH. 1981. Relative and combined effects of low temperature, poor diet, and short daylength on the productivity of wild house mice. Biol. Reprod., 25: 734-743.

Reichman OJ, van de Graaff KM. 1975. Association between ingestion of green vegetation and desert rodent reproduction. J. Mammal., 56: 503-506.

Reppert SM, Perlow MJ, Tamarkin L, et al. 1979. A diurnal melatonin rhythm in primate cerebrospinal fluid. Endocrinology, 1044: 295-301.

Reppert SM, Weaver DR, Rivkees SA, et al. 1988. Putative melatonin receptors in a human biological clock. Science, 242: 78-81.

Robinson JE, Karsch FJ. 1987. Photoperiodic history and a changing melatonin pattern can determine the neuroendocrine response of the ewe to daylength. J. Reprod. Fert., 80: 159-165.

Rogawski MA, Thurkauf A, Yamaguchi S, et al. 1989. Anticonvulsant activities of 1-phenylcyclohexylamine and its conformationally restricted analog 1, 1-pentamethylenetetrahydroquinoline. J. Pharmacol. Exp. Ther., 249: 708-712.

Southwood TRE. 1977. Habitat, the templet for ecological strategies? Journal of Animal Ecology, 46: 337-365.

Sober E. 1984. Conceptual Issues in Evolutionary Biology. London: MIT Press.

Thaler CD, Haimo LT. 1990. Regulation of organelle transport in melanophores by calcineurin. J. Cell Biol., 111: 1939-1948.

Takahashi M, Aramaki S, Ishihara S. 1980. Magnetite-series/ilmenite-series vs. I-type/S-type granitoids. Mining Geol., (8): 13-28.

Takahashi JS, Zatz M. 1982. Regulation of circadian rhythmicity. Science, 217: 1104-1111.

Vaughan MK, Richardson BA, Petterborg LJ, et al. 1986. Reproductive effects of 6-chloromelatonin implants and/or injections in male and female Syrian hamsters(*Mesocricetus auratus*). J. Reprod. Fertil., 78: 381-387.

Trivers RL, Willard DE. 1973. Natural selection of parental ability to vary the sex ratio of offspring. Science, 179: 92-93.

Via S, Lande R. 1985. Genotype-environment interaction and the evolution of phenotypic plasticity. Evolution, 39: 505-522.

Williams GC. 1992. Natural Selection: Domains, Levels, Challenges. Oxford: Oxford University Press.

第十五章　光周期控制啮齿动物繁殖和免疫功能的季节性变化：一种多因子途径

在自然界中，只有少数动物能在一年中不同季节连续繁殖。一般来说，冬季繁殖的代价往往比繁殖成功所得到的进化利益大得多。虽然这一假说已经被大多数学者所接受，但是迄今为止仍然缺少直接的实验证据（Bronson and Heideman，1994）。在冬季低温环境中，往往食物资源匮乏，动物可以利用的能量减少，但是，动物的热能需要显著增加。在这种环境条件下，大多数动物的繁殖功能受到强烈抑制，因此，它们只能在食物资源状况较好的季节进行繁殖，提高繁殖成功率。冬季繁殖功能受到强烈抑制很可能是动物在进化过程中形成的一种重要的节约能量的适应对策和模式（Goldman and Nelson，1993）。另外，许多非热带哺乳动物往往具有非常明显的季节性繁殖模式，并且这种繁殖模式受到内分泌、代谢、生长、神经及产热过程的季节性变化的影响，所有这些生理机能季节性变化的结果都有利于动物节约越冬时的能量消耗（Bronson，2009；Bronson and Heideman，1994）。温带哺乳动物的许多生理和行为机制逐渐形成了适应于冬季能量供应降低而形成的"瓶颈效应"（bottleneck）；由于许多温带动物具有这类适应机制，从而导致存活和繁殖成活率显著增加。

与其他生理机能特征不同，免疫机能在不同的季节中往往比较恒定（Sheldon and Verhulst，1996）。但是，最近研究结果表明，许多免疫机能也很可能出现明显的季节性变化（Nelson and Demas，1996）。一般来说，维持高效率的免疫机能必然需要消耗大量的能量，免疫细胞的产生、放热的出现、激素依赖性免疫因子的出现等都必须消耗大量的能量（Maier et al.，1994）。机体出现免疫反应必须有必要的能量资源，而有机体为了完成生命活动，必须将有限的能量资源分配到不同的代谢生理过程（Sheldon and Verhulst，1996）。因而有理由认为动物的免疫功能参与了能量分配的利益得失平衡过程。最近研究结果也表明，个体具有最佳的免疫机能时期，在这一时期中，免疫系统的能量消耗和利益得失之比达到最大（Festa-Bianchet，1989）。免疫机能的季节性变化与有机体能量代谢和分配的季节性变化相一致，并且免疫机能的季节性变化很可能同样受到能量消耗对策的季节性变化的影响或控制（Nelson and Demas，1996）。根据这一假说，动物维持最有效的免疫功能必然与能量获取达到最大相一致。对免疫机能季节性变化的研究，如越冬、繁殖、迁徙或换毛等期间的免疫机能变化与上述假说基本一致（Zysling and Demas，2007）。妊娠哺乳动物也表现出免疫机能降低的情况，因为在妊娠期间出现的高水平孕酮（progesterone）显著抑制雌性的免疫机能（McCruden and Stimson，1991）。传统观点认为在妊娠期免疫机能受到抑制，将有利于防止母体的免疫系统对胎儿的影响（McCruden and Stimson，1991）。但是妊娠期降低免疫机能也可能是一种节约能量的有效机制；这种观点已得到实验实研究结果的支持。

其他涉及免疫机能季节性变化还涉及许多其他生理、形态和行为机制的变化。这些复制的网状相互作用、相互影响反映了适应机制的复杂性。许多动物都利用光照周期作为启动或停止特定适应机制的环境信号，包括繁殖等生理过程，从而维持有机体能量代谢平衡（Bartness and Goldman，1989）。光照周期的季节性周期变化是许多非热带动物精确测定时间变化的环境信号。光周期信号主要通过松果体分泌的褪黑激素（melatonin）传递。在夜间松果体分泌褪黑激素，因此在黑暗较长的季节，松果体分泌褪黑激素水平也较高（Bartness et al.，1993）。褪黑激素的分泌模式在动物调节能量利用和与之相适应的生存适应对策中具有重要的意义（Bartness and Goldman，1989）。

无机环境因子和生物因子对有机体免疫机能影响机制相当复杂，而且研究难度也相当大。在冬季低温条件下，食物的可利用性降低，以及其他胁迫条件可能导致有机体的免疫机能降低。由于胁迫因子的季节性变化，某些物种可能出现对抗最大免疫功能的作用。短光照周期为动物提供了增强免疫功能的环境信号，同时必须以增加能量消耗为前提（Nelson and Demas，1996）。增加褪黑激素的分泌水平，可以直接或间接影响动物甾体类激素的分泌状况，同样也可以提高机体的免疫功能（Goldman and Nelson，1993）。

物种的社会性行为也是影响动物免疫功能的重要因素（Barnard et al.，1994）。啮齿动物的社会组织行为具有相当大的变异性，往往可以从繁殖季节时的高度领域性行为，变化为冬季时形成没有个体领域性的大群体（communal group）。当然社会组织的季节性变化对免疫功能的影响及其机制现在仍然不十分清楚。因此进一步研究社会组织形成（单配制和多配制）与免疫功能的关系可能是极为重要的。

一、胁迫与免疫功能的关系

在能量供应不足的环境条件下，动物传染疾病和死亡的概率显著升高。各种胁迫因子可能直接影响并降低动物的免疫机能（Ader and Cohen，1993）。持续或严酷的食物短缺可以刺激肾上腺糖皮质激素分泌增加。而肾上腺糖皮质激素对免疫机能具有显著的抑制作用（Munck and Guyre，1991）。环境因子或生物因子的胁迫作用，如食物短缺、低温、缺乏住所、捕食压力增强等，以及季节性变化，导致动物的免疫机能也出现明显的季节性变化，从而导致种群死亡率显著上升（Lochmiller and Deerenberg，2000）。

在实验室研究的基础上，现在已建立了胁迫因子如何抑制动物免疫系统机能的动物模型（Ader and Cohen，1993）。"胁迫"因子的概念在现代生物学中的作用和地位仍然还不十分清楚。就胁迫一词来看，至少包括两种含义，一种是胁迫因子（stressor），而另一种是生理学中的生理胁迫反应（physiological stress response）（Nelson et al.，1995）。在许多情况下，"stressor"的含义十分模糊，它可以指由于肾上腺糖皮质激素分泌增加而引起的抑制免疫机能的生理反应（Munck and Guyer，1991）。按传统的观点来看，胁迫因子对个体的影响似乎与免疫系统关系并不紧密。换句话说，免疫机能受到抑制和抑制后对动物适应性的影响如何并不清楚。一般来说，"stressor"能显著扰乱动物的稳态。由于有机体恢复稳态所需要的能量高于维持稳态所消耗的能量（Speakman，2008），因此在"stressor"作用下，动物的能量消耗显著增加。在稳态遭到破坏时，肾上腺素（adrenalin）分泌增加。动物在进化过程中，任何生理功能都具有最佳条件。当稳态处于长期胁迫状态下时，肾上腺糖皮质激素分泌增加，同时代谢能耗也显著增加，以返回受到扰动前的稳定状态。由于上述两个过程都需要消耗大量的能量，因此，动物在恢复稳态过程中免疫系统的机能显著降低。两者之间存在着所谓的"利益得失"（trade-off）。甾体类激素很可能是调节这种"利益得失"的重要介质。

动物在繁殖时期，免疫机能显著降低。在这一时期中动物感染疾病和形成临时社群关系的概率显著增加。社会性多配制动物感染疾病的概率显著高于单配制动物。值得注意的是，在维持最大免疫功能与繁殖之间也存在着利益得失的平衡问题。在繁殖期内免疫机能受到抑制的生理机制很可能涉及循环血液中肾上腺激素的水平（Olsen and Kovacs，1996）。多配制物种血液中肾上腺激素水平显著低于单配制。

褪黑激素也可能显著影响由于肾上腺糖皮质激素分泌增加而出现的胁迫反应。通常认为褪黑激素具有增强免疫机能的作用，而肾上腺糖皮质激素却减弱免疫系统机能。但是，如果采用褪黑激素处理动物，也很可能减弱肾上腺糖皮质激素对免疫系统的影响。相反，肾上腺糖皮质激素具有显著降低褪黑激素增强免疫机能的作用。例如，采用皮质醇（cortisol）处理小鸭，可以显著降低胸腺褪黑激素受体的数量（Nelson et al.，1995）。

过去的研究结果认为，胁迫因子导致血清肾上腺糖皮质激素水平显著上升，同时高水平的糖皮质激素抑制免疫系统的机能（Ader and Cohen，1993）。例如，低温是一种常见的胁迫因子，并且低温显著抑制动物的免疫机能。小型哺乳动物为增强冬季存活率，必须维持短日照引起免疫机能增强和低温胁迫导致糖皮质激素分泌增加而削弱免疫机能之间的利益得失平衡（Nelson and Demas，1996）。当然冬季动物免疫机能受到抑制涉及许多因素，包括过度拥挤、种内竞争强度增加、低温、食物资源减少、捕食压力增强及缺乏避所等。其中任何一种胁迫因子都可能导致血清糖皮质激素水平显著上升。冬季繁殖的种类必然伴随有甾体类激素水平上升、免疫机能受到抑制（Lochmiller and Deerenberg，2000）。当其他胁迫条件如温度和食物条件等并不严酷时，动物可能出现冬季繁殖。此时，动物增强免疫机能与胁迫因子诱导免疫机能减弱相平衡，可以满足动物生存和繁殖的需要。

最近，人们研究了光照周期和环境温度对雄性鹿鼠（*Peromyscus maniculatus*）免疫球蛋白（IgG）水平和脾脏重量的影响（Nelson and Demas，1996），在短光照（LD8:16）下动物血清中的 IgG 水平显著高于长光照组（LD16:8）。长光照（LD16:8）低温（8℃）组，血清 IgG 水平显著低于短光照（LD8:16）高温（20℃）组；而低温短光照导致 IgG 水平高于高温长光照组。换句话说，短光照导致 IgG 水平高于长光照，而低温导致 IgG 水平显著降低。短光照刺激 IgG 增加和低温刺激 IgG 降低的作用并不影响动物 IgG 的基础水平（Nelson and Demas，1996）。这种适应性变化对动物增强抵抗胁迫因子的影响和增强繁殖成功率具有重要的意义。动物为了提高免疫机能以满足冬季生存的需要，动物必须具有可靠的预测系统。在动物预测环境变化的各种环境因子中，最可靠的环境信号就是光照周期。因为光照周期在不同季节中的变化比较恒定，从而成为动物预测环境变化的最可靠信号。

二、光照周期对免疫功能的影响

对光照周期具有强烈繁殖反应的种类，短光照显著增强动物的免疫机能。虽然短光照刺激鹿鼠和仓鼠 *Mesocricetus auratus* 的脾脏重量显著降低，但是总脾脏淋巴细胞数和巨噬细胞数量在短光照下显著上升。仓鼠胸腺的重量并不受光照周期的影响。光照周期显著影响鹿鼠淋巴细胞的数量和总白细胞数量（Nelson et al.，1995）。短光照刺激白细胞数量显著增加，并且短光照的恢复速率也显著加快，并且脾脏内 T-淋巴细胞数量也显著增加（Nelson and Demas，1996）。

几乎在所有实验室研究中均发现短光照显著导致免疫机能增强（Nelson and Demas，1996），虽然大多数野外研究结果也支持这一假说，但是一些研究结果也得到了相反的结论（Nelson and Demas，1996），即在短光照的冬季，动物的免疫机能显著降低。因此，可能有其他因子影响动物的免疫机能。最显著的因子是产热调节。只有当产热所消耗的能量降低时，短光照才能刺激动物免疫机能增强。而在产热调节能量消耗增加时，免疫机能往往受到抑制。为了验证这一假说，就必须对野外动物的产热调节特征进行详细的研究。目前，虽然对褪黑激素对免疫特征的影响机制已有了比较详细的了解（Nelson et al.，1995），但是在光照周期对免疫机能的影响中，褪黑激素的作用还应该进行深入的研究。

三、社会因素对免疫功能的影响

社会因素，如雄性之间的相互作用关系很可能影响动物交配时间，从而影响动物整个繁殖成功率。社会因素也显著影响动物的免疫机能。例如，每笼饲养小家鼠（*Mus musculus*）的数量显著影响 T-细胞分裂增殖状况，当每笼饲养 5 只小家鼠时，T-细胞增殖反应速率、伴刀豆球蛋白 A（concanavalin A，ConA）水平显著低于单只饲养的，第一、第二抗体的反应显著增强，并且可以产生更多的细胞因子，抗感染能力显著增强。虽然社会因素对免疫机能的影响的生态学意义尚未完全明了，但是不仅环境因素包括环境温度、光照周期等，而且生物因子包括社会组织结构、种群密度等都显著影响动物的免疫机能。最近，关于交配机制不同与免疫机能的关系也引起了人们的广泛注意（Sheldon and Verhulst，1996）。

从笼养动物的研究结果来看，Con A 变化与物种或性别无关。配对动物或同性别个体共同饲养 28 天后，免疫机能的差异并不显著。雌雄配对饲养，多配制草原田鼠（*Microtus pennsylvanicus*）的免疫机能表现出性别差异，雄性的免疫机能显著高于雌雄。如果同性别个体混养对免疫机能的影响，则随物种不同而不同。多配制草原田鼠雄性的免疫机能高于雌性；反之，单配制的棘田鼠（*Microtus ochrogaster*）雌性的免疫机能显著高于雄性。并且不论配对饲养还是混养，棘田鼠对 Con A 刺激的免疫反应显著高于草原田鼠。因此，免疫机能的系别差异很可能与动物在繁殖过程中的社群关系有密切关系（Nelson et al.，1995）。

四、免疫机能的能量代价

虽然动物对环境中能量利用率存在相当大的变化，但是动物必须维持一定的能量摄入，才能维持正常的生命活动，一般情况下，动物摄取的能量必须大于或等于消耗的能量（Wade and Schneider，1992）。而免疫功能的增强必须消耗能量（Sheldon and Verhulst，1996），这样动物在消耗一定能量的基础上，以便使动物的免疫功能达到最佳状态，有效地抵御各种疾病的侵袭，从而提高生存能力。最近的研究结果表明，盘羊（*Ovis canadensis*）的能量消耗对策中也存在免疫功能能量消耗的利益得失关系。通常哺乳动物在哺乳过程中的能量消耗相当大（Bronson，2009）。*Ovis canadensis* 在哺乳过程中受到病原微生物尤其是寄生生物的感染概率也较大（Festa-Bianchet，1989），而且 *Ovis canadensis* 寄生虫感染率增加，很可能与哺乳期免疫功能降低直接有关，但是这种假说尚还没有确切的实验证明。实际上，虽然现在认为有机体产生各种有利于机体生存的抗体需要消耗大量的能量，但是，产生抗体的能量消耗机制现在仍然并不清楚。例如，动物体温每上升 1℃ 需要增加 7%～13% 的能量消耗（Maier et al.，1994）。最近，有人定量研究了小家鼠（*Mus musculus*）由于免疫功能增强所消耗的能量状况（Demas　et al.，1997）。当小家鼠注射一种特异性抗原（keyhole limpet hemocyanin，KLH），这种抗原可以使机体出现明显的免疫反应，产生特异性抗体，但是并不引起动物出现发热现象。注射 KLH 后，动物的耗氧量（mlO_2/kg）和产热能量（kcal/kg）显著增加。

因此，这时所增加的能量可能就是由于免疫功能增强所消耗的能量。增强免疫功能必然增强合成抗体的能力，因此必然导致能量消耗增加。因而，由于动物不能满足免疫功能增强而引起能量消耗增加，可能是导致感染疾病的概率增加、死亡率上升的原因。

为了阐明鹿鼠免疫功能的季节性变化特征，往往在食物中添加2-deoxy-D-glucose（2-DG）（Demas et al.，1997）。2-DG 为葡萄糖类似物，它能抑制细胞对葡萄糖的利用（Smith and Epstein，1969）。2-DG 可以刺激动物血清皮质酮水平显著上升，并且采用 2-DG 限制动物的葡萄糖摄取可以显著诱导 *Mesocricetus auratus* 停止动情（Schneider et al.，1993），同时还可以诱导黑线毛足鼠（*Phodopus sungorus*）进入休眠状态（Dark et al.，1994）。2-DG 显著抑制动物的免疫机能，2-DG 处理后，大白鼠（*Rattus norvegicus*）和小家鼠（*M. musculus*）（Speakman，2008）的 T-细胞增生受到显著抑制，并且抑制效应和 2-DG 的剂量呈正相关系。

参 考 文 献

Ader R, Cohen N. 1993. Psychoneuroimmunology: conditioning and stress. Annu. Rev. Psychol., 44: 53-85.

Bartness TJ, Goldman BD. 1989. Mammalian pineal melatonin: a clock for all seasons. Experientia, 45: 939-945.

Bartness TJ, Powers JB, Hastings MH, et al. 1993. The timed infusion paradigm for melatonin delivery: what has it taught us about the melatonin signal, its reception and the photoperiodic control of seasonal responses? Journal of Pineal Research, 15: 161-190.

Barnard EA, Burnstock G, Webb TE. 1994. G protein-coupled receptors for ATP and other nucleotides: a new receptor family. Trends Pharmacol. Sci., 15: 67-70.

Bronson F H, Heideman PD. 1994. Seasonal regulation of reproduction in mammals. *In*: Knobil E, Neill JD. The Physiology of Reproduction. 2nd ed. New York: NY: Raven Press: 541-584.

Bronson FH. 2009. Climate change and seasonal reproduction in mammals. Philos. Trans. R. Soc. B, 364: 3331-3340.

Dark J, Miller DR, Zucker I. 1994. Reduced glucose availability induces torpor in Siberian hamsters. Am. J. Physiol., 267: R496-R501.

Demas GE, DeVries AC, Nelson RJ. 1997. Effects of photoperiod and 2-deoxy-d-glucose-induced metabolic stress on immune function in female deer mice. Am. J. Physiol. Regul. Integr. Comp. Physiol., 41: R1762-R1767.

Festa-Bianchet M. 1989. Individual differences, parasites and the costs of reproduction for bighorn ewes(*Ovis canadensis*). J. Anim. Ecol., 58: 785-795.

Goldman BD, Nelson RJ. 1993. Melatonin and seasonality in mammals. *In*: Yu HS, Reiter RJ. Melatonin: Biosynthesis, Physiological Effects and Clinical Applications. New York: CRC Press.

Lochmiller RL, Deerenberg C. 2000. Trade-offs in evolutionary immunology: just what is the cost of immunity? Oikos, 88(1): 87-98.

Maier SF, Watkins LR, Fleshner M. 1994. Psychoneuroendocrinology: the interface between behavior, brain, and immunity. American Psychologist, 49: 1004-1017.

McCruden AB, Stimson WH. 1991. Sex hormones and immune function. *In*: Ader R, Felten DL, Cohen N. Psychoneuroimmunology. 2nd ed. New York: Academic Press: 475-493.

Munck A, Guyre PM. 1991. Glucocorticoids and immune function. *In*: Ader R, Cohen N, Felten DL. Psychoneuroimmunology. 2nd ed. New York: Academic Press: 447-474.

Nelson RJ, Demas GE. 1996. Seasonal changes in immune function. Quarterly Review of Biology, 71: 512-548.

Olsen NJ, Kovacs WJ. 1996. Gonadal steroids and immunity. Endocr. Rev., 17: 369-384.

Nelson RJ, Demas GE, Klein SL, et al. 1995. The influence of season, photoperiod, and pineal melatonin on immune function. Journal of Pineal Research, 19: 4.

Schneider JE, Friedenson DG, Hall AJ, et al. 1993. Glucoprivation induces anestrus and lipoprivation may induce hibernation in Syrian hamsters. Am. J. Physiol., 264: R573-R577.

Sheldon BC, Verhulst S. 1996. Ecological immunology: costly parasite defenses and trade-offs in evolutionary psychology. TREE, 11: 317-321.

Smith GP, Epstein AN. 1969. Increased feeding in response to decreased glucose utilization in the rat and monkey. Am. J. Physiol., 217: 1083-1087.

Speakman JR. 2008. The physiological costs of reproduction in small mammals. Philosophical Transactions of the Royal Society B: Biological Sciences, 363(1490): 375-398.

Wade GN, Schneider JE. 1992. Metabolic fuels and reproduction in female mammals. Neuroscience Biobehavior Reviews, 16: 235-272.

Zysling DA, Demas GE. 2007. Metabolic stress suppresses humoral immune function in long-day, but not short-day, Siberian hamsters(*Phodopus sungorus*). Journal of Comparative Physiology, B, 177: 339-347.

第十六章　激素–行为相互作用

大多数动物在生活史关键时期都会出现一些重要的生理反应或在其生活史中出现某些重要的阶段（emergency），可能导致动物出现类似于"战斗"（fight-or-flight）的反应，即肾上腺髓质细胞（adrenal medullary cell）释放儿茶酚胺，导致动物在数秒钟内心率增加、葡萄糖运输加快等（Axelrod and Reisine，1984）。这种反应往往是由于胁迫环境的突然变化，如捕食者的攻击或同种个体为争夺领域而出现的个体间搏斗，以及由此而引起动物逃遁反应等。fight-or-flight 反应一般出现在受到刺激后数秒钟内（如逃避行为），并且可以在数分钟内恢复到正常状态。在过去 20 多年来，关于生活史中"紧急事件"（emergency）的研究已积累了大量的研究结果。某些"紧急事件"的出现往往会导致正常生活史中断，并且表现出某些有利于生存适应的行为和生理机能变化。生活史中的紧急事件也可能迫使正常的生活史中的某些阶段，如繁殖等，中断数分钟到数小时，甚至更长时间。关于这类能够中断正常生活史进行的各种"紧急事件"如何在进化过程中形成的，以及对物种进化适应意义，则是目前生态学研究中的热点。

有机体的生活史周期一般是由许多不同阶段构成的（Wingfield et al.，1998）。图 16.1 给出了一个极为简化的鸟类生活史周期。通常在物种的生活史过程中，可进一步分为若干阶段和过程，一般来说，冬季大多数物种均处于非繁殖期，之后为繁殖期。许多内分泌激素在调节生活史不同阶段的变化过程中起着重要的作用。物种生活史不同阶段的变化，往往还与定时机制及其对生存环境变化的预测（如光照周期变化等）有关。但是，生活史中不同阶段往往都存在不同的重要时期，这些重要的阶段通常被一些不会预测的环境变化所触发（Wingfield et al.，1997）。相对而言，这些发生时间较短的"紧急事件"具有独特的特征。经过若干扰动（perturbation），动物一般都能够返回原来的生活史阶段。如果出现的扰动时间过长，或者适当，那么可以假设生活史周期为一年。

通常将由不可预测的环境因子诱导出现的紧急事件称为易扰动因子（labile perturbation factor）（LPF）。这些因子往往都是不可预测的，因此可能出现在物种生活史过程中的任何时间，持续时间较短。不过，最近的人类活动，如污染和干扰（disturbance）等，很可能成为影响物种生活史周期的持久因素。LPF 可以分为直接和间接因素（表 16.1）（Wingfield et al.，1998）。间接 LPF 如巢和幼体丧失、栖息地暂时变化（deterioration）等。此时个体的生活史也许并不出现任何变化，但是可能触发 fight-or-flight 反应。这类不可预测的扰动一般持续的时间都较短，个体也能持续不断地完成正常的生活史周期。例如，动物体内糖皮质类固醇（glucocorticosteroids）激素水平变化很可能就属于这种类型（Wingfield，1988）。相反，食物资源减少、能量代谢消耗增加（如恶劣气候条件）、最佳栖息环境中资源利用性降低等，均可能成为影响物种生活史周期的直接 LPF（Wingfield，1997）。种间竞争强度增加可以通过改变家区（home range），栖息地重新分隔等显著降低物种对资源的利用程度或能力（Wingfield et al.，1998），或者至少导致个体分配到完成这些生态过程所需要的能量投入。在以上这些情况下，很可能触发生活史过程中出现某些重要的变化。

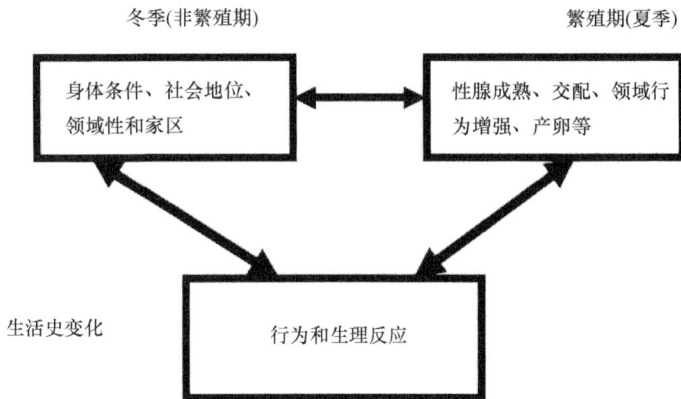

图 16.1　动物生活史变化模式图（Wingfield et al.，1998）

一、生活史阶段中的关键阶段

构成生活史中对 LPF 出现显著反应的某些重要阶段可以分为以下 4 种主要类型（Wingfield and Ramenofsky，1997）。

1）领域行为/社会等级的消失

（1）繁殖及其相关行为、季节性迁徙或越冬对策受到抑制。
（2）社会关系暂时消失。

2）应急行为

（1）抵抗疾病或寻找避难所。如果食物资源供应充足，那么此时动物最好的对策是寻找新避所。
（2）如果食物资源不足，动物可能出现能量供应不足，此时物种最好的对策是寻找新的栖息环境。
（3）寻找避所，并先采取 LPF，如果在环境条件并未出现显著变化的条件下，动物往往离开原来的生活环境。用于寻找避所的时间往往直接与动物的能量储存相关。当能量储存仍然可以维持机体战斗需要时，动物一般都选择离开并寻找新的避所。

3）能量储存

在动物机体的能量平衡出现负平衡时，动物将利用脂肪组织所储存的能量来维持动物的代谢活动。在大多数情况下，糖原生成（gluconeogenesis）的过程也涉及动物的蛋白质代谢途径出现相应的变化。

4）栖息地变化，或返回原来的栖息地，导致紧急生活史阶段消失

（1）如果动物仍然生活在其原先的环境中，那么在 LPF 消失后，动物往往可以恢复正常的生活史过程。

（2）如果动物离开原来的生活环境，那么动物将寻找新的更适合的栖息环境，并在新的栖息环境中定居下来，恢复正常生活史过程。

（3）在多数情况下，一旦 LPF 作用消失后，动物很可能返回到其原来的栖息环境。

（4）动物从关键生活史阶段中恢复很可能在整个生活史过程中具有重要的作用。

一般来说，在生活史关键时期中，行为和生理机能的变化对动物的生存适应对策具有重要的意义（Wingfield et al.，1998）。从理论上来看，诱导出现关键生活史阶段及维持和中止的机制可能在一年的任何时间或在物种的整个生活史过程中都相同。通常认为，下丘脑-垂体-肾上腺轴所分泌的神经肽类物质，如促肾上腺皮质激素（adrenocorticotropin，ACTH）、糖皮质类固醇激素等可能在调节生活史特征及其变化过程中起着重要的作用（Wingfield et al.，1992），当然也可能涉及其他一些内分泌激素。在脊椎动物处于胁迫状态时，许多内分泌激素确实参与了调节动物的应急反应，而生活史关键时期动物所出现的各种行为或生理机能变化确实与处于应急状态下相似，甚至出现某些平行变化的情况。但是，从现有的资料来看，动物生活史过程中某些关键时期或阶段，主要与避免胁迫，从而增强生存适应能力和繁殖成功率有关（Wingfield et al.，1997）。

1. 下丘脑-垂体-肾上腺轴

关于胁迫因子对下丘脑-垂体-肾上腺轴的作用方面的研究历史已有十多年了，并且已取得了大量的研究结果。一般认为，在胁迫因子的作用下，动物下丘脑-垂体-肾上腺轴糖皮质类固醇激素分泌水平显著上升。虽然下丘脑-垂体-肾上腺轴所分泌的激素具有重要的意义，但是其他内分泌激素也具起着重要的作用（Axelrod and Reisine，1984）。糖皮质类固醇激素在所谓胁迫反应过程中所起的作用与生活史关键时期的作用相似，因此引起了许多学者的重视。在此，我们仅讨

论鸦片样物（opioid）和糖皮质类固醇激素在生活史关键时期中的作用（表 16.1）。由于测定血清中β-内非肽（β-endorphin）的水平变化在技术上存在着相当大的困难，因此关于野生动物这方面的研究尚十分少见。但是，β-内非肽对繁殖行为、镇痛（analgesia）和取食行为具有重要的影响，因此这种多肽类激素在进行生活史关键因子研究中也具有重要的地位。ACTH 激素一般与β-内非肽同时分泌并释放到血液中（Guillemin et al., 1977），并且都与鸦片样受体相结合（Terenius, 1978）。

表 16.1　肾上腺皮质激素对生活史关系时期的影响（Wingfield et al., 1998）

快速变化 （短时间内出现的变化，如数分钟）	持续变化 （长期，如从数天到数周）
抑制繁殖行为	抑制繁殖系统的功能发育
调节免疫系统的功能状况	抑制免疫系统
增强糖原生成作用	促进蛋白质代谢
增强觅食行为	中断第二信使的传递功能
促进逃避行为	促进神经细胞死亡
通过降低基础代谢率增强夜间休息	抑制生长和形态变化
促进恢复年正常生活史阶段	

　　Wingfield（1997）认为在胁迫反应期间，肾上腺糖皮质激素具有两种显著不同的功能。一种是动物长时间（从数天到数周）暴露在胁迫环境中时，循环血液中肾上腺糖皮质激素持续升高，从而导致个体的繁殖机能显著降低，免疫系统功能下降，疾病侵袭增强，神经细胞（尤其是海马，hippocampus）死亡率增加，蛋白质损失严重，花生四烯酸（arachidonic acid）代谢紊乱，抑制生长和变态等（Axelrod and Reisine, 1984）。虽然这些效果在医学和农学中具有重要的意义，但是很难确定这些作用在动物中对环境适应性的意义。因为在野外条件下，动物死亡的概率相当高。所以，在自然环境中，野生动物往往不太可能将循环血液中肾上腺糖皮质激素的水平持续维持在较高水平。因此高水平的血液肾上腺糖皮质激素水平的生存适应意义及其生物学功能现在仍然并不清楚（Wingfield et al., 1997）。在自然种群中，在环境条件的剧烈变化影响下，种群的死亡率显著增加（Wingfield et al., 1997），但是由于动物可能出现某些选择机制，避免了有害因子的影响。肾上腺糖皮质激素水平短期升高对动物避免胁迫因子的作用具有重要的适应意义，因为肾上腺糖皮质激素水平短期增加可以显著降低胁迫因子作用时动物的死亡率。

2. 繁殖行为的抑制

　　生活史关键时期的一个重要特征是个体的生活史从正常典型状态转变为另一种状态，从而提高动物的存活率。许多动物在 LPF-环境因子的作用下，停止繁殖、领域性行为降低等（Gessamen and Worthen, 1982），而且在自然条件下，这些行为特征的变化极为普遍。从表面上看，由于动物的繁殖成功率降低到零，对动物不利。但是正是由于动物繁殖率暂时降低，动物能够增加在食物资源不足的条件下的存活率，从而有利于存活个体以后的繁殖。

1) 肾上腺糖皮质激素

在斑鹟（*Ficedula hypoleuca*，pied flycatcher）体内移植皮质酮激素，显著抑制两性的配对行为。同时，抚育幼鸟数量降低，出巢雏鸟数量将减少，幼鸟的体重显著降低。如果注射较高水平的皮质酮，则导致亲鸟完全放弃营巢等繁殖行为，繁殖率等于零。用皮质酮处理繁殖状态的歌带鹀（*Zonotrichia melodia*，song sparrow），导致其领域性显著降低。进一步研究发现，此时雄性麻雀血清睾酮的水平仍然维持在典型繁殖状态的水平，因此认为皮质酮仅仅影响睾酮对领域性的作用（Wingfield and Sapolsky，2003）。侧斑犹他蜥蜴（*Uta stansburana*，side-blotched lizard）在移植皮质酮后，也显示出类似的变化（Wingfield et al.，1998）。但是，如果全部个体均移植皮质酮，则并不出现上述情况，所以认为皮质酮只对雄性在具有种内竞争时，才显著抑制其领域性行为。其他一些实验结果也证明，如果在蜥蜴体内移植睾酮，增加体内睾酮的水平，然后用皮质酮处理，则在有同种雄性个体存在时，雄性的空间需求行为同样受到抑制。这些研究结果均表明皮质酮具有抑制睾酮所诱导的空间占领行为。现在对皮质酮抑制雄性空间占领行为的机制仍然不清楚。糖皮质激素可能直接抑制动物的繁殖行为。皮下注射皮质酮强烈抑制粗皮蝾螈（*Taricha granulosa*）的交配行为（Wingfield et al.，1998）。

2) β-内非肽

现在对鸦片样物质对繁殖行为的影响机制有了比较详细的了解。实验证明，中枢和循环中的鸦片样物质确实具有抑制动物繁殖的作用。采用纳洛酮（naloxone，一种鸦片样物质的抑制剂）处理粗皮蝾螈，可以解除鸦片样物质对动物交配行为抑制的作用。如果在大白鼠中枢注射β-内非肽，确实可以显著减少雄性大白鼠的爬跨（mounting）行为，同时也抑制雌性的脊柱前弯（lordosis）行为（Sirinathsinghji and Martini，1984）。心室内（intraventricular）注射促肾上腺皮质激素释放激素（corticotropin-releasing factor）（CRF），可以强烈抑制由β-内非肽引起的抑制效应（Sirinathsinghji et al.，1983）。对白冠带鹀（*Zonotrichia leucophrys gambelii*）中枢注射β-内非肽，则强烈抑制交配行为的出现，反之则强烈刺激交配行为的出现（Wingfield and Sapolsky，2003）。关于β-内非肽强烈抑制繁殖行为的详细机制现在仍然不十分清楚，但是有证据表明β-内非肽对繁殖行为的抑制效应很可能发生在脑内，即β-内非肽显著抑制促性腺释放激素（gonadotropin-releasing hormone，GnRH）神经元的活动状态（Sirinathsinghji and Martini，1984）。

3. 促进糖原异生作用（promotion of gluconeogenesis）

肾上腺糖皮质激素在促进糖原异生作用中起着重要的作用，尤其是以蛋白质为起始物的糖原异生作用，这一结果已在许多脊椎动物中得到证实（Chester et al.，2000）。在哺乳动物中，肾上腺糖皮质激素对在胁迫条件下，通过增加肝糖原异生作用及增强肝糖原利用中起着重要的作用（Fujiwara et al.，1996）。肾上腺皮质激素急性增加，可以强烈刺激肝脏中从丙氨酸（alanine）到葡萄糖的糖原异生作用显著增强；同时还可能降低胰岛素水平，进一步增强糖原异生作用（Goldstein et al.，1992）。虽然鸟类增加葡萄糖（或糖原）并不一定完全通过糖原异生作用，但是类似的机制也可能存在于鸟类。采用皮质酮处理歌带鹀和斑鹀，导致飞翔肌中蛋白质含量显著降低，但是由于脂肪含量增加，结果体重保持不变（Wingfield and Silverin，1986）。类似的情况也见于灰蓝灯草鹀（*Junco hyemalis*）（Wingfield et al.，1998）。虽然脂蛋白酯酶（lipoprotein lipase，LPL）的活性保持不变，但是随着肌肉重量的降低，肌肉中 LPL 的浓度显著增加。这些实验结果与鸟类飞行时主要利用脂肪提供能量的假说一致。

一些学者认为鸟类的胸肌（pectoralis）很可能是储存蛋白质的主要部位，所储存的蛋白质可以用于繁殖和飞行。Kendall 等（1973）对红嘴圭利亚雀（*Quelea quelea*）飞翔肌的形态学研究结果表明，在飞翔肌的线粒体和肌质（sarcoplasm）中肌原纤维（myofibril）之间储存了大量的可溶性蛋白。但是，即便是有大量的蛋白质储存在上述部位，定量测定也是相当困难的。采用不同离子强度的磷酸缓冲液系统提纯了鸟类肌肉中的可溶性蛋白和结构蛋白。体内植入皮质酮的家麻雀（*Passer domesticus*）体重显著降低，尤其是胸肌的重量降低最为明显。进一步研究发现，家麻雀胸肌重量降低主要是由胸肌中可溶性蛋白降低所致，而结构蛋白的重量并未出现显著变化。目前，皮质酮及其他一些内分泌激素对野生鸟类糖原异生作用及蛋白质利用的影响的研究，尤其是这些激素在不同生活史阶段中的作用尚待加强（Wingfieldet al.，1998）。

4. 免疫系统的调节

众所周知，在环境条件变化的条件下，某些不可预测因子的变化往往可以刺激细胞因子（cytolines）和单核因子（monokines）的释放。这些由免疫系统分泌释放的激素能够显著影响内分泌腺系统的功能状态，从而改变动物的行为。虽然目前人们对免疫系统分泌的激素对非哺乳动物行为功能变化的影响了解并不多，但是从对西方强棱蜥（*Sceloporus occidentalis*）的研究中证实，当注射人类的白细胞介素-1β（interleukin-1β）（尤其是上午）后，可以显著降低雄性西方强棱蜥的活动能力。白细胞介素抑制蜥蜴的活动能力与感染疟疾（malaria）后活动能力降低的现象相似（Wingfield et al.，1998）。因此，白细胞介素可能通过某些病原微生物（pathogen）而诱导行为出现变化。当然，免疫系统分泌物是否也影响动物的其他行为特征尚需要进一步研究。

5. 觅食行为

1）肾上腺糖皮质激素

与哺乳动物相似，糖皮质激素在调节脊椎动物的食物摄取中可能起着重要的作用（Richardson et al.，1995）。体内移植甲双吡丙酮（metyrapone）（11β-羟化酶的阻断剂，该酶为肾上腺糖皮质激素合成过程中的必需酶）（11β-hydroxylase），可以显著抑制动物的觅食行为（Wingfield et al.，1992）。但是，如果对白冠带鹀和歌带鹀体内移植皮质酮，则显著刺激两种鸟类的觅食行为（Astheimer et al.，1992）。在调节动物觅食行为的内分泌机制中，皮质酮很可能具有允许作用。当然，其他内分泌激素在调节觅食行为中也可能具有重要的作用（Leibowitz et al.，1984）。

2）β-内非肽

内源性鸦片样物质对动物的摄食行为具有显著的影响，很可能在生活史关键时期中具有刺激动物觅食行为的作用。脑内移植β-内非肽可以显著刺激各种脊椎动物，包括大鼠（McKay et al.，1981）、鸽（Deviche and Schepers，1984）、白冠带鹀（Wingfield et al.，1997）等动物的觅食行为。剥夺大鼠食物后，可以显著降低大鼠下丘脑的内β-内非肽的水平。纳洛酮（naloxone）（内源性鸦片样物质的抑制剂）显著抑制动物的觅食行为。家禽肌内注射纳洛酮也可出现取食行为显著降低的现象（Denbow and McCormack，1990），因此内源性鸦片样物质改变动物的觅食行为可能发生在中枢神经系统之外。

6. 逃避行为

皮质酮激素处理雄性白冠带鹀导致其"忙碌"（perch hopping）行为显著降低，这一结果与其采取躲避行为度过环境扰动有关。由于食物不受限制，因此这一结论受到严峻的挑战。但是如果食物受到限制，采用皮质酮处理后，鸟类显著增加巢外活动能力。由此可见，如果在食物条件受限制的条件下，皮质酮可能增强动物的活动能力，很可能与动物避开环境扰动有关。在春季和秋季，白冠带鹀的迁移主要出现在夜间（Wingfield et al.，1997），因此皮质酮诱导活动增加与生活史关键时期出现的现象不同（Wingfield et al.，1998），并且也不属于正常生活史过程中的行为特征（如秋季迁移）。另外，激素的主要影响可能是区分增强活动还是减少活动的因素。注意到 IL-1 可以显著减少动物的活动能力，这一机制也可能影响白冠带鹀的行为特征。

7. 促进夜间休息（promotion of nocturnal restfulness）

在生活史关键时期中，皮质酮显著影响动物的活动能力，因此可以预计肾上腺糖皮质激素具有增强代谢的作用。与此相反，注射皮质酮确实可以显著降低白冠带鹀的代谢率（Buttemer et al., 1991）。在夜间注射皮质酮之前，测定鸟类清醒时单位时间内的耗氧量，结果表明注射皮质酮并不影响鸟类的标准代谢率，但是如果在测定耗氧量之前，鸟类并不进入睡眠状态，那么注射皮质酮可以增加能量储存。类似的情况也见于金翅雀（Carduelis tristis）、松金翅雀（C. pinus）和红交嘴雀（Loxia curvirostra）（Buttemer et al., 1991）。作者认为上述这些结果表明在生活史关键时期中，注射皮质酮或增加皮质酮分泌将对增强"夜间静息"（night restfulness）具有显著的影响。不过应该注意到，这种影响与正常生活史阶段中，出现在春季和秋季夜间迁移的情况并不相同。因此，上述结果与动物在不同生活史关键时期中具有显著不同的激素调节动物的行为。

8. 促进动物恢复到正常的生活史阶段

在实验室中，将食物移去，并不影响移植皮质酮的斑鹀的觅食行为，但是当重新给食时，移植皮质酮的斑鹀的进食量显著增加。白冠带鹀也具有类似的反应（Astheimer et al., 1992）。这些研究结果均认为皮质酮对生活史周期受到扰乱的鸟类具有明显的恢复作用。由于β-内非肽具有明显得镇痛（analgesia）作用，关于其在生活史关键时期的作用现在不十分清楚，值得进一步研究。

从上述所有研究结果可见，增加血清中皮质酮的水平，可以显著触发动物的生活史特征出现显著变化。虽然其他激素可能也参与了这一过程，但是血清肾上腺皮质激素水平的变化确实与动物的季节性适应状态有密切关系（Wingfield et al., 1997），导致动物出现相应的行为和生理特征的变化。从而改变了个体的行为状态，使其迅速中止某些"非必需"（non-essential）行为，如繁殖、领域行为、社会等级行为等，而出现一些与环境扰动时相适应，并且对生存有利的行为特征。因而使动物代谢特征受环境扰动的影响降低到最低限度，避免了由于肾上腺糖皮质激素持续增加对动物产生的不利影响。目前该领域研究的大多数证据均来自鸟类的研究，但是很可能也适合其他脊椎动物。

二、生活史阶段变化：临界水平和时间过程

1. 鸟类种群的野外研究

大量研究结果表明，动物个体对不可预测的环境条件变化的反应，如直接进入 LPF 等，表现出血清皮质酮激素显著上升，这种变化与生活史关键时期出现的情况十分相似。并且这种反应可以出现在繁殖期和非繁殖期，当然也可以出现在生活史的其他阶段（Wingfield et al., 1997）。例如，5 月持续暴雨导致雄性白冠带鹀放弃巢穴和领域，同时血清中皮质酮激素水平显著上升（Wingfield et al., 1983）。注意到在较为温和的气候条件下，繁殖雄性的基础皮质酮激素水平也相对较高，然后降低（Wingfield et al., 1997）；繁殖季节后期，暴雨停止后，雄性又可以重新营巢，血清皮质酮激素水平又返回正常水平。在暴雨期间，皮下脂肪沉积水平降低，暴雨后脂肪沉积重新增加。因此，在生活史关键时期，血清皮质酮水平显著升高。因此，认为皮质酮对领域行为的影响不可能与抑制性激素而压制正常的领域行为有关。在暴雨期间，雄性白冠带鹀具有正常水平的黄体生成素（luteinizing hormone）和睾酮，因此认为皮质酮具有直接抑制繁殖行为的作用，而并非是通过抑制性激素而间接抑制繁殖行为。关于皮质酮激素的详细作用机制和作用位点尚待进一步研究。

在繁殖季节中，这些反应并不受限制。严冬季节黑眼灯草雀（Rogers et al., 1996）和 *Zonotrichia querula*（Rohwer and Wingfield, 1981）的血清皮质酮水平显著上升。因此，生活史关键时期不仅可以在任何正常生活史阶段都可能出现，而且出现的主要原因很可能与肾上腺糖皮质激素和其他下丘脑垂体轴的内分泌激素水平上升有密切关系。

2. 时间过程

为什么正常的生活史过程中，可以迅速出现某些重要的或对生活史有重要影响的变化呢？当然这首先取决于 LPF 作用的强度。实验证据表明白冠带鹀在食物缺乏时，血液中葡萄糖浓度降低，而游离脂肪酸浓度显著增加，尤其是在饥饿 22h 后更为明显（Richardson et al., 1995）。最近研究结果也表明，白冠带鹀在饥饿很短时间也会导致血清中皮质酮浓度显著上升。对入侵的雄性白冠带鹀注射皮质酮后，其血清皮质酮水平在 5～10min 显著上升，并且在 15min 内，跳跃行为显著增强（Breuner et al., 1998）。这些研究清楚地表明，短期饥饿可以显著导致血清中皮质酮水平上升，并且这种作用导致皮质酮水平上升至少可以持续 1h 左右，出现的行为与生活史改变时出现的行为特征一致（Wingfield et al., 1998）。

3. 解释模型

在数分钟到 1h 内，动物就能出现生活史变化的一些重要特征，表明在自然界，野外种群受到 LPF 的作用后，就可以触发生活史特征出现显著变化。这种变化主要是由于环境信号的作用，通过下丘脑-垂体-肾上腺轴而改变了动物的行为和生理特征。因此，在下丘脑-垂体-肾上腺轴水平上的研究是阐明生活史受环境因子影响而出现重要变化的部位。在此我们提出一个解释 LPF 引起动物生活史特征出现显著变化的模型。

假设 E 为动物存活一天所需要的能量，可以在在正常生活时测定，它反映了动物在正常生活史状态下的能量需求。并且假定食物中并不缺乏其他营养元素，如维生素等。从而：

E_G=从环境中获得的食物能量

E_E=有机体维持能量消耗

E_I=在理想环境条件下获得食物所消耗的能量

E_O=在异常环境条件下获得食物所消耗的能量

如果 E_G、E_I 和 E_E 在研究中保持恒定（如在正常年份中不同季节）。那么它们将随环境的变化而变化，当然这时环境的变化是可以预测的。即在正常情况下，$E_G-(E_I+E_O+E_E)>0$，因此动物能够维持正常的生活史过程。但是，如果出现 LPF 时就必须从食物中获得额外的能量，从而导致 $E_G-(E_I+E_O+E_E)<0$。在这种情况下，个体的生活史特征可能出现变化。注意一旦环境扰动过去，又恢复到 $E_G-(E_I+E_O+E_E)>0$ 的状态，这时也是动物返回正常生活史的状况。另外，如果动物的栖息地发生变化，就可能出现能量平衡过剩，那么动物将在新的栖息地维持正常的生活史特征。这时如果环境条件出现短时间的强烈变化，那么动物的生活史特征也会相应出现变化，而偏离正常生活史状态。在后一种情况中，原来正常生活史特征也许中断，或者提前进入下一个生活史阶段，或者出现与环境变化相适应的生活史阶段。从而最大限度地提高动物的存活率和繁殖成功率，以适应环境条件出现的可预测或不可预测的变化（Wingfield et al.，1998）。

三、肾上腺激素变化

目前，在不同层次上，对鸟类下丘脑-垂体-肾上腺轴对 LPF 的刺激的反应进行了大量的研究工作。内容涉及种群和个体不同水平（Wingfield et al.，1997）。

1. 种群水平

Wingfield（1997）认为，环境因子的季节性变化对处于繁殖期动物的下丘脑-垂体-肾上腺轴的活动具有强烈的影响，并且与栖息地特征密切相关。虽然在大多数情况下，如果繁殖开始较短时间就触发生活史的变化可能具有重要的适应意义，尤其是在环境条件比较严酷的极地地区、沙漠地区和高海拔地区等，暂时抑制 LPF 对下丘脑-垂体-肾上腺轴的敏感性对动物的生存适应对策有利。如果动物的上述途径受阻，那么就会导致动物繁殖功能紊乱，使动物繁殖能量消耗显著增加、死亡率上升。对极地鸟类的研究证明了 LPF 对下丘脑-垂体-肾上腺轴具有显著的抑制作用（Wingfield et al., 1997），类似的结果也见于生活在沙漠地区的鸟类（Wingfield et al., 1992）。这种抑制作用在双亲抚育幼体阶段更为显著（Wingfield et al., 1995）。但是，下丘脑-垂体-肾上腺轴的这种变化并非是鸟类在极端严酷生境中的一般特征。在某些条件下，严酷的环境条件可能会提高下丘脑-垂体-肾上腺轴的敏感性（Wingfield et al., 1997），但是现在对后者的适应意义了解甚少。

有证据表明，如果 HPA 的敏感性受到抑制，即 HPA 对 LPF 的敏感性降低，那么鸟类在身体出现严重衰弱前，此时鸟类就能够在出现严重衰竭前，通过肾上腺的分泌作用而改变其生活史阶段。例如，极地地区的铁爪鹀（*Calcarius lapponicus*）繁殖种群，在 6 月暴雨到来之前，往往大多数个体均留居在巢中，直到暴雨过去。如果将无巢的个体在实验室进行笼养，结果发现注射皮质酮后，它们留巢行为得到显著增强（Astheimer et al., 1992）。这些研究结果表明 LPF 可以直接改变 HPA 的敏感性。从而使鸟类能根据环境的变化精确调节生活史特征。

2. 个体水平

虽然在不同季节中，种群间或种群内都可以显著改变 HPA 对 LPF 的敏感性，但是，在不同个体群中，也许存在显著的个体变异。如白喉带鹀（*Zonotrichia albicollis*）在笼养条件下，社群行为和体重与肾上腺轴的活性呈显著的负相关，因此，个体水平的变化至少与种群并不完全一致（Schwabl, 1995）。目前发现，在笼养条件下，极地鸟类的身体状况，尤其是脂肪重量与 HPA 的敏感性呈负相关关系（Wingfield et al., 1997），尽管上述现象并非是一般现象。HPA 对 LPF 反映的敏感性存在相当大的个体差异，这种差异的生态学含义现在仍然不清楚。

参 考 文 献

Astheimer LB, Buttemer WA, Wingfield JC. 1992. Interactions of corticosterone with feeding activity and metabolism in passerine birds. Ornis Scandinavica, 23: 355-365.

Axelrod J, Reisine T. 1984. Stress hormones: their interaction and regulation. Science, 224: 452-459.

Breuner CW, Greenberg AL, Wingfield JC. 1998. Noninvasive corticosterone treatment rapidly increases activity in Gambel's white-crowned sparrows(*Zonotrichia leucophrys gambelii*). Gen. Comp. Endocrinol., 111: 386-394.

Buttemer WA, Asteimer LB, Wingfield JC. 1991. The effect of corticosterone on standard metabolic rates of small passerine birds. Journal of Comparative Physiology B, 161: 427-431.

Mogil JS, Chesler EJ, Wilson SG, et al. 2000. Sex differences in thermal nociception and morphine antinociception in rodents depend on genotype. Neurosci. Biobehav. Rev., 24: 375-389.

Deviche P, Schepers G. 1984. Naloxone treatment attenuates food but not water intake in domestic pigeons. Psychopharmacology, 82: 122-126.

Fujiwara Y, Browne CP, Cunniff K, et al. 1996. Arrested development of embryonic red cell precursors in mouse embryos lacking transcription factor GATA-1. Proc. Natl. Acad. Sci. USA, 93: 12355-12358.

Gessamen JA, Worthen GL. 1982. The effects of weather on avian mortality. Logan: Utah State University Printing Services.

Goldstein NI, Goldstein RN, Merzlyack MN. 1992. Negative air ions as a source of superoxide. Int. J. Biometeorol., 36: 118-122.

Guillemin R, Vargo T, Bossier J. et al. 1977. Beta endorphin and adrenocorticotropin are secreted concomitantly by the pituitary gland. Science, 197: 1367.

Wingfield JC, Maney DL, Breuner CW, et al. 1998. Ecological bases of hormone-behavior interactions: the "Emergency Life History Stage". Amer. Zool., (38): 191-206.

Leibowitz H, Krueger DE, Maunder LR, et al. 1984. The Framingham Eye Study monograph; an ophthalmological and epidemiological study of cataract, glaucoma, diabetic retinopathy, macular degeneration and visual acuity in a general population of 2, 631 adults, 1973-1975. Surv. Ophthalmol., 25[Suppl]: 335-610.

McKay RT, Brooks SM, Johnson C. 1981. Isocyanate-induced abnormality of beta-adrenergic receptor function. Chest, 80: 61-63.

Richardson JD, Paularena KI, Lazarus AJ, et al. 1995. Evidence for a solar wind slowdown in the outer heliosphere? Geophys. Res. Lett., 22: 1469.

Rogers E, Black TL, Deaven DG, et al. 1996. Changes to the operational 'early' Eta Analysis/Forecast System at the National Centers for Environmental Prediction, Weather Forecast., 11: 391-413.

Rohwer S, Wingfield JC. 1981. A field-study of social-dominance, plasma-levels of luteinizing-hormone and steroid-hormones in wintering Harris sparrows. Ethology, 57: 173-183.

Schwabl H. 1995. Individual variation of the acute adrenocortical response to stress in the white-throated sparrow. Zoology, 99: 113-130.

Sirinathsinghji DJS, Rees LH, Rivier J, et al. 1983. Corticotropin-releasing factor is a potent inhibitor of sexual receptivity in the female rat. Nature, 305: 230-235.

Sirinathsinghji DJ, Martini L. 1984. Effects of bromocriptine and naloxone on plasma levels of prolactin, LH and FSH during suckling in female rats: responses to gonadotrophin releasing hormone. J. Endocrinol., 100: 175-182.

Terenius L. 1978. Immunohistochemical distribution of enkephalin neurons. Adv. Biochem. Psychopharmacol, 18: 51-70.

Wingfield M, Blanchette A, Kondo E. 1983. Comparison of the pine wood nematode, *Bursaphelenchus xylophilus* from pine and balsam fir1. Eur. J. For. Pathol., 13(5-6): 360-372.

Wingfield JC, Silverin B. 1986. Effects of corticosterone on territorial behavior of free-living male song sparrows *Melospiza melodia*. Horm. Behav., 20: 405-417.

Wingfield JC, Hahn TP, Levin R, et al. 1992. Environmental predictability and control of gonadal cycles in birds. Journal of Experimental Zoology, 261: 214-231.

Wingfield PT, Stahl SJ, Kaufman J, et al. 1997. The extracellular domain of immunodeficiency virus gp41 protein. Expression in *Escherichia coli*, purification and crystallization. Protein Sci., 6: 1653-1660.

Wingfield JC, Ramenofsky M. 1997. Corticosterone and facultative dispersal in response to unpredictable events. Ardea, 85: 155-166.

Wingfield JC, Sapolsky RM. 2003. Reproduction and resistance to stress: when and how. Journal of Neuroendocrinology, 15: 711-724.